工程施工现场技术管理丛书

质 量 员

李志刚　主编

中 国 铁 道 出 版 社
2015年·北京

内容提要

本书作为工程施工现场技术管理丛书之一，内容翔实、全面，实用性强。全书共分十章，分别为质量管理基本知识、质量管理数理统计及其方法、工程材料质量检验、工程质量控制管理、工程质量控制、工程施工质量通病及防治、施工安全质量控制、工程竣工验收、工程质量评定及质量改进、安全生产与质量事故处理。

本书既可作为施工企业质量技术或管理工具书用，也可作为施工企业质量相关方面培训教材。

图书在版编目(CIP)数据

质量员/李志刚主编．—北京：中国铁道出版社，2010.12（2015.9 重印）
（工程施工现场技术管理丛书）

ISBN 978-7-113-11960-7

Ⅰ.①质…　Ⅱ.①李…　Ⅲ.①建筑工程—工程质量—质量控制—基本知识
Ⅳ.①TU712

中国版本图书馆 CIP 数据核字(2010)第 184794 号

书　　名：工程施工现场技术管理丛书
　　　　　质　量　员
作　　者：李志刚

策划编辑：江新锡　徐　艳
责任编辑：曹艳芳　　　　电话：51873017
封面设计：崔丽芳
责任校对：张玉华
责任印制：李　佳

出版发行：中国铁道出版社（100054，北京市西城区右安门西街 8 号）
网　　址：http://www.tdpress.com
印　　刷：三河市华业印务有限公司
版　　次：2010 年 12 月第 1 版　2015 年 9 月第 2 次印刷
开　　本：787mm×1092mm　1/16　印张：13　字数：323 千
书　　号：ISBN 978-7-113-11960-7
定　　价：29.00 元

前　言

我国正处在经济和社会快速发展的历史时期，工程建设作为国家基本建设的重要部分正在蓬勃发展，铁路、公路、房屋建筑、机场、水利水电、工厂等建设项目在不断增长，国家对工程建设项目的投资巨大。随着建设规模的扩大、建设速度的加快，工程施工的质量和安全问题、工程建设效率问题、工程建设成本问题越来越为人们所重视和关注。

加强培训学习，提高工程建设队伍自身业务素质，是确保工程质量和安全的有效途径。特别是工程施工企业，一是工程建设任务重，建设速度在加快；二是新技术、新材料、新工艺、新设备、新标准不断涌现；三是建设队伍存在相当不稳定性。提高队伍整体素质不仅关系到工程项目建设，更关系到企业的生存和发展，加强职工岗位培训既存在困难，又十分迫切。工程施工领域关键岗位的管理人员，既是工程项目管理命令的执行者，又是广大建筑施工人员的领导者，他们管理能力、技术水平的高低，直接关系到建设项目能否有序、高效率、高质量地完成。

为便于学习和有效培训，我们在充分调查研究的基础上，针对目前工程施工企业的生产管理实际，就工程施工企业的关键岗位组织编写了一套《工程施工现场技术管理丛书》，以各岗位有关管理知识、专业技术知识、规章规范要求为基本内容，突出新材料、新技术、新方法、新设备、新工艺和新标准，兼顾铁路工程施工、房屋建筑工程的实际，围绕工程施工现场生产管理的需要，旨在为工程单位岗位培训和各岗位技术管理人员提供一套实用性强、较为系统且使用方便的学习材料。

丛书按施工员、监理员、机械员、造价员、测量员、试验员、资料员、材料员、合同员、质量员、安全员、领工员、项目经理十三个关键岗位，分册编写。管理知识以我国现行工程建设管理法规、规范性管理文件为主要依据，专业技术方面严格执行国家和有关行业的施工规范、技术标准和质量标准，将管理知识、工艺技术、规章规范的内容有机结合，突出实际操作，注重管理可控性。

由于时间仓促，加之缺乏经验，书中不足之处在所难免，欢迎使用单位和个人提出宝贵意见和建议。

编　者

2010 年 12 月

目　录

第一章 质量管理基本知识

质量管理是指在质量方面指挥和控制组织的协调的活动。在质量方面的指挥和控制活动,通常包括制定质量方针、质量目标、质量策划、质量控制、质量保证和质量改进等工作。

全面质量管理是20世纪60年代。在工业发达国家迅速发展形成的一门现代管理科学。简称"TQC",是英文Total(全面)、Quality(质量)和Control(管理)的缩写。全面质量管理是企业质量管理工作的现代化先进理论和方法。随着我国社会主义市场经济的发展,质量第一,以质量求生存、以质量求发展的理念已成为企业界的共识。

铁路工程现场质量管理是贯彻国家和铁道部的质量法规,规定企业的质量方针,实践投标书的质量承诺,满足铁路工程技术标准和业主的要求。

第一节 质量员职责要求

一、质量员资格要求

质量员的工作具有很强的专业性和技术性,必须由专业技术人员来承担。一般要求其连续从事本专业工作三年以上,并由建设行政(或上级)主管部门授权的培训机构,按照规定的施工(建筑)企业专业管理人员岗位必备知识和能力要求,对其进行系统的培训考核,取得相应的上岗证书。

二、质量员应具有的工作能力

(1)掌握质量管理的基本概念、内容、方法以及国家的有关法律、法规和行业标准。

(2)懂得全面质量管理的原理和方法。

(3)了解设计规范,熟悉施工验收规范和规程。

(4)具有工程识图、工程力学、建筑力学、理论力学、结构力学和建筑结构的基本知识。

(5)熟悉常用工程材料、构配件和成品、半成品、制品的品种、规格、技术性能和用途。

(6)熟悉施工程序、各工种操作规程和质量检验评定标准。

(7)参加组织、指导全面质量管理活动的开展,并提供有关数据。

(8)能掌握分部、分项工程检验方法和验收评定标准,能较准确地进行官感检查和实测实量。

(9)能较正确地判定各分部、分项检验结果,了解原材料主要的物理(化学)性能。

(10)能提出工程质量通病的防治措施,制订新工艺,新技术的质量保证措施。

(11)了解和掌握发生质量事故的一般规律,具备对一般事故分析、判断和处理能力。

(12)熟悉一般的施工技术、施工工艺及工程质量通病的产生和防治办法。

(13)质量检查员必须具备很强的工作责任心和紧盯现场、服务现场、吃苦耐劳的精神。

(14)质量检查员是现场监控体系的组织者和负责人,应具有一定的组织协调能力。

三、质量员的岗位职责

(1)负责质量控制手段的实施,指导质量保证活动;如负责对机械、电气,管道、土方、路基、轨道、给排水、桥梁、隧道、站场、钢结构以及钢筋混凝土等工程的施工质量进行检查、监督;对到达现场的设备、材料和半成品进行质量检查,对焊接、铆接、螺栓、设备定位以及技术要求严格的工序进行检查;检查和验收隐蔽工程并作好记录。

(2)组织工程质量检查,主持质量分析会,严格执行质量奖罚制度。

(3)接受工程建设各方关于质量控制的申请和要求,包括向各有关部门传达必要的质量措施,如质量检查员有权停止分包商不符合验收标准的工作,有权决定需要进行试验室分析的项目并亲自准备规品、监督实验工作等。

(4)组织现场试验室和质监部门实施质量控制。

(5)建立文件和报告制度,包括建立一套日常报表体系。报表汇录和反映以下信息:将要开始的工作、各负责人的监督活动、业主提出的检查工作的要求、在施工中的检验或现场试验。

(6)负责适用标准的识别和解释。

(7)指导现场质量监督员的质量监督工作。

1)巡查工程,发现并纠正错误操作;

2)记录有关工程质量的详细情况,随时向质量检查员报告质量信息并执行有关任务;

3)协助领工员搞好工程质量自检、互检和交接检,随时掌握各分项工程的质量情况;

4)整理分项、分部和单位工程检查评定的原始记录,及时填报各种质量报表,建立质量档案。

第二节 质量相关概念

一、质量的概念

质量指的是产品或服务满足明确或隐含需要的特征和特性的总和,即产品或服务能够满足用户需要的那些特征、特性。传统习惯所说的质量,一般是指产品质量。全面质量与此不同,其含义除包括产品质量外,还包含工序质量和工作质量等。

质量具有广义性、时效性和相对性。

(1)质量的广义性。在质量管理体系所涉及的范畴内,组织的相关方对组织的产品、过程或体系都可能提出要求,而产品、过程和体系又都具有固有特性,因此,质量不仅指产品质量,也可指过程和体系的质量。

(2)质量的时效性。组织的顾客和其他相关方对组织和产品、过程和体系的需求和期望是不断变化的,因此,组织应不断地调整对质量的要求。

(3)质量的相对性。组织的顾客和其他相关方可能对同一产品的功能提出不同的要求,也可能对同一产品的同一功能提出不同的需求,需求不同,质量要求也就不同,只有满足需求的产品才会被认为是质量好的产品。

质量的优劣是满足要求程度的一种体现。它须在同一等级基础上做比较,不能与等级混淆。等级是指对功能用途相同但质量要求不同的产品、过程或体系所作的分类或升级。

二、产品质量的概念

产品质量是指产品的适用性，即产品能够满足用户某种需要具备的特性，由于用户对产品适用性的要求是因人、因时、因地而异，因此，产品质量特性的优劣具有相对性，其核心是满足用户的需要。满足用户需要的程度，则是判定产品质量高低的标准。

产品质量的性能有：

(1)性能。是指产品为满足人们的使用目的所具有的技术特性，即产品的效能、作用，它是最基本的质量特性。产品没有性能就失去了存在的价值。例如：钟表的性能是表示时间；通信设备的性能是传输信息；铁道线路的性能是保证列车高速安全运行等。

(2)寿命。是指产品能够使用的期限，即产品的使用寿命。产品的使用寿命越长，为社会所创造的财富就越多。因此，延长设备的使用寿命是提高经济效益的一个重要手段。

(3)可靠性。是指产品在一定的条件下，实现其规定功能的稳定程度。产品的可靠性可以通过一定时间内所出现的故障或维修次数反映出来。如通信、信号设备的故障率即反映产品的稳定性、可靠性。

(4)安全性。是指产品在使用过程中保证安全的程度，即在使用的过程中，可能对操作者、财产、环境等方面所造成的危害程度。铁路运输对设备的安全性要求极高，凡投入运用的设备必须绝对安全。安全性是铁路运输最为重要的特性。

(5)经济性。指产品功能及结构的设计、原材料采购、制造等生产成本以及使用过程中的耗能、维修等的使用费用之和最低，即产品寿命周期总费用最少。

(6)交货期及售后服务。

三、工序质量的概念

产品在整个生产过程中，人员、机器、材料、方法和环境五大要素(简称人、机、料、法、环)对产品质量综合发生作用，而形成产品质量。

五大要素综合发生作用的过程，就是工序过程或称之为工程过程。这个工序(工程)过程的质量就叫工序(工程)质量或过程质量。工序质量是产品质量的保证。因此，要保证产品或服务质量，首先要抓好工序质量。

四、工作质量的概念

工作质量是指为保证和提高产品质量或服务质量，所做的管理、技术、生产、服务等工作的工作质量。

工作质量虽然不像产品或服务质量那样直观、具体的表现在人们的面前，也不像工序质量那样直观地作用于产品或被服务者，但却客观地存在于一切管理、技术、生产活动之中。因为，人、机、料、法、环这五个方面的工作都需要人去做，由此，工作质量是工序质量的保证。

五、产品质量、工序质量及工作质量的关系

概括地讲，工作质量决定工序质量，工序质量决定产品(或服务)质量。

归根结底，工作质量直接或间接决定产品(或服务)质量，产品质量是工作质量的最终体现。保证和提高产品(或服务)质量是我们的目的。全面质量管理的基本环节是工序质量，提高人的工作质量是全面质量管理的核心。

总之,工程质量问题绝不是就工程质量而抓工程被验收的结果所能解决的,既要抓施工质量,更要抓工作质量,必须提高工作质量来保证工序质量,从而保证和提高施工的工程质量。

六、建设工程质量的特点

(1)影响因素多。建设工程质量受到多种因素的影响,如决策、设计、材料、机具设备、施工方法、施工工艺、技术措施、人员素质、工期、工程造价等,这些因素直接或间接地影响工程质量。

(2)质量波动大。由于建筑生产的单件性、流动性,不像一般工业产品的生产那样,有固定的生产流水线,有规范化的生产工艺和完善的检测技术,有成套的生产设备和稳定的生产环境,所以工程质量容易产生波动且波动大。同时,由于影响工程质量的偶然性因素和系统性因素比较多,其中任一因素发生变动,都会使工程质量产生波动。为此,要严防出现上述因素的质量变异,要把质量波动控制在各因素影响范围内。

(3)质量隐蔽性。建设工程在施工过程中,分项工程交接多、中间工序多、隐蔽工程多,因此质量存在隐蔽性。若在施工中不及时进行质量检查,事后只能从表面上检查,就很难发现内在的质量问题,以至出现质量事故。

(4)终检的局限性。工程项目建成后,不可能像一般工业产品那样依靠终检来判断产品质量,或将产品拆卸、解体来检查其内在的质量,或对不合格零部件可以更换。而工程项目的终检(竣工验收)无法进行工程内在质量的检验,发现隐蔽的质量缺陷。因此,工程项目的终检存在一定的局限性。这就要求工程质量控制应以预防为主,重视事先、事中控制,防患于未然,强调过程控制中的"自检、互检、专检"三检制的作用。

(5)评价方法的特殊性。工程质量的检查评定及验收是按检验批、分项工程、分部工程、单位工程进行的。检验批的质量是分项工程乃至整个工程质量检验的基础,检验批的质量是否合格。主要取决于主控项目和一般项目经抽样检验的结果。隐蔽工程在隐蔽前要检查合格后验收,涉及结构安全的试块、试件以及有关材料应按规定进行见证取样检测,涉及结构安全和使用功能的重要分部工程要进行抽样检测。

第三节 质量保证

一、质量保证体系的概念

质量保证体系就是质量管理体系,又称质量管理网。它是以保证和提高产品质量为目标,运用系统的概念和方法,从企业的具体情况出发,设置统一协调的组织机构,把各部门、各环节的质量管理职能严密地组织起来,形成一个有明确任务、职责、权限,互相协调,互相促进的有机整体。

二、质量保证措施

建立和健全质量保证体系是实行全面质量管理的主要标志。措施:

(1)有明确的质量方针、质量目标和质量计划。

(2)有严密、协调的组织机构和职责分工。

(3)设立专职的质量管理机构(或人员),负责组织、协调、督促、检查质量管理工作,作为质量保证体系的组织保证。

(4)开展群众性质量教育和 QC 小组活动。

(5)制订技术标准和管理标准。

(6)建立质量信息反馈系统。质量信息来源包括企业外部和企业内部。

质量管理的基础工作主要有五个内容:质量教育和技术培训工作、质量责任制、标准化工作、计量工作和质量信息工作。

第四节　质量管理知识

一、质量管理的含义

(1)质量管理是通过建立质量方针和质量目标,并为实现规定的质量目标进行质量策划,实施质量控制和质量保证,开展质量改进等活动予以实现的。

(2)组织在整个生产和经营过程中,需要对诸如质量、计划、劳动、人事、设备、财务和环境等各个方面进行有序的管理。

(3)质量管理涉及到组织的各个方面,是否有效地实施质量管理关系到组织的兴衰。组织的最高管理者应正式发布本组织的质量方针,在确立质量目标的基础上,按照质量管理的基本原则,运用管理的系统方法来建立质量管理体系,为实现质量方针和质量目标配备必要的人力和物质资源,开展各项相关的质量活动。所以,组织应采取激励措施激发全体员工积极参与,造就人人争做贡献的工作环境,确保质量策划、质量控制、质量保证和质量改进活动顺利地进行。

二、质量管理经历的发展阶段

质量管理是随着现代工业生产的发展以及科学技术的进步而逐渐发展、完善起来的。从工业发达的国家来看,质量管理大致经历了三个发展阶段,质量检验阶段、统计质量管理阶段和全面质量管理阶段。

三、质量检验阶段的形成及特点

1.形成

从 20 世纪初到 20 世纪 40 年代初,称为质量检验阶段,也叫事后检验阶段。在此之前,由于生产规模小,产品结构简单,生产无一定的工艺和规程要求。生产完全靠生产者个人凭自己的技术和经验进行,产品的质量检验无专人负责,工人既是直接生产者,又是产品质量的检验者。

20 世纪初,随着生产力的发展,生产规模逐渐扩大,产品的生产结构、工艺和规程有了一定的要求,而且愈来愈复杂。为了适应企业发展的需要,美国科学家泰勒(F. W. Taylor)提出了把计划职能与执行职能分开,并增加检验环节,把产品质量的检验作为一项独立的工作,形成计划、生产、检验三个独立体系,各有专人负责。检验人员在厂长领导下专职负责检验产品质量,判明是否符合工艺及规程要求,通过剔除产品中的废品,来保证产品质量。这样,质量管理就进入了检验员的质量管理阶段。专业检验有力地促进了企业工作效率及产品质量的提高,为企业获取了很大的经济收益。

2. 存在的问题

(1)质量检验是在产品生产出来之后进行的。这时的废品与次品已经产生，已无法挽回原材料、能源、工时以及其他费用的损失，造成了生产成本的加大。而且，这种事后检验，不能及时反映出生产中的异常因素，导致废、次品的继续产生。在预防和控制废、次品产生方面缺乏作用。在生产规模扩大、产量大幅度增长的情况下，废、次品漏检机会增多，混入合格品中出厂，难免造成质量事故。铁路施工质量的漏检，不仅会出现次品，造成浪费，还有可能危及行车安全，发生事故。

(2)没有科学的检测方法。产品检验是通过全数逐个检查的方法来剔除废、次品。花费了大量的人力、物力和财力，限制了劳动生产率的提高。尤其对于必须进行破坏性检查才能了解其质量的产品，无法判别其质量。例如，燃料、弹药等，显然不能逐个进行破坏性检验。

四、统计质量管理阶段形成的时间及特点

1. 形成

从 20 世纪 40 年代到 60 年代初是统计质量管理阶段。这个阶段的特点是将概率论与数理统计方法引进到产品质量管理中，对产品质量进行有效的检验与控制，解决了检验质量管理阶段存在的主要问题。1924 年，美国工程师休哈特(W，A. Shewhan)创造了控制图，首先运用数理统计的方法来控制生产质量，预防废品的产生。他还同道奇(H. F. Dodge)等人运用概率论的原理提出科学的抽样检验方法。但是，由于当时资本主义国家所面临的经济危机等其他一些原因，这些方法未能普遍推行。

第二次世界大战的爆发，使得美国军事工业迅猛发展起来。由于战争的需要，美国军事工业面临着许多亟待解决的问题，如武器、弹药的有效性、可靠性等等。为此，美国军政部门组织了一批管理学者制定了以质量控制、抽样检验等科学方法为内容的《美国战时质量标准》。将概率论与数理统计方法应用到产品生产控制与检验中，并且在军工生产部门强制推行此法，收到了明显的效果。此后，西方国家许多企业开展了统计质量管理活动。统计质量管理的产生，对于保证产品质量、降低成本，预防废、次品的产生起到了一定的作用。

2. 存在的问题

(1)这一阶段的管理只是在制造、检验部门进行，忽视了产品生产中其他环节对产品质量的影响，如设计、安装、售后服务等。因而，使得质量管理工作具有很大的局限性。

(2)过分强调了数理统计方法，而忽视了质量管理中的一个重要因素——人的作用。

(3)由于数理统计方法理论性太强，计算又复杂，需要专家的参与才能够进行。因而，在企业中的推广受到了限制。

五、全面质量管理阶段的形成

从 20 世纪 60 年代初期至今，称为全面质量管理阶段。为解决统计质量管理阶段所存在的问题，日本的一些管理学家通过长期的摸索实践，将数理统计方法进行了简化，整理出了一套简单、形象、图表化的统计方法，并把它和组织管理、技术工作结合起来用于企业的管理，成效惊人。

1961 年，美国人费根鲍姆(A. V. Feigenbaunl)出版了他的著作《全面质量管理》，首先提出了全面质量管理的名称和概念。将质量管理理论扩展到产品生产全过程的各个环节，形成了全面质量管理方法。此后，全面质量管理理论在不断的推行中，得到了逐步完善和发展，已形

成一门新的、比较完整的管理学科。

全面质量管理的理论和方法，必将随着科学技术和现代化生产的进一步发展，而不断取得新的进展。

六、全面质量管理的概念

(1)全面质量管理的思想，是以全面质量为中心，全员参与为基础，通对对组织活动全过程的管理，追求组织的持久成功。即使顾客、本组织所有者、员工、供方、合作伙伴或社会等相关方持续满意和受益。

(2)全面质量管理是对一个组织进行管理的途径。对一个组织来说，就是组织管理的一种途径。除了这种途径之外，组织管理还可以有其他的途径。

(3)正是由于全面质量管理讲的是对组织的管理，因此，将"质量"概念扩充为全部管理目录，即"全面质量"，可包括提高组织的产品的质量，缩短周期(如生产周期、物资储备周期)，降低生产成本等。

七、质量检验管理与全面质量管理的关系

全面质量管理是在质量检验的基础上发展起来的。实行全面质量管理，决不意味着可以削弱和取消检验。特别是在许多施工企业质量保证体系尚未完善，职工的技术素质偏低等实际情况下，质量检验工作更需要加强，严格把好施工质量关。质量检验仍然是常规质量管理的内容。

质量检验就是利用某种检验测试产品(工序)的质量特性，把检验的结果同事先规定的质量标准相比较，从而对该产品(工序)作出合格或不合格的判断。即根据质量标准的要求，把不合格品找出来，使之不能转入下道工序。这种方法对于保证产品质量是完全必要的，今后必须毫不放松，继续加强和完善。

与传统的质量管理相比较，全面质量管理的特点是把过去的以事后检验和把关为主转变为以预防为主，即从管结果转变为管因素；从过去的就事论事、分散管理，转变以为系统的观点为指导进行全面的综合治理，突出以质量为中心，围绕质量开展全员的工作；由单纯符合标准转变为满足顾客需要；强调不断改进过程，从而不断改进产品质量。全面质量管理同质量检验管理相比，无论从组织程度、管理内容、管理方式、管理方法、管理思想来看，都大有发展。它们之间的区别见表1—1。

表1—1　质量检验管理与全面质量管理的区别

质量检验管理	全面质量管理
限于施工过程检验	与市场紧密结合，注重使用质量
产品质量指产品规格符合性，以达到技术标准为目的，只要求工程质量的合格率、优良率和返工率达到指定指标	以既定标准为基本，以用户适用为根本；产品质量指产品的适用性，包括工期和成本
主要依靠技术检验人员	全员性、全企业性管理
主要技术检验办法以事后把关为主	防检结合，预防在先，重在提高，实行综合性质量管理
仅限于工程质量	以工作质量保证工序质量，以工序质量保证工程质量
注意质量经济性差	十分注意质量经济性

八、全面质量管理的基本要求

全面质量管理的基本要求如图 1—1 所示。

全面质量管理的基本要求

- 全企业质量管理
  - (1)全企业的质量管理可以从纵横两个方面来加以解决。从纵向的组织管理角度来看，质量目标的实现有赖于企业的上层、中层、基层管理乃至一线员工的通力协作，不断进行作业改善，其中尤以高层管理能否全力以赴起着决定性的作用。
  - (2)从企业职能问题的横向配合来看，要保证和提高产品质量，必须把分散到企业各部门的质量职能充分发挥出来，建立和健全质量体系，使企业所研制、维持和改进质量的所有活动构成一个有效的整体。
  - (3)可见，全企业的质量管理就是要以"以质量为中心，领导重视、组织落实、体系完善"。
- 全员质量管理
  - (1)必须抓好全员的质量教育和培训。加强职工的质量意识，牢固树立质量第一的思想促进职工自觉地参加质量管理的各项活动。同时还要不断提高职工的技术素质、管理素质和政治素质，以适应深入开展全面质量管理的需要。教育和培训要分析不同层次员工的需求，有针对性地开展教育和培训。
  - (2)要制订各部门、各级各类人员的质量责任制，明确任务和职权，各司其职，密切配合，以形成一个高效、协调、严密的质量管理工作的系统。在明确职权和职责的同时，还应该要求各部门和相关人员对于质量作出相应的承诺。当然，为了激发他们的积极性和责任心，企业应该将质量责任同奖惩机制挂起钩来。只有这样，才能够确保责、权、利三者的统一。
  - (3)要开展多种形式的群众性质量管理活动，充分发挥广大职工的聪明才智和当家作主的进取精神。群众性质量管理活动的重要形式之一是质量管理小组，还有很多群众性质量的管理活动，如合理化建议制度、和质量相关的劳动竞赛等。总之，全员的质量管理就意味着全面质量管理要"始于教育，终于教育"，企业应该发挥创造性，采取多种形式激发全员参与的积极性。

全面质量管理的基本要求

- 多方法质量管理
  - 常用的质量管理方法有所谓的老七种工具，具体包括因果图、排列图、直方图、控制图、散布图、分层图、调查表；还有新七种工具，具体包括关联图法、KJ 法、系统图法、矩阵图法、矩阵数据分析法、PDPC 法、矢线图法。除了以上方法外，还有很多方法，尤其是一些新方法近年来得到了广泛的关注和应用，具体包括质量功能展开(QFD)、田口方法、故障模式和影响分析(FMEA)、头脑风暴法(Brainstorming)、六西格玛法(6σ)、水平对比法(Benchmarking)、业务流程再造(BPR)等。在运用这些方法时，应注意以下几点：
  - (1)尊重客观事实，尽量用数据说话。在质量管理活动中，要坚持实事求是，科学分析，尽量用数据说话。真实的数据定量地描述客观事实，可以更好地分析问题和解决问题，树立科学的工作作风；把质量管理建立在科学的基础上。
  - (2)遵循 PDCA 循环的工作程序。进行任何活动都必须遵循计划、执行、检查、总结的工作程序。
  - (3)广泛地运用科学技术的新成果。全面质量管理是现代化科学技术和现代化大生产发展的产物。应该广泛地运用科学技术的最新成果，真正做到"程序科学，方法灵活，实事求是，讲求实效"。
- 全过程质量管理
  - 全过程的质量管理包括了从工地调查、材料检验、设计开发、工序检验、验收评定、交付使用等全部有关过程的质量管理。要把质量形成全过程的各个环节或有关因素控制起来，形成一个综合性的质量管理体系，做到以预防为主，防检结合，重在提高。为此，全面质量管理强调必须体现的两个思想是：
  - (1)预防为主、不断改进的思想。优良的产品质量是设计和生产制造出来的，而不是靠事后的检验决定的。事后的检验面对的是已经既成事实的产品质量。根据这一基本道理，全面质量管理要求把管理工作的重点，从"事后把关"转移到"事前预防"上来；从管结果转变为管因素，实行"预防为主"的方针，把不合格品消失在它的形成过程之中，做到"防患于未然"。当然，为了保证产品质量，防止不合格品的出现或流入下道工序，加强质量检验，在任何情况下都是必不可少的。强调预防为主，不断改进的思想，不仅不排斥质量检验，而且甚至要求其更加完善、更加科学。质量检验是全面质量管理的重要组成部分，企业内行之有效的质量检验制度必须坚持，并且要进一步使之规范化、科学化。
  - (2)为顾客服务的思想。顾客有内部和外部之分：外部的顾客可以是最终的顾客，也可以是产品的经销商或再加工者；内部的顾客是企业的部门和人员。实行全过程的质量管理，要求企业所有各个工作环节都必须树立为顾客服务的思想。内部顾客满意是外部顾客满意的基础。因此，在企业内部要树立"下道工序是顾客"、"努力为下道工序服务"的思想。有些企业开展的"三工序"活动，即复查上道工序的质量，保证本道工序的质量，坚持优质、准时为下道工序服务，就是为顾客服务思想的具体体现。只有每道工序在质量上都坚持高标准，都为下道工序着想，为下道工序提供最大的便利，企业才能目标一致、协调地生产出符合规定要求，满足用户期望的工程。

图 1—1 全面质量管理的基本要求

九、搞好全面质量管理的途径

实践证明，要把全面质量管理真正推广开，抓得好，全面提高，必须做到以下几点：

(1)加强领导。全面质量管理搞得好不好，关键在领导，特别是主要领导。如果领导不重视、不支持，全面质量管理是推广不开、搞不好的。因此，主要领导必须亲自动手抓。其要害在于企业领导班子牢固树立"质量第一、信誉第一、用户第一"的经营指导思想。

(2)搞好职工的培训。必须使每个职工从思想上认识到保证产品质量和工作质量对国家企业和个人的重要意义，真正树立起"质量第一"的思想。但同时也必须使他们提高工作能力和技术水平，拥有不断提高产品质量和工作质量的基本手段。因此，必须办好各种类型的业务技术训练班，开展岗位练兵；新工人进场要进行培训；徒工转正、工人升级必须进行技术考核；从事关键工序操作和重要设备安装的工人，达不到技术要求的不得上岗位操作。企业的各级领导也必须学习业务技术，同时要为广大干部钻研业务、提高技术创造必要的条件。

(3)要培养一批技术骨干，使之成为推进全面质量管理的中坚力量。要充分认识到技术骨干在全面质量管理中的推动和促进作用，使他们能充分地发挥自己的聪明才智，为全面质量管理工作的提高献计献策。

(4)广泛开展群众性的质量管理小组活动。开展质量管理小组活动，对提高质量，降低消耗，提高企业素质有很重要的作用。质量管理小组活动，是我国多年来开展的群众参加管理的经验同国外先进的科学管理方法相结合的产物，是搞好全面质量管理的群众基础。

(5)搞好质量管理，要有明确的方针、目标、计划。搞好全面质量管理；要结合现场存的问题选择课题，确定方针、目标、计划，不搞形式主义。

(6)全面质量管理工作要同职工的奖罚条例相结合，建立健全质量保证体系。明确各职能部门、各环节以至每个职工在质量上的责任、权限、分工，并和考核奖惩、个人物质利益结合起来；要使质量高的单位和职工得到更多的奖励，对质量差的单位和职工则要进行相应的处罚；各级要建立健全质量管理专职机构，充实得力精干的人员；加强检验、化验和标准化机构。

十、全面质量管理教育和技术培训

全面质量管理是对广义质量的管理，是全员参加的管理。因此，为使全体职工以本身优良的工作质量来保证产品质量，就必须加强企业职工的教育和培训工作，提高企业职工队伍的素质。质量教育和技术培训工作主要有：

(1)思想政治教育。思想政治工作是推行全面质量管理的先导，必须使全体职工从思想观念上认识到推行科学管理是时代的需要，是"四化"建设的需要，每个职工应该主动积极地去适应和参与。

(2)全面质量管理业务知识教育。全面质量管理是一门科学，必须对它的理论、思想、方法、体系熟悉和掌握，才能在生产实践中更好地运用。因此，必须对企业职工进行全面质量管理业务知识教育，使每个职工能结合自己的岗位、业务加以运用，达到管理生产、控制生产的目的。

(3)技术培训。对企业全体职工进行技术业务培训，是提高职工素质、顺应科学技术飞速发展的一项战略性工作。技术业务培训有岗前培训、系统培训、应急培训、专业培训、学历培训等几个方面。

十一、全面质量管理质量责任制

质量责任制是对企业职工在质量工作中的任务、责任和权益的具体规定。它强调产品质量在形成和实现过程中，各环节、各岗位工作人员的工作质量，明确规定每个岗位对每件产品(或工序)的质量应负的责任、拥有的权限以及相应的奖惩，以此增强职工的责任感，激发职工的工作积极性和创造精神，形成一个完整、严密的质量管理工作系统。质量责任制是岗位责任制的一个重要组成部分，是推行全面质量管理、实现产品质量过程控制的一项重要工作。

十二、全面质量管理的基本工作

全面质量管理的基本工作方法是 PDCA 循环。PDCA 循环又称管理循环。它由美国质量管理专家戴明(W. E. Deming)首先提出，并应用到质量管理工作中的。所以，也称为戴明循环。

PDCA 循环是指全面质量管理工作按照计划→实施→检查→处理四个阶段不断循环的工作过程，PDCA 是英文 Plan Do Check Action 的缩写。它和我们处理问题的常规方法基本是一致的。不同之处在于，PDCA 循环有着一套完整严密的科学工作程序和方法。

十三、PDCA 循环的基本要求

1. 系统性要求

(1)每个企业都有各自不同的管理层次，各个层次又有自己的 PDCA 循环。企业的最高层是企业的中心，好比一个中心环，企业的中、基层部门相应为外围的中环和大环。企业各个部门的循环都要以企业这个中心循环为依据，层层向外展开，即上一级循环是下一级循环的根据，而下一级循环又是上一级循环的贯彻落实。这样，外围保中心，一环套一环，形成了全企业系统的循环，如图 1—2 所示。

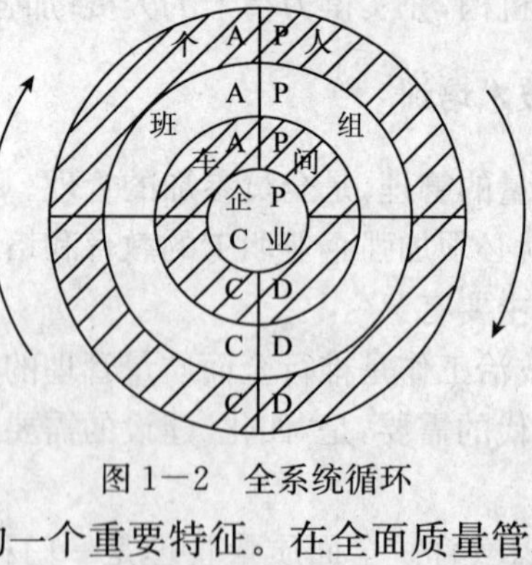

图 1—2　全系统循环

(2)系统性是 PDCA 循环的一个重要特征。在全面质量管理中运用 PDCA 循环，必须注意这一系统性要求，做到大环保小环，外围保中心。

2. 完整性要求

(1)PDCA 循环是一个完整的循环，是人类办事规律的科学总结。每一个循环的四个阶段、八个步骤都是密不可分的统一整体。既不可缺少，也不可颠倒位置，必须是按部就班、循序渐进。忽略了其完整性要求，PDCA 循环就只能是一种形式而失去其应有的作用。在 PDCA 循环的四个阶段中，应特别强调指出，处理阶段是一个关键的阶段，也是往往容易被人忽略的一个阶段。因为，它既是上一个循环的总结，又是下一个循环的开始，起着承上启下的作用。

(2)要保持循环的完整性，就要像抓其他三个阶段一样，切实做好经验总结工作，不断补充新的工作标准。注意吸取失败的教训，防止同类问题的重复发生，并将遗留的问题送入下一个循环，加以解决。这样，才能不断地推动循环向前发展，逐步提高企业管理的质量水平。

3.上升性要求

(1)PDCA 循环工作的开展都是围绕着一些质量问题所进行的。每完成一次循环，就意味着解决了一些质量问题。质量水平就提高了一步。下一轮循环是在这新水平的基础上继续进行的。周而复始，质量水平一步一步地不断提高。犹如爬楼梯那样，由低到高，逐级向上发展，如图 1—3 所示。

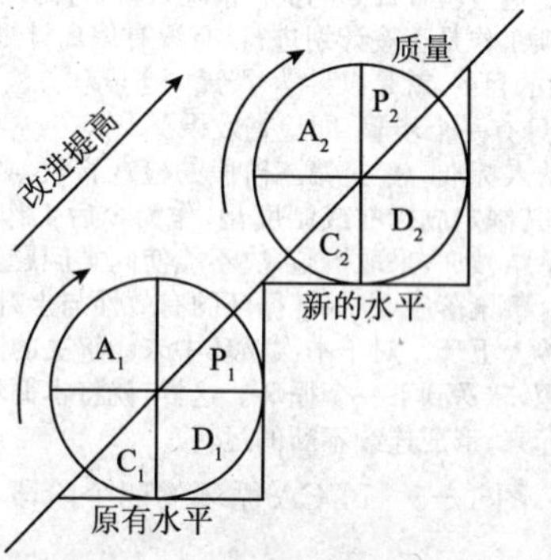

图 1—3 “爬楼梯”式的循环式

(2)PDCA 循环的上升性特点，要求我们在全面质量管理工作中，对每一次循环都应赋予新的目标，不可满足现状，故步自封。

十四、PDCA 循环的阶段

PDCA 循环包含了四个阶段、八个步骤，如图 1—4 所示，其中四个阶段内容如图 1—5 所示。

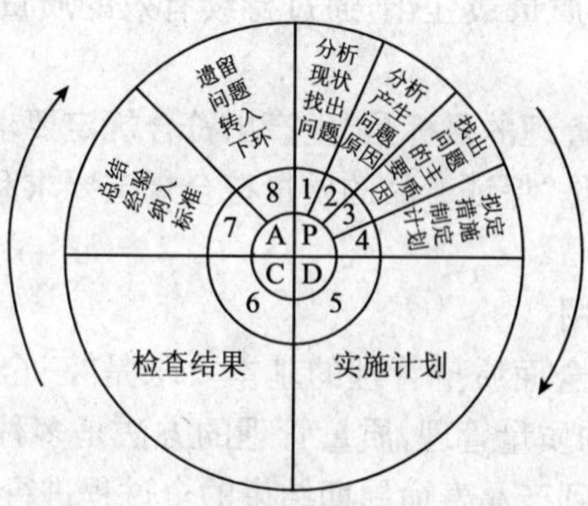

图 1—4 PDCA 循环内容示意图

- PDCA循环的四个阶段
  - 计划阶段(P)
    - 计划阶段的主要任务是制定部门的方针、目标和计划、措施。这一阶段分四个步骤：
    - (1)分析现状，找出问题。首先，对本部门的现状进行调查分析，找出所有的质量问题。
    - (2)分析产生问题的原因。通过分析现状，找出存在的质量问题后，就要具体分析产生这些问题的原因是什么。在分析时，要一个问题一个问题地进行查找。查找的越细致越好，细致到可以针对某一原因采取具体措施为止。
    - (3)找出问题产生的主要原因。找出问题产生的诸多原因之后，还要对这些原因作进一步的分析，找出主要的原因，不能眉毛胡子一把抓。抓住主要矛盾，才有利于问题的解决。值得注意的是，主要因素一定要少而精，要切中要害。
    - (4)拟定措施，制定计划。针对产生问题的各种原因，尤其是主要原因，确定对策和措施，制定出详细、具体的行动计划。
  - 实施阶段(D)
    - (1)实施阶段就是依照制定的计划、措施，具体组织执行。在执行计划之前，应首先向有关部门、人员讲明本次循环所要解决的问题、采取的措施、完成的时间以及所要达到的标准和要求。务必使每一个职工理解并掌握计划要点，才能保证计划的顺利执行。
    - (2)这一阶段只有一个步骤，即实施计划。
  - 检查阶段(C)
    - (1)检查阶段就是通过检查计划的执行情况，将执行的结果与制定的目标、计划相比较。看看在执行的过程中，各项工作是否按计划进行，有没有偏离计划，措施是否得力，是否达到了预期的目的。执行这一步骤的目的，就是以科学、严谨的态度和方法对实施阶段进行验收，评价执行的效果。
    - (2)这一阶段也只有一个步骤，即检查效果。
  - 处理阶段(A)
    - (1)总结经验，纳入标准。经过第三阶段的检查验收，必须把循环的结果作一总结。找出有效的经验和方法，将其制定成标准或制度化，作为今后工作遵循的依据并贯彻执行。对于失败之处，要分析原因，总结教训，采取措施，决不能使同类问题再度发生。在此阶段，还要注意结合实际工作，表扬先进，鞭策落后，以保证循环的有效性与上升性。
    - (2)遗留问题，转入下环。对于本次循环中未能解决的问题或者新出现的问题，全部罗列出来，作为要解决的问题，转送到下一个循环。这样，就将本循环的最后一个步骤与下一个循环的第一个步骤紧密衔接起来，形成连续不断的运转。

图 1—5　PDCA 循环的四个阶段

十五、全面质量管理和系列标准

从本质上讲，全面质量管理和系列标准并不矛盾，他们有着共同的理论基础——质量管理学。在共同的理论基础上，全面质量管理和 GB/T 19000 系列标准有很多的共同点，具体表现在。

(1)核心都是建立质量体系。全面质量管理和系列标准都认为建立质量体系是进行质量活动的核心，质量体系贯穿于产品质量产生、形成和实现的全过程，完善的质量体系是在考虑风险、成本和利益的基础上使质量最佳化，通过持续有效的质量体系确保质量管理活动的有效性。

(2)目标一致。全面质量管理的目标是“生产出符合规定要求和用户期望的产品”；系列标准规定，质量管理的目标之一是“保证产品的质量符合规定要求和潜在的需要”。可见，两者的目标是一致的。

(3)都强调企业领导的作用。

(4)都有全面性的要求。全面质量管理的基本要求是“三全一多样”，即全过程的质量管理、全企业的质量管理、全员的质量管理，质量管理的方法是多种多样的。系列标准也具有全面性的要求，即对从市场调研到产品寿命周期结束的全过程进行质量控制，对影响质量的全部要素进行质量控制，要求全体人员参加有关的质量管理活动。

(5)都强调不断改进，都认为为了持续地满足顾客的需要，就必须进行质量改进。

(6)都重视评审工作。全面质量管理重视考核和评价，系列标准则强调对体系的审核与评审。

(7)都运用现代统计技术和管理技术。

第五节　质量标准

一、施工企业标准化的概念

施工企业标准化，就是围绕着施工生产经营目标，在企业负责人（局长、建设集团总经理或总工程师）的领导和组织下，通过制定和贯彻标准化活动，使施工企业的各个环节、各个部门的所有生产技术、经营管理活动等制度化、程序化、科学化和文明化。

企业标准化是制定国家标准和行业标准的依据，对保证施工安全，促进技术改造，提高企业经济效益和竞争能力及实现科学管理、文明施工，提高企业管理水平都起着十分重要的作用。

二、ISO9000 族标准的概念

ISO9000 族标准是国际标准化组织（ISO）在 1994 年提出的概念，是指"由 ISO/TC176（国际标准化组织质量管理和质量保证技术委员会）制定的所有国际标准"。该标准族可帮助组织实施并有效地运行质量管理体系，是质量管理体系通用的要求或指南。它不受具体的行业或经济部门的限制，可广泛适用于各种类型和规模的组织，在国内和国际贸易中促进相互理解和信任。

三、ISO9000 族标准的组成结构

2000 版 ISO9000 族标准的文件结构见表 1－2。可以表看出，2000 版 ISO9000 族标准由核心标准和其他支持性的标准和文件组成。

表 1－2　2000 版 ISO9000 族标准的文件结构

核心标准	
ISO9000	质量管理体系　基础和术语
ISO9001	质量管理体系　要求
ISO9004	质量管理体系　业绩改进指南
ISO9011	质量和环境管理体系审核指南
支持性标准和文件	
ISO10012	测量控制系统
ISO/TR10006	质量管理——项目管理质量指南
ISO/TR10007	质量管理——技术状态管理指南
ISO/TR10013	质量管理体系文件指南
ISO/TR10014	质量经济性管理指南
ISO/TR10015	质量管理——培训指南
ISO/TR10017	统计技术指南
	质量管理原则
	选择和使用指南
	小型企业的应用

在 2000 版 ISO9000 族标准中，包括 4 项核心标准：ISO9000、ISO9001、ISO9004、ISO19011。1994 版 ISO9000 族其他标准的主要内容被纳入上述 4 项核心标准之中。

四、ISO9001－2000《质量管理体系要求》的规定

ISO9001－2000 标准规定了对质量管理体系的要求，供组织需要证实其具有稳定地提供顾客要求和适用法律法规要求产品的能力时应用。组织可通过体系的有效应用，包括持续改进体系的过程及确保符合顾客与适用法规的要求，增强顾客的满意度。

此标准取代了 1994 版 ISO9001、ISO9002 和 ISO9003 三个质量保证模式标准，成为用于审核和第三方认证的唯一标准。它用于内部和外部(第二方或第三方)评价组织提供满足组织自身要求和顾客、法律、法规要求的产品的能力。由于组织及其产品的特点对此标准的某些条款不适用，可以考虑对标准中的要求进行删减，但是删减仅限于该标准的“产品实现”中那些不影响组织提供满足顾客和适用法律、法规要求的产品的能力或责任的要求。

与 1994 版标准相比，标准的名称发生了变化，不再有“质量保证”说明本身质量，这反映了标准规定的质量管理体系要求除了产品质量保证之外，还旨在增强顾客的满意度。

标准应用了以过程为基础的质量管理体系模式的结构，鼓励组织在建立、实施和改进质量管理体系及提高其有效性时采用过程方法，通过满足顾客的要求来增强顾客的满意度。过程方法的优点是对质量管理体系中诸多单个过程之间的联系及过程的组合和相互作用进行连续的控制，以达到质量管理体系的持续改进。

五、ISO90004－2000《质量管理体系业绩改进指南》的规定

ISO9004－2000 标准以八项质量管理原则为基础，帮助组织用有效和高效的方式识别并满足顾客和其他相关方的需求和期望，实现、保持和改进组织的整体业绩；从而使组织获得成功。该标准提供了超出 ISO9001 要求的指南和建议，不用于认证或合同的目的，也不是 ISO9001 的实施指南。标准强调一个组织质量管理体系的设计和实施受各种需求、具体目标、所提供的产品、所采用的过程及组织的规模和结构的影响，无意统一质量管理体系的结构或文件。

标准也应用了以过程为基础的质量管理体系模式的结构，鼓励组织在建立、实施和改进质量管理体系及提高其有效性和效率时采用过程方法，通过满足相关方的要求来提高对相关方的满意程度。

标准还给出了自我评价和持续改讲过程的示例，用于帮助组织寻找改进的机会：通过 5 个等级来评价组织质量管理体系的成熟程度，通过给出的持续改进方法，提高组织的业绩并使相关方受益。

六、ISO19011－2000《质量和(或)环境管理体系审核指南》

标准合并了 1994 版 ISO10011－1《质量体系审核指南　第一部分：审核》、ISO10011－2《质量管理体系审核指南　第二部分：质量体系审核员的评定准则》、ISO10011－3《质量体系审核指南　第三部分：审核工作管理》三个分标准，并取代了 1996 版的 ISO14010《环境审核指南　通用原则》、ISO14011《环境审核　程序环境管理体系审核》和 ISO14012《环境审核指南　环境审核员资格要求》。遵循“不同管理体系可以有共同管理和审核要求”的原则，该标准对于质量管理体系和环境管理体系审核的基本原则、审核方案的管理、环境和质量管理体系审核的

实施以及对环境和质量管理体系审核员的资格要求提供了指南。它适用于所有运行质量和或环境管理体系的组织，指导其内审和外审的管理工作。

该标准在术语和内容方面，兼容了质量管理体系和环境管理体系的特点。在对审核员的基本能力及审核方案的管理中，均增加了了解及确定法律和法规的要求。

七、ISO9001 和 ISO9004 的区别与联系

ISO9001 和 ISO9004 标准的区别和联系：ISO9001 标准规定了质量管理体系"要求"，可供组织作为内部审核的依据，也可用于认证或合同目的，而 ISO9004 标准是"指南"，不拟用作审核/认证/合同的依据。在满足顾客的要求方面，ISO9001 所关注的是质量管理体系的有效性，而 ISO9004 标准提供了超出 ISO9001 要求的指南，除了有效性外，该标准还特别关注持续改进一个组织的总体业绩和效率。与 ISO9001 相比，ISO9004 标准将顾客满意和产品质量符合要求的目标，扩展为包括相关方满意和改善组织的业绩，为希望通过追求业绩持续改进的组织推荐了指南。虽然两项标准具有不同的适用范围，但由于具有相似的结构，有助于使用者将它们作为协调一致的一对标准加以应用。它们一起使用并得到全面实施时，组织将获得比仅使用一个标准更大的收益。

八、ISO9001 质量管理体系标准与 ISO14001 环境管理体系标准的相容性表现

ISO9001《质量管理体系要求》与 ISO14001《环境管理体系规范及使用指南》两类管理体系标准的相容性主要体现在以下方面：

(1)在 ISO9001 标准中，用"内部审核"、"记录的控制"等通用性的词汇，既适用于质量管理体系也适用于环境管理体系。

(2)基本思想和方法一致。着眼于持续改进和预防为主的思想，控制因素不是末端治理；强调最高管理者的承诺，建设方针、目标；强调员工意识和能力以及全员参与等。

(3)建立管理体系的原则一致。系统化、程序化的管理，必要的文件支持，系统的管理过程、体系文件、工作程序、文件控制、记录等。

(4)与其他管理体系的协调一致。管理体系纳入组织管理活动的整体，提高整个组织的效率，节约资源，资源共享等。

(5)管理体系运行模式的一致。两个管理体系标准都遵循"PDCA"螺旋式上升的运行模式，通过内部审核和管理评审使组织的体系在自身的运行中不断地自我完善。

九、质量管理体系要求标准和其他管理体系标准的相容性的表现

质量管理体系要求标准和其他管理体系要求标准的相容性主要体现在以下方面：

(1)管理体系的运行模式都以过程为基础，用"PDCA"循环的方法进行持续改进。

(2)都是运用设定目标，系统地识别、评价、控制、监视和测量并管理一个由相互关联的过程组成的体系，并使之能够协调地运行这一系统的管理思想。

(3)管理体系标准要求建立的形成文件的程序，如文件控制，记录控制、内部审核、不合格(不符合)控制、纠正措施和预防措施等，在管理要求和方法上都是相似的，因此，ISO9001 标准要求制订并保持的形成文件的程序，其他管理体系可以共享。

(4)ISO9001 标准中强调了法律法规的重要性，在环境管理和职业卫生与安全管理体系等标准中同样强调了适用的法律法规要求。

第二章　质量管理数理统计及其方法

在质量管理中掌握质量的数量界限，是进行数理统计的一个重要的问题。

质量管理的数理统计分析方法，就是利用数理的统计方法，对产品质量数据进行科学的加工、整理，找出质量变化的规律性，进而采取措施，保证和提高产品质量。

全面质量管理的一个基本原则是一切用数据说话。因此，在对“三种质量”进行分析判断时，就必须借助全面质量管理的常用工具对大量的数据进行整理、分析。

第一节　数理统计

一、数理统计的特性

1. 差异性

差异性是由于产品质量和工程质量本身都存在各种不同程度的差异所决定的。因为，任何产品和工程质量的特征，都是通过数值表现出来，而这些数值是始终处于变动之中的。我们知道，不管用怎样精密的机器设备和多么谨慎的操作，生产出的产品质量总不会完全相同、完全一样，总会存在着不同程度的差别。

在客观事物中，没有差异、完全一致是不符合客观规律的结果。在质量管理中、把这种客观必然存在的差别，也就是产品本身存在的不均匀性和不整齐的情况，叫作质量散差。这种散差是以数据大小来表现的。表示各种散差的数据集合在一起，就是质量特征值。

产生质量散差的原因，主要是由于在产品生产和工程施工过程中，有许多不可预见的偶然性因素存在，这是不可避免的现象。当然，除了这种不可预见的因素之外，也会有诸如技术条件和管理方法不善所造成的散差。

2. 规律性

在任何时候和任何条件下，测得一组产品质量和工程质量的数据都必然会存在散差。但是这种散差并不是漫无边际、相差悬殊的，而是具有一定的规律性，也就是在一定范围内变化。对于这种规律性的变化，在数学上称为分布状态。一般常见的分布状态有正态分布、二项式分布等。

表现在产品质量和工程质量上的散差分布大体上可分为两类：一类是数据值集中在中间位置，同时向两端分散，形成一个中间大两头小、以中心为轴向左右两个方向对称发展的分布状态。这种分布状态在工程质量中经常出现，如混凝土的强度值分布、各种构件尺寸分布以及焊接质量分布等。另一类是数据值向着一端集中，向着另一端分散，形成一种偏向分布状态。这种分布多表现在产品疵点和产品缺陷上，在工程施工中有许多工序操作会出现这种分布状态。但是，这种分布状态也不是一成不变的，由于在产品生产和工程施工中某种原因的存在，也会导致本来从正常情况下说应该是对称型的分布，而在实际表现中却成了非对称的、偏态的分布，遇到这种情况就要进行具体分析。

在质量管理中，应用数理统计，就是要从反映质量特征值的差异性中去寻求其规律性，从而预测和控制产品的质量。

需要指出的是，用数理统计进行质量管理的方法，从表面上看，各个数据都是从已经生产出来的产品搜集来的，这同“事后检验”方法似乎没有什么区别。其实，它与过去那种“全数检验，个个过关”的方法存在着本质的不同。

数理统计质量管理方法中进行统计分析的目的，不是那些被观测到的数据本身，而是通过这些已被观测到的数据去推测判断那此尚未观测的数据，也就是用少量的产品质量去估测判断批量产品的质量状况。

二、运用数理统计方法的目的

数理统计方法是全面质量管理的哨兵，是一种提出问题、分析问题、研究问题的良好手段。运用统计方法进行质量管理的主要目的是掌握质量状态，分析工程质量存在的问题，掌握影响工程质量的主要因素，了解影响质量各种因素的相互关系，从而用确切的数据、科学的计量反映工程质量的真实情况，使工程质量不断提高，成本不断下降，工期不断缩短。

统计方法可以为质量管理提供大量的数据，使管理者、操作者做到心中有数。但是提出什么样的措施，采用什么办法解决工程质量问题，统计方法就无能为力了，也就需要采用专业技术去加以研究解决。因此，对运用统计方法必须有一个正确理解，它只是一种认识问题的工具，不是包医百病的灵丹妙药。如果把统计方法同全面的、有组织的管理和专业技术结合起来，就会促进管理，成为一套比较完善的质量管理方法。反之，把统计方法强调到不适当的程度，就会出现偏差。

三、数理统计的优点

数理统计的优点如图 2—1 所示。

数理统计的优点

- 积累历史资料，有利企业管理
  - (1)统计质量管理方法，不仅可以控制生产全过程中各个工序的质量动态，从而预防次品或废品的发生，而且可以有系统地积累大量的历史资料。每一件产品、每一项工作，经过几次 PDCA 循环，都会积累整套改善和提高质量的数据，形成历史记录，这是宝贵的技术档案资料。
  - (2)每种数据都可以按时间、地点、环境、操作者、工艺方法和机器设备进行分类统计，这对进一步开发技术、提高工程质量具有十分重要的意义。这些资料的可靠性强，适用性广，对不断改善和提高企业经营管理水平、制定各种标准，都有极大的参考价值。
- 控制生产工序，做到心中有数
  - (1)统计方法可以使生产工序得到控制，使其在一个稳定的状态下进行正常生产，用统计方法进行质量管理，就是用数理统计进行质量散差分析，找出产生散差的原因，制定措施加以管理控制。
  - (2)在生产过程中，只要把工序严格地控制起来，对于产品质量就会做到心中有数。这种工序控制对于建筑施工企业是十分必要、非常适用的。比如，施工过程中有许多重要工程的结构构件，按技术要求，都应当进行设计荷载和极限荷载试验，但事实上又做不到。又如一些网架结构的拼装和大型混凝土预制构件，非标准金属结构以及各种管线工程的焊接等，按技术要求也应当作全数检查，但实际上也做不到。在这种情况下，如果能采用统计质量的管理方法，随着生产工序进行系统的抽样检查，并用数理统计方法去预测、预报全部工序的质量状况，找出影响因素，采取措施，制定标准，从而把整个施工中的各个工序控制起来，使每一工序和最终产品质量，都能做到心中有数，是最为理想的。
- 节约生产费用，降低工程成本
  - (1)统计质量管理的基本方法，是利用控制图进行质量管理。对于产品质量检查，主要是采用随机抽样这种检查方法。
  - (2)检查方法既不同于“事后检验”方法中的整批全数检查，也不同于目前建筑施工企业中所采取的选点检查方法，它是伴随着每个生产工序进行随机抽样。这种检验方法不仅抽样数量少，而且试样的系统性强，有充分的代表性。在生产和施工过程中，只需要抽检几个、几十个点就可以得出可靠的数据，对整个工程质量和产品质量进行预测、预报。运用这种方法可以大大减少工作量，提高工作效果，节省费用开支，降低工程成本。

数理统计的优点

- **调查工序能力，制定合理标准**
  - (1)在统计质量管理中，提供了一种调查工序能力和鉴别能力的方法。这是一种实事求是，以数据讲话，以理服人的好方法。工序能力就是指一个工序或一个分项工程处于稳定的状态下实际施工(加工)质量的保证能力。
  - (2)工序质量保证能力不是凭主观印象定的，而是用科学计算反映出来的数据。通过工序能力的调查，可以为确定各种机械设备的利用，施工工艺方法和施工组织设计的编制和制定各种工作标准、技术标准提供科学的数字根据。
- **及时发出信号，反馈职能畅通**
  - (1)统计质量管理方法是通过静态分析和动态分析两种形式进行数理统计和质量控制的。各种数据的搜集和积累，都是伴随生产工序进行的。
  - (2)通过对数据的统计整理和分析判断，再用图表的形式展示在图面上。这样，在生产过程中，只要产品质量特征值的分布符合控制图的管理要求，整批产品的质量就会得到基本保证。所以说，统计质量管理方法是一种“看得见、有数据、有信号”的管理方法。
  - (3)在日常生产过程中，如果一旦发生工艺、设备、材料、操作等方面的影响因素或者存在其他不良因素，在统计图表上都会有所反映，从而可以使管理人员和操作者随时随地了解产品的质量状态，及时发出信号，防患于未然。

图 2—1　数理统计的优点

四、数理统计中的总体与样本的概念

1. 总体

总体又称母体，是统计分析中所要研究对象的全体。而组成总体的每个单元称为个体，例如，在沥青混合料拌合工地上需要确定某公司运来的一批沥青是否合格，则这批沥青就是总体。再如，制造桥梁混凝土工艺，如果把一组 15cm×15cm×15cm 混凝土试件强度作为个体，则组成该单位工程的若干组试件强度即是一个总体。样本容量越大，越能反映总体的性质。需要指出的是，研究样本不是目的，目的是通过样本的研究去推断总体情况。样本和总体的关系如图 2—2 所示。

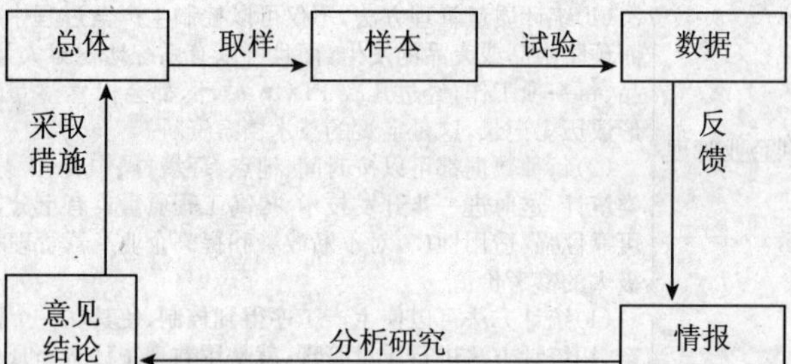

图 2—2　样本和总体的关系图

总体分为有限总体和无限总体。如果是一批产品，由于其数量有限，所以称其为有限总体；如果是一道工序，由于工序源源不断地生产出产品，有时是一个连续的整体，所以这样的总体称为无限总体。

2. 样本

从总体中抽取一部分个体就是样本(又称子样)。例如，从每一桶沥青中取 2 个试样，一批沥青有 100 桶，抽查了 200 个试样做试验，则这 200 个试样就是样本。而组成样本的每一个个体，即为样品。例如，上述 200 个试样中的某一个，就是该样本中的一个样品。

样本容量(有时也称样本数)是样本中所含样品的数量，通常用 n 表示样本容量。上例中样本容量 $n=200$。样本容量的大小直接关系到判断结果的可靠性。一般来说，样本容量愈大，可靠性愈好，但检测所耗费的工作量亦愈大，成本也就愈高。样本容量与总体中所含个体的量相等时，是一种极限情况，因此，全数检验是抽样检验的极限。

五、数理统计中的质量数据的概念

质量数据是质量信息的重要组成部分，只有通过对它的收集、处理、分析，才可以达到对生产施工过程的了解、掌握以至控制。没有质量数据，就不可能有现代化的、科学的质量控制。因此，质量数据的作用是十分重要的。

质量数据的来源主要是工程建设过程中的各种检验，即材料检验、工序检验、竣工验收检验，当然也包括使用过程中的必要检验。可以说，质量检验为质量控制提供了全面的、大量的质量数据，依据它才能正常开展质量及质量管理活动。

六、质量数据的种类及表示方法

1.计量值数据

计量值数据是用量具或仪器测量出来的、可以连续取值的数据，表现形式是连续型的。如长度、重量、厚度、直径、强度、温度、湿度、化学成分等质量特征，一般都是可以用检测工具或仪器等测量(或试验)的。类似这些质量特征的测量数据，一般都带有小数，如长度为1.15m、1.18m等。

在工程质量检验中得出的原始检验数据大部分是计量值数据。

2.计数值数据

有些反映质量状况的数据是不能用测量器来度量的，而是以个数或件数计算的非连续数据。为了反映或描述属于这种类型内容的质量状况，而又必须用数据来表示时，便采用计数办法，即1,2,3,……连续地数出个数或次数，凡属于这样性质的数据即为计数值数据。计数值数据的特点是不连续，并只能出现0,1,2,……非负的整数，不可能有小数。如不合格品数、不合格的构件数、缺陷的点数等。一般来说，以判定方法得出的数据和以感觉性检验方法得出的数据大多属于计数值数据。

计数值数据有两种表示方法：一种是直接用计数出来的次数、点数来表示(称 P_n 数据)；一种是把它们(P_n 数据)与总检查次(点)相比，用百分数表示(称 P 数据)。P 数据在工程检验中是经常使用的，如某分项工程的质量合格率为60%，即是表示经检查为合格的点(次)数与总检查点(次)数的比值为90%。不是所有的用百分数表示的数据都是计数值数据，因为当分子为计量值数据时，则计算出来的百分数也应是计量值数据。一般可以这样说，在用百分数表示数据时，当分子、分母为计量值数据时，分数值为计量值数据；当分子、分母为计数值数据时，分数值为计数值数据。

七、数理统计中的数据特征量

1.算术平均值

算术平均值是表示一组数据集中位置最有用的统计特征量，经常用样本的算术平均值来代表总体的平均水平。总体的算术平均值用 μ 表示，样本的算术平均值则用 x 表示。如果 n 个样本数据为 $x_1, x_2, \cdots, x_n$，则样本的算术平均值为，

$$x=\frac{1}{n}(x_1+x_2+\cdots+x_n)=\frac{1}{n}\sum_{i=1}^{n}x_i$$

2.极差

在一组数据中，最大值与最小值之差称为极差，记作 R，即

$$R=x_{\max}-x_{\min}$$

3. 标准偏差

标准偏差有时也称标准离差、标准差或称均方差，它是衡量样本数据波动性(离散程度)的指标。在质量检验中，总体的标准偏差(σ)一般不易求得。样本的标准偏差 S 按下式计算：

$$S=\sqrt{\frac{\sum_{i=1}^{n}(x_i-\overline{x})^2}{n-1}}=\sqrt{\frac{1}{n-1}(\sum_{i=1}^{n}x_i^2-n\overline{x}^2)}$$

4. 中位数

在一组数据 $x_1,x_2,\cdots,x_n$ 中，按其大小次序排序，以排在正中间一个数表示总体的平均水平，称之为中位数，或称中值，用 x 表示。n 为奇数时，正中间的数只有一个；n 为偶数时，正中间的数有两个；取这两个数的平均值作为中位数，即，

$$x=\begin{cases}x_1+\frac{1}{2} & (n\text{ 为奇数})\\ \frac{1}{2}(x_{\frac{n}{2}}+x_{\frac{n}{2}}+1) & (n\text{ 为偶数})\end{cases}$$

5. 变异系数

标准偏差反映样本数据的绝对波动状况。当测量较大的量值时，绝对误差一般较大；当测量较小的量值时，绝对误差一般较小。因此，用相对波动的大小，即变异系数更能反映样本数据的波动性。变异系数用 C_v 表示，是标准偏差 S 与算术平均值 $\overline{x}$ 的比值，即，

$$C_v=\frac{S}{\overline{x}}\times 100\%$$

八、正态分布形式的计算公式及分布特点

1. 计算公式

正态分布是应用最多、最广泛的一种概率分布，而且是其他概率分布的基础。

正态分布的概率密度函数为，

$$f(x)=\frac{1}{\sqrt{2\pi}\sigma}\mathrm{e}-\frac{(x-\mu)^2}{2\sigma^2}(-\infty<x<+\infty)$$

式中 x——随机变量；

μ——正态分布的平均值；

σ——正态分布的标准偏差。

平均值 μ 是 $f(x)$ 曲线的位置参数，决定曲线最高点的横坐标。标准偏差 σ 是 $f(x)$ 曲线的形状参数，其大小反映曲线的宽窄程度。σ 越大，曲线低而宽，随机变量在平均 μ 附近出现的密度越小；σ 越小，曲线高而窄，随机变量在平均值 μ 附近出现的密度越大。

2. 正态分布形式的特点

正态分布具有以下特点：

(1)正态分布曲线对称于 $x=\mu$，即以平均值为中心。

(2)当 $x=\mu$ 时，曲线处于最高点；当 x 向左右偏离时，曲线不断地降低，整个曲线呈中间高、两边低的形状。

对于正态分布 $N(\mu,\delta)$，它的测量值落入区间(a,b)的概率用 $P(a<x<b)$表示，即

$$P(a<x<b)=\phi\left(\frac{b-\mu}{\sigma}\right)-\phi\left(\frac{a-\mu}{\sigma}\right)\int_{-\infty}^{a}\frac{1}{\sqrt{2\pi}}\mathrm{e}^{-\frac{x^2}{2}\mathrm{d}x}$$

利用上式，可以求得双边置信区间的几个重要数据：

$$P\{\mu-\sigma<x\leqslant\mu+\sigma\}=0.6826$$
$$P\{\mu-2\sigma<x\leqslant\mu+2\sigma\}=0.9544$$
$$P\{\mu-3\sigma<x\leqslant\mu+3\sigma\}=0.9973$$
$$P\{\mu-1.96\sigma<x\leqslant\mu+1.96\sigma\}=0.9500$$

同理可得单边置信区间的几个重要数据：

$$P\{x\leqslant\mu-\sigma\}=P\{x\geqslant\mu-\sigma\}=0.8413$$
$$P\{x\leqslant\mu-2\sigma\}=P\{x\geqslant\mu-2\sigma\}=0.9772$$
$$P\{x\leqslant\mu-3\sigma\}=P\{x\geqslant\mu-3\sigma\}=0.9887$$
$$P\{x\leqslant\mu-1.645\sigma\}=P\{x\geqslant\mu-1.645\sigma\}=0.9500$$

其置信区间可表示为，

$$x\leqslant\mu+\mu_{1-\beta}\cdot\sigma \text{ 或 } x\geqslant\mu-\mu_{1-\beta}\cdot\sigma$$

式中　$\mu-\mu_{1-\beta}\cdot\sigma,\mu+\mu_{1-\beta}\cdot\sigma$——单边置信下限与上限。

在工程质量检验与评价中，常把式中 μ 称为保证率系数（常用 Za 来表示），而且常常用样本平均值 $\bar{x}$ 与标准偏差 S 分别替代上述公式中 μ 与 σ。

九、数理统计中可疑数据的处理

在一组条件完全相同的重复试验中，个别的测量值难免会出现异常，如测量值过大或过小。这些过大或过小的测量数据是不正常的，或称为可疑的。对于这些可疑数据，应该用数理统计的方法判别其真伪，并决定取舍。

1.拉依达法

当试验次数较多时，可简单地用 3 倍标准偏差作为确定可疑数据取舍的标准。当某数值 (x_i) 与其测量结果的算术平均值 (x) 之差大于 3 倍标准偏差时，用公式表示为：

$$|x_i-x|>3S$$

则该测量数据应舍弃。

由于该方法是以 3 倍标准差作为判别标准的，故又称 3 倍标准偏差法，简称 3S 法。

取 3S 的理由是：根据随机变量的正态分布规律，在多次试验中，测量值落在 $\bar{x}-3S$ 与 $\bar{x}+3S$ 之间的概率为 99.73%，出现在此范围之外的概率仅为 0.27%，也就是在近 400 次试验中才能遇到一次，这种事件为小概率事件，出现的可能性很小，几乎是不可能。因而在实际实验中一旦出现，就认为该测量数据是不可靠的，应将其舍弃。

另外，当测量值与平均值之差大于 2 倍标准偏差（即 $|x_i-x|>2S$）时，测该测量值应保留，但需存疑。如发现生产（施工）、试验过程中有可疑的变异时，则该测量值应予舍弃。

2.格拉布斯法

格拉布斯法假定测量结果服从正态分布，根据顺序统计量来确定可疑数据的取舍。做 n 次重复试验，测得结果为 $x_1,x_2,\cdots,x_i,\cdots,x_n$，$x_i$ 服从正态分布。

为了检验 $x_i(i=1,2,\cdots,n)$ 中是否有可疑值，可将 x_i 按其值由小到大顺序重新排列，得

$$x_{(1)}\leqslant x_{(2)}\leqslant\cdots\leqslant x_{(n)}$$

根据顺序统计原则，给出标准化顺序统计量 g：

$$\left.\begin{aligned}&\text{当最小值 } x_{(1)} \text{ 可疑时，则} \quad g=\frac{\overline{x}-x_{(1)}}{S}\\&\text{当最大值 } x_{(n)} \text{ 可疑时，则} \quad g=\frac{x_{(n)}-\overline{x}}{S}\end{aligned}\right\}$$

式中 $\overline{x}$——测量值的算术平均值；

S——测量值的标准偏差。

根据格拉布斯统计量的分布，在指定的显著性水平 a（一般 $a=0.05$）下，求得判别可疑值的临界值 $g_0(a,n)$，格拉布斯法的判别标准为，

$$g \geqslant g_0(a,n)$$

则可疑值 $x_{(1)}$ 是异常的，应予舍去。$g_0(a,n)$ 值列于表 2—1。

表 2—1 格拉布斯系数 $g_0(a,n)$

n	a		n	a		n	a	
	0.01	0.05		0.01	0.05		0.01	0.05
3	1.15	1.15	13	2.61	2.33	23	2.96	2.62
4	1.49	1.46	14	2.66	2.37	24	2.99	2.64
5	1.75	1.67	15	2.70	2.41	25	3.01	2.66
6	1.94	1.82	16	2.74	2.44	30	3.10	2.74
7	2.10	1.94	17	2.78	2.47	35	3.18	2.81
8	2.22	2.03	18	2.82	2.50	40	3.24	2.87
9	2.32	2.11	19	2.85	2.53	50	3.34	2.96
10	2.41	2.18	20	2.88	2.47	100	3.59	3.17
11	2.48	2.24	21	2.91	2.58			
12	2.55	2.29	22	2.94	2.60			

利用格拉布斯法每次只能舍弃一个可疑值。若有两个以上的可疑数据，应该一个一个数据舍弃。舍弃第一个数据后，检测次数由 n 变为 $n-1$，以此为基础再判别第二个可疑数据是否应舍去。

第二节 统计方法

一、排列图法

1. 排列图方法的原理

排列图法又叫主次因素分析图法，也叫帕累托图法。它是将影响产品质量的因素或项目，按其影响程度大小顺序排列起来，以分清影响产品质量的主次因素。排列图形式如图 2—3 所示。

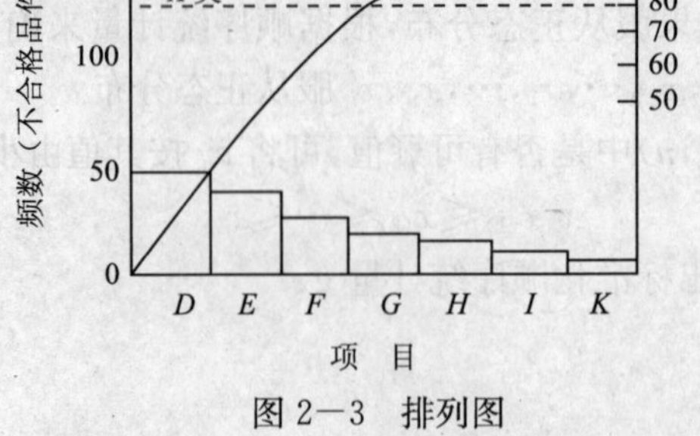

图 2—3 排列图

排列图由两个纵坐标、一个横坐标、若干个连起来的直方形和一条曲线组成。其中左侧坐标表示产品频数，即不合格品件数，右侧纵坐标表示累计频率，即不合格品累计百分数。图中横坐标表示影响产品质量的各个因素或项目，按影响质量程度的大小从左到右依次排列。每个直方形的高度表示该因素影响的大小程度，按大小由左到右排列，图中曲线称为帕累托曲线，表示各影响因素大小的累计百分数。

在排列图上，通常把曲线的累计百分数分为三级，与此相对应的因素分为三类：A 类因素对应于频率 0～80%，是影响产品质量的主要因素；B 类因素对应于频率 80%～90%，为次要因素；与频率 90%～100%相对应的为 C 类因素，属一般影响因素。主要因素不能太多，一般情况以 1～2 个为好，太多就失去主要因素的意义，运用排列图，可以帮助我们抓住主要矛盾。

2. 排列图的绘制步骤

(1)选择要进行质量分析的项目，确定调查对象，收集相关数据，并加以整理。

(2)选择用于质量分析的度量单位，如出现的频数等。

(3)选择进行质量分析的数据的时间间隔。

(4)画横坐标。按度量单位量值递减的顺序自左至右在横坐标上列出项目，将量值最小的一个或几个项目归并成“其他”项，把它画在最右端。

(5)画纵坐标。在横坐标的两端画两个纵坐标，左边的纵坐标按度量单位规定，其高度必须与所画项目的量值和相等，右边的纵坐标应与左边纵坐标等高，并从 0～100%标定。

(6)画频数直方形，以频数为高画出每个项目的直方形，其高度表示该项目度量单位的量值，直方形显示出每个项目的作用大小。

(7)画累计频率曲线，从横坐标左端点开始向右累加每一项目的量值(以%表示)，并画出累计频数曲线。用来表示各项目的累计作用。

(8)利用排列图确定对质量改进最为重要的项目。记录必要的事项，如标题、收集数据的方法和时间等。

3. 排列图法数据统计应用实例

某既有线上一个养路工区，对管内线路进行质量动态检查，不良扣分见表 2—2。

表 2—2　线路质量不良因素扣分表

项目	频数(分)	频率(%)	累计(%)
三角坑	676	61	61
高低	168	15	76
方向	156	14	90
振动	74	7	97
水平	22	2	99
轨距	10	1	100
合计	1106	100	

第一步：确定调查对象，收集数据，并加以整理。

第二步：建立坐标，画出各个项目的排列图，如图 2—4 所示。

第三步：画出累计频率曲线，如图 2—4 所示。

通过排列图可以看到哪一项是最主要的问题，找出重点改进的项目，即 A 类因素，以便集中力量加以解决。如图 2—4 所示，通过排列图可以看出三角坑和高低是 A 类因素，以上两项是影响线路质量的主要因素。另外,线路方向为B类因素,也会对线路质量产生一定影响。

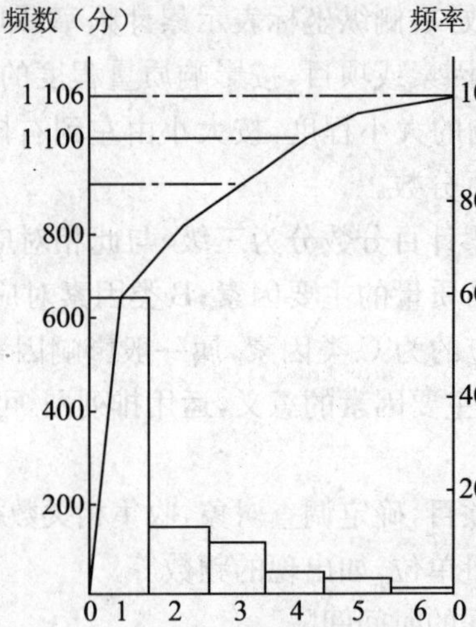

图2—4　排列图画法

二、因果分析图法

1. 因果分析图法的原理

因果分析图又叫特性要因图、鱼刺图、树枝图。它主要由质量特性(即质量结果,指某个质量问题)、要因(产生质量问题的主要原因)、枝干(指一系列箭线表示不同层次的原因)、主干(指较粗的直接指向质量结果的箭线)等组成。它是用来表示产品质量特性与影响质量的有关因素之间的关系,以及寻找某种质量问题产生原因的有效工具。运用因果分析图有利于找到问题的症结所在,然后对症下药,解决质量问题。通常采用质量分析会的方式集思广益,列出影响质量的因素,使复杂的因素条理化、系统化,形象地描述它们之间的因果关系,如图2—5所示。

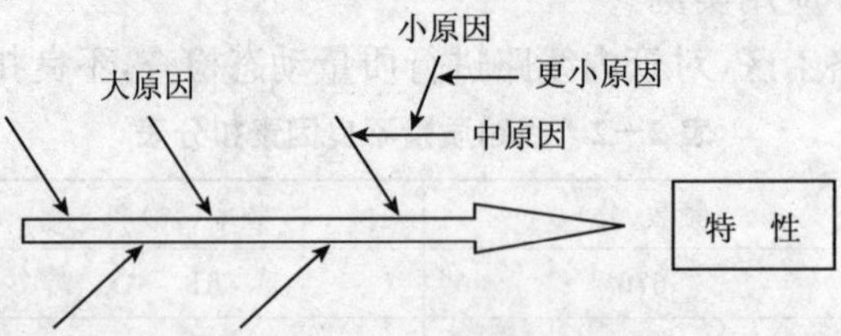

图2—5　因果分析图

2. 因果分析图的绘制步骤

(1)决定特性。首先明确质量特性结果,画出质量特性主干线,特性就是需要解决的质量问题,或者是土产中出现的结果,放在主干箭头的前面。

(2)确定影响质量特性的大枝,即可能发生的原因的主要类别、在工程施工中,影响质量的因素大致是:数据和信息、人、材料、工艺、方法、机器设备、测量、环境等。

(3)把”结果”画在右边的矩形框内,然后把各类主要原因放在它的左边,作为“结果”框的输入,并继续一层层展开下去。

(4)寻找所有下一层次的原因,进一步画出中、小、细枝,即找出中、小原因、直至分解的原因可以采取具体措施加以解决为止。

(5)从最高层项目的原因中选取和识别少量看起来对结果有最大影响的原因(一般称重要

因素，简称要因），并对它们作进一步的研究，如收集资料、论证、试验、控制等。

(6)检查图中所列原因是否齐全，可以对初步分析结果广泛征求意见，并作必要的补充及修改。

(7)把所有影响质量的原因理出头绪，分清层次，从中找出主要原因，在图上画上框线表示。

因果分析图常用排列图、对策表联合起来应用，被称为“两图一表”。

3.说明因果分析图法应用实例

某工务段管辖线路开通后，经过两年时间运营，发现线路几何尺寸有问题，列车运行不平稳，主要是线路存在三角坑。针对这个问题，进行了全面、具体的调查分析，作出了如图 2－6 所示的因果图。

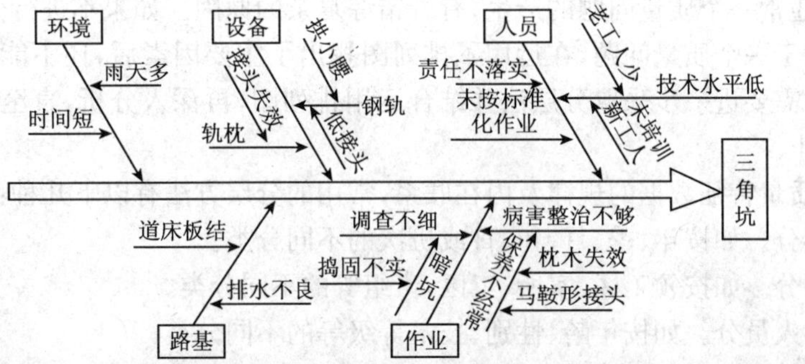

图 2－6　线路质量因果分析图

通过因果图可以看出，线路存在三角坑是由以下具体原因造成的：

(1)职工责任心不强，责任制不落实，未按标准化作业。

(2)新工人多，缺乏技术培训。

(3)道床板结。

(4)接头轨枕失效。

(5)作业保养不经常。

(6)路基不稳定，排水不良。

三、对策表法

对策表是根据排列图和因果分析图找出产生质量不良的原因后，须将影响质量不良的重点原因逐一落实，确定对策，制定出表格，由专人负责，限期改正。

对策表的内容有：存在的问题、采取的措施、完成时间和负责人等栏。表 2－3 为根据图 2－6因果分析图找出的原因进一步分析得出的整治三角坑措施。

表 2－3　对策表

存在问题	采取措施
技术水平低 责任不落实	加强对轨检车检查要领的学习，请老工人讲课，组织技术练兵，由车间主任指导落实岗位责任制
对重点病害的整治不够 道床板结，排水不良 枕木失效 马鞍形磨耗 接头错牙及低接头	在计划中安排一定劳力，进行重点病害整治 清筛道床，加深侧沟，引出道床积水 更换接头及前后 3 根以上的枕木 打磨接头 弯直夹板，整治接头

续上表

存在问题	采取措施
调查不细	加强暗坑检查观测和作业回检，车间主任重点检查
捣固不实	捣固均匀、坚实，按要求进行作业
保养不经常	保重点，不忘次要；建立经常保养制度；作业一段；保养一段；下沉地段，经常保养
未按标准化作业	严格标准化作业，坚持工区自检，严格三级验收制度，加强作业回捡

四、分层法

分层就是把收集到的数据按照不同的目的进行分组或归类，把性质相同、条件相同的数据归纳在一起。通常一个质量问题的产生，有着错综复杂的原因。如果不进行分层，就难以理出头绪。比如，对于一个质量问题，在运用了排列图找出了主要因素后，还不能提出解决问题的具体措施，此时需要进一步采取分层法并结合运用排列图，再深入分析，直至找出能采取具体措施的因素为止。

为了揭示质量特征数据的规律及内在联系，常用的分层方法有以下几种：

(1)按时间分。如按年、季、月、旬、日或班次的不同分类。

(2)按部门分。如按领工区、室所、工区，班组等的不同分类。

(3)按操作人员分。如按年龄、性别、技术等级等的不同分类。

(4)按使用设备分。如按型号、新旧的不同等分类。

(5)按操作方法分。如按作业方法、作业过程的不同分类。

(6)按原材料分。如按原材料的成分、供货单位、进料时间的不同分类。

五、直方图法

1. 直方图的原理

直方图又称质量分市图、矩形图、柱状图、频数分布直方图。它是用一系列宽度相等、高度不等的长方形表示数据的图形，是将产品质量频率分布状态用直方形表示的图表。它主要对大量计量值数据进行整理加工，找出其统计规律的方法，即分析数据分布的形态，以便对总体的分布特征进行推断。其图形为直角坐标系中顺序排列的若干矩形，其宽度表示数据范围的间隔，高度表示给定间隔内的数据数。借助对直方图的观察，可探索质量分布规律，分析判断整个生产过程是否正常。

2. 直方图法的绘制步骤

(1)显示质量波动的状态。

(2)较直观地传递有关过程质量状况的信息。

(3)当人们研究了质量数据波动状况之后，就能掌握过程的状况，从而确定在什么地方进行质量改进工作。

3. 说明直方图法应用实例

某工地使用的大模板边长尺寸误差的测定为例，说明直方图的作法。实测数据见表 2—4。

表 2—4 大模板边长尺寸误差表

大模板型号	各次实测的边长误差(mm)							
	1	2	3	4	5	6	7	8
W_1	−2	−3	−3	−4	−3	0	−1	−2
W_2	−2	−2	−3	−1	+1	−2	−2	−1

续上表

大模板型号	各次实测的边长误差(mm)							
	1	2	3	4	5	6	7	8
W_3	−2	−1	0	−1	−2	−3	−1	+4
W_4	0	0	−1	−3	0	+2	−5	−2
W_5	−1	+3	0	0	−3	−2	−5	−1
S_1	0	−2	−4	−3	−4	−1	+1	+1
S_2	−2	−4	−6	−1	−2	+2	−1	2
S_3	−2	−1	−3	−1	−3	−1	−1	0
S_4	−2	−3	0	−2	−2	0	−3	−1

(1)收集数据。为了准确表示出质量特性值的分布状态,所取数据一般不少于 50 个。理论上,数据越多越好,但因收集数据要耗用时间、人力和费用,不可能收集到很多,因而收集的数据个数有限。

(2)找出上列数据中的最大值、最小值和极差,得出误差范围为−6～+4mm。

(3)决定组距和组数,本例以 1mm 为组距,可得 11 个组。

(4)确定分组的边界值。为了避免数据正好落在边界值上,通常要使各组的边界值比原测定精度高半个最小测量单位。本例边界值的划分和得出的频数见表 2—5。

表 2—5　频数分布表

边界值	频数记录	频数	频率
−6.5～−5.5	一	1	0.014
−5.5～−4.5	一	1	0.014
−4.5～−3.5	𠤎	4	0.056
−3.5～−2.5	正正下	13	0.182
−2.5～−1.5	正正正丅	17	0.236
−1.5～−0.5	正正正丅	17	0.236
−0.5～0.5	正正丅	12	0.166
0.5～1.5	下	3	0.041
1.5～2.5	丅	2	0.028
2.5～3.5	一	1	0.014
3.5～4.5	一	1	0.014
合计		72	1

(5)计算各组中心值。

(6)编制频数分布表。根据收集到的每一个数据,用“正”字法计算落入每一组的频数。

(7)按数据比例画横坐标。

(8)按数据比例画纵坐标。

(9)绘制直方图。直方图是一张横坐标表示分组的边界值、纵坐标表示各个组间数据发生的频数的若干个直方矩形图构成的图形。

六、控制图法

1. 控制图的原理

控制图又称管理图,是以正态分布曲线的特点为理论依据,进行生产控制的一种全面质量管理常用工具。它是通过对收集到的质量数据,进行必要的加工整理,在控制图上打点、连线,即可从图形上观察质量波动的情况,以便从中及早发现、排除不利因素与苗头,从而控制工序质量的一种重要管理工具。因此，控制图常被称为监控工序质量的有效“报警器”。

2. 图形格式

控制图由横、纵两个坐标轴以及平行于横轴的五条水平线所构成，如图 2—7 所示。

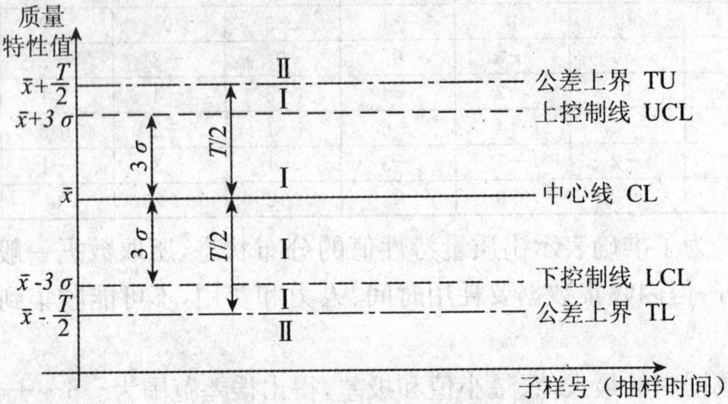

图 2—7 控制图的结构

图 2—7 中，CL 是中心线，即质量特性数据平均值($\overline{x}$)所处的位置；UCL 是上控制线，即 $\overline{x}+3\sigma$；LCL 是下控制线，即 $\overline{x}-3\sigma$；TU 为公差上界，TL 为公差下界。这五条水平控制线将图形分为三个区域：正常区(Ⅰ区)、报警区(Ⅱ区)、废品区(Ⅲ区)。

3. 控制图的绘制步骤

现以 $\overline{x}-R$ 图为例，说明控制图的绘制步骤。

$\overline{x}-R$ 图由 $\overline{x}$ 图与 R 图两个图组成。$\overline{x}$ 图反映了平均值的变化情况。R 图反映了极差的变化情况。由于极差的计算非常简便，又能间接地反映标准偏差情况，因而 $\overline{x}-R$ 图就成为一种被广泛应用的控制图，既可以控制平均值，又可间接控制标准偏差。

(1)收集质量数据。应尽可能地收集能够反映今后工序状态的近期数据。收集数据个数(N)最好在 100 个以上，并按顺序分成小组，小组内的数据个数用 n 表示。

(2)计算各组数据的平均值($\overline{x}_i$)。计算公式为，

$$\overline{x}_i=\frac{\sum_{i=1}^{n}x_{ij}}{n}$$

式中，x_{ij} 表示第 i 组的第 j 个数据。

(3)计算各组极差(R_i)。极差 R_i 的计算公式为，

$$R_i=x_{i\max}-x_{i\min}\qquad(i=1,2,\cdots,N/n)$$

式中，$x_{i\max}$ 表示 i 组中的最大值；$x_{i\min}$ 表示 i 组中的最小值。

(4)计算数据总平均值($\overline{x}$)及各组极差的平均值，即 $\overline{x}i$ 的平均值及 R_i 的平均值。

$$\overline{\overline{x}}=\frac{\sum_{i=1}^{K}\overline{x}_i}{K};\quad \overline{R}=\frac{\sum_{i=1}^{K}\overline{R}_i}{K}$$

式中，K 为组数，即 $K=N/n$。

(5)计算控制限界值。

$\overline{\overline{x}}$ 图控制限界值的确定方法为，

$$\mathrm{CL}=\overline{\overline{x}}$$

$$\mathrm{UCL}=\overline{\overline{x}}+A_2\overline{\mathrm{R}}$$

$$\mathrm{LCL}=\overline{\overline{x}}-A_2\overline{\mathrm{R}}$$

R 图控制限界值的确定方法为：

$$\mathrm{CL}=\overline{R},\quad \mathrm{UCL}=D_4\overline{R},\quad \mathrm{LCL}=D_3\overline{R}$$

其中，A_2、D_3、D_4 等系数数值可从表 2－6 中查得。

表 2－6　A_2、D_3、D_4 系数表

系数 \ n	3	4	5	6	7	8	9	10	11	12
A_2	1.032	0.729	0.577	0.483	0.419	0.373	0.337	0.308	0.285	0.266
D_3	0	0	0	0	0.076	0.136	0.184	0.223	0.256	0.284
D_4	2.574	2.282	2.114	2.004	1.924	1.864	1.816	1.777	1.744	1.717

(6)绘制结构图。首先画一条横轴，标上组号；再画出纵轴，在纵轴标出 $\overline{x}$ 值的刻度。在纵轴的 $\overline{\overline{x}}$ 刻度处，画一条水平线为中心线，在纵轴的相应处，再画两条水平虚线为上、下控制线，两条水平实线为上、下公差线。这样 $\overline{x}$ 图就画好了。R 图的画法同上，只是将 $\overline{x}$ 改为 R，$\overline{\overline{x}}$ 改为 $\overline{R}$ 即可。

绘图时，要注意横、纵轴的比例要适当。$\overline{x}$ 图与 R 图横轴上的刻度及组数号应保持一致。$\overline{x}-R$ 图的下方为记事栏，记录有关重要数据及事项。

(7)打点、连线。首先将每组的平均值与极差，分别点在 $\overline{x}$ 图与 R 图的相应位置上；其次按顺序将点连接起来。打点时，在控制限界内的打实心点“·”，在控制限界外的以“⊙”表示，引起重视。

七、管理图法

管理图又称质量控制图。它是根据数理统计原理，在直角坐标系中画有控制界限，描述生产过程中产品质量波动状态，分析和判断工序是否处于稳定状态所使用的、带有控制界限的一种质量管理图表，是用来区分由异常原因引起的波动，或是由过程固有的随机原因引起的偶然波动的一种工具。偶然波动一般在预计的界限内随机重复，而异常或特殊原因引起的波动则表明需要对其影响因素加以判别、调查，并使之处于受控状态。

1. 质量波动

在工程施工过程中，同一工人用同样机具，使用同样的材料，生产同样的制品，但生产出来的产品，其特性值却不完全一样。这种现象就是产品质量波动，或叫质量变异。影响质量波动的原因有两种：

(1)偶然性原因，又叫随机原因、不可避免原因或正常原因，如材料成分和工人操作的微小变化等。这类原因对产品质量的影响较小，但很难消除。这种质量波动被认为是正常的，即生产过程处于稳定状态，其质量特性值的分布服从正态分布的规律。

(2)异常性原因，也叫系统性原因或可以避免原因，如原材料质量、规格的显著变化及工人不遵守操作规程等。这类原因对产品质量影响较大，不经常起作用，比较容易识别或者用数理统计方法来发现和消除。这种影响因素往往表现出一定倾向或周期性的、有规律的变化，所引起的质量波动被认为是异常的。这时的工序是处于失控状态。

2. 管理图的原理

管理图原理就是在一定的生产技术条件下，利用统计的方法，计算出上、下控制界限，严格控制影响产品质量的异常原因的产生，将产品质量特性控制在正常质量波动范围之内。一旦有异常原因引起质量波动，通过管理图就可以看出，以便采取相应的措施，进行质量控制，发现、防止、消除异常原因，保证生产在正常稳定状态下进行。

当不存在系统误差时，产品处于稳定状态，该工序的产品质量特性服从正态分布。如果将质量的正态曲线转过 90°，以纵轴代表质量特性值，横轴代表时间（或工序号），以理论的平均值为中心线，$\pm3\sigma$ 为上下管理线，按时间（或工序号）将产品质量的测定值点在图上，就成了管理图，这一原理称为“三倍均方差”原理。

3. 管理图的作用

(1)过程分析，即分析生产过程是否稳定。为此，应随机连续收集数据，绘制管理图，观察数据点分布情况并判定生产过程状态。

(2)过程控制。即控制生产过程质量状态。为此，要定时抽样取得数据，将其变为点子描在图上，发现并及时消除生产过程中的失调现象，预防不合格品的产生。

(3)从质量诊断上讲，可以用来度量过程的稳定性，即工程是否处于统计状态。

(4)从质量控制上讲，可以用来确定什么时候需要对过程加以调整，而什么时候则需要使过程保持相应的稳定状态。

(5)从质量改进上讲，可以用来确认某过程是否得到了改进。

前面所述的排列图、直方图法是质量控制的静态分析法，反映的是质量在某一段时间里的静止状态。然而产品都是在动态的生产过程中形成的，因此，在质量控制中单用静态分析法显然是不够的，还必须有动态分析法。只有动态分析法，才能随时了解生产过程中质量的变化情况、此时采取措施，使生产处于稳定状态，起到预防出现不合格品的作用。管理图就是典型的动态分析法。

4. 管理图的基本格式

管理图的基本格式如图 2—8 所示，横坐标为样本序号或取样时间，纵坐标为所要控制的质量特性值。图上的三条水平线为上、下控制界限线和中心线。其中中心线 CL 用实线表示；上控制界限 UCL 与下控制界限 LCL 用虚线表示。它们是根据统计方法计算出来的，是对生产过程进行控制和判断的依据。

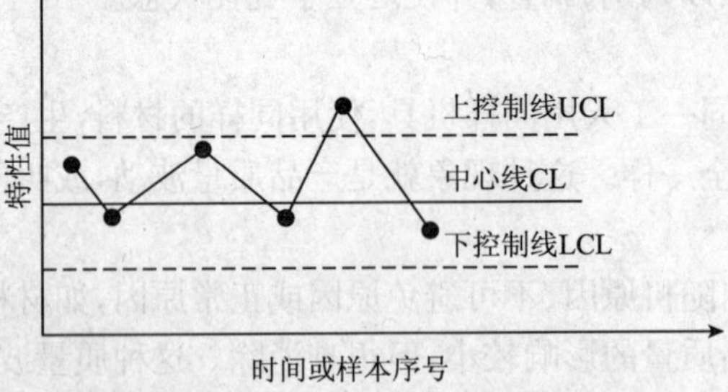

图 2—8　全面质量管理的基本要求

5. 管理图的绘制步骤

(1)收集数据。从管理的角度出发，收集 100 个左右的数据（可按时间顺序定期抽样）。3～5个数据为一组，每组是一个样本。

(2)计算中心线和控制界限。

(3)按时间顺序或样本序号将测得的数据用点子描在图上。

(4)根据点子所落的位置判断工序状况。

6. $\bar{x}$—R 管理图

(1)$\bar{x}$ 管理图是利用样本的平均值（$\bar{x}$）来分析和控制工序平均值的管理图，R 管理图是用样本的极差来控制散差变化的管理图。$\overline{x}$ 管理图与 R 管理图联合使用，就能全面控制质量的波动状态。

(2)$\overline{x}-R$ 管理图的绘图步骤

1)收集数据。从管理的角度出发，选取近期 50～200 个，数据过少影响精度，过多又太烦琐，通常取 100 个左右。

2)数据分组。分组原则：一是在大致相同的条件下收集的产品数据可为一组；二是可按时间或测量顺序分组。

3)计算样本的平均值 $\overline{x}_i=\dfrac{\sum_{i=1}^{n}x_i}{n}$。

4)计算样本极差 $R_i=x_{i\max}-x_{i\min}$。

5)计算总平均值 $\overline{\overline{x}}=\dfrac{\sum\overline{x}}{K}$，其中，$K$ 为样本总数。

6)计算极差平均值 $\overline{R}=\dfrac{\sum R}{K}$。

7)计算控制界限。

①$\overline{x}$ 管理图控制界限：

中心线 $CL=\overline{\overline{x}}$

上控制界限 $UCL=\overline{\overline{x}}+A_2\overline{R}$

下控制界限 $LCL=\overline{\overline{x}}-A_2\overline{R}$

上式中 A_2 是 $\overline{x}$ 管理图系数，见表 2－7。

表 2－7　管理系数表

N	A_2	m_3A_2	D_3	D_4	E_2	d_3
2	1.880	1.880	—	3.267	2.660	0.8533
3	1.023	1.187	—	2.575	1.772	0.888
4	0.729	0.796	—	2.282	1.457	0.880
5	0.577	0.691	—	2.115	1.290	0.864
6	0.483	0.549	—	2.004	1.184	0.848
7	0.419	0.509	0.076	1.924	1.109	0.833
8	0.373	0.432	0.136	1.864	1.054	0.820
9	0.337	0.412	0.184	1.816	1.010	0.808
10	0.308	0.363	0.223	1.727	0.975	0.797

②R 管理图控制界限：

中心线 $CL=\overline{R}$

上控制界限 $UCL=D_4\overline{R}$

下控制界限 $LCL=D_3\overline{R}$

上式中 D_3、D_4 均为 R 管理图控制界限系数。

画 $\overline{x}-R$ 管理如图 2－9 所示。

$\overline{x}$ 管理图上逸出控制界限者用⊙表示。

(3)根据所作的图，判断工序是否稳定。如为异常状态，则应追查原因，采取措施，然后按上述步骤重新作管理图。如为正常状态，则作直方图，计算工序能力是否满足质量规范的要求。

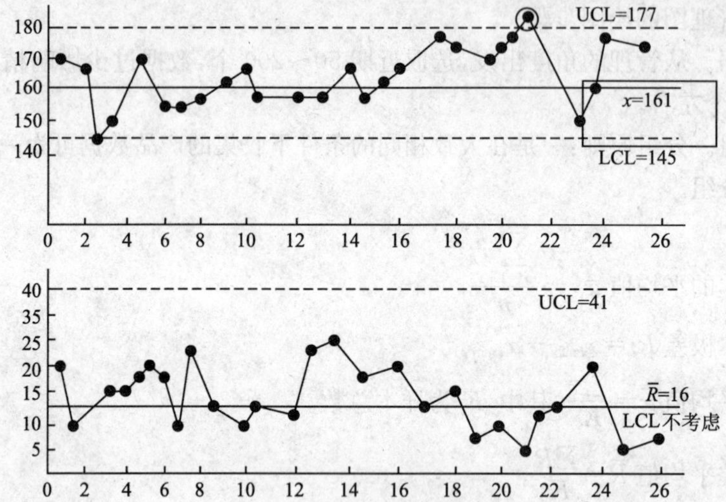

图 2—9　$\overline{x}-R$ 管理图

7. 各种管理图的控制界限计算公式及特征

各种管理图的控制界限计算公式见表 2—8。表中有关系数见管理图系数(表 2—7)。

表 2—8　控制界限计算公式

分类		图名	控制线		管理特征
			中心线	控制界限	
计量值管理图		$\overline{x}$ 图	$\overline{x}$	$\overline{x}\pm A_2\overline{R}$	$\overline{x}$ 图主要用于观察分析平均值的变化
		R 图	$\overline{R}$	$D_4\overline{R}$(UCL) $D_3\overline{R}$(LCL)	R 图是用于观察分析分布的宽度和分散变化的情况
		$\overline{x}$ 图	$\overline{x}$	$\overline{x}\pm m_3A_2\overline{R}$	$\overline{x}$ 图代替 $\overline{x}$ 图，可以不计算平均值
		x 图	$\overline{x}$	$\overline{x}\pm E_2\overline{R}_s$ $\overline{x}\pm E_2\overline{R}_s$	观察分析单个产品质量特征的变化
		R_s 图	$\overline{R}_s$	$D_4\overline{R}_s$	同 R 图，主要适用于不能同时取得若干数据的工序。在一个单元时间内无法得出极差，只能用于前后两个单元时间的数据之差作为极差时用
计数值管理图	计件管理图	P 图	$\overline{p}$	$\overline{p}\pm\sqrt[3]{\frac{\overline{p}(1-\overline{p})}{n}}$	用不良品率来管理工序
		P_n 图	$\overline{p}_n$	$\overline{p}_n\pm\sqrt[3]{\overline{p}_n(1-\overline{p})}$	用不良品数来管理工序
	计点管理图	c 图	$\overline{c}$	$\overline{c}\pm\sqrt[3]{c}$	对一个样本的缺陷进行管理
		u 图	$\overline{u}$	$\overline{u}\pm\sqrt[3]{\frac{\overline{u}}{n}}$	对每一给定单位产品中的缺陷数进行控制

八、相 关 图

1. 相关图的概念

在质量问题的分析中，常会遇到各个质量因素之间的关系。这些变量之间的关系，有些属于确定性关系，即可以用函数关系来表达的变量关系，如轨温与轨缝、无缝线路的温度和温度力之间的关系。而另一些变量之间虽然有着密切的关系，但不能由一个或几个变量的数值准确地求出另一个变更的值，称为非确定性关系，如混凝土强度的增长速度与温度之间的关系就属于非确定性关系。这种关系称为相关关系。质量数据之间的关系多属相关关系。相关关系一般有三种类型：一是质量特性和影响因素之间的关系；二是质量特性和质量特性之间的关系；三是影响因素和影响因素之间的关系。

相关图又叫散布图，就是将两个非确定性关系变量的数据对应列出，用点子画在坐标图上，如图2—10所示，用来发现、显示和确认两组相关数据之间的相关关系，进而用相关系数表示它们之间的相关程度，并用回归直线进行定量分析。

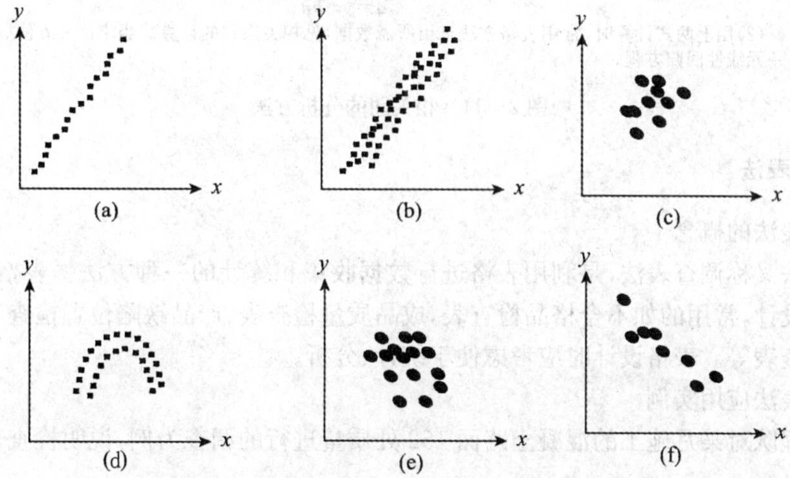

图2—10　散布图上点的分布状态

2.相关图的分析方法种类

相关图的分析方法有对照典型图例法、简单象限法及回归分析法等，如图2—11所示。

相关图的分析方法
- 对照典型图例法
  - 对照典型图例法最简单的方法，它是把实际画出的散布点与典型图例对照，得到两个变量之间是否相关及属于哪一种相关的结论。
  - (1)当$r\approx1$时为强正相关，散布点基本形成由左至右向上变化的一条直线带，即随着x的增加，y值也相应增加，说明x与y有较强的制约关系。此时可通过对x的控制而有效控制y的变化，如图2—10(a)所示。
  - (2)$r\approx-1$时为强负相关、散布点形成由左向右向下的一条直线带，说明x对y的影响与正相关恰恰相反，如图2—10所示。
  - (3)如果r介于-1与$+1$之间，在x增加y也增加时。$r>0$，为弱正相关，散布点形成向上比较分散的直线带，随着x值的增加，y值也有增加趋势，但x与y的关系不像正相关那么明确，说明y除受x影响外，还受其他更重要的因素影响，需要进一步利用因果分析图法分析其他的影响因素，如图2—10所示。
  - (4)在x增加y减少时，$r<0$，为弱负相关，散布点形成由左至右向下分布的较分散的直线带，说明，x与y的相关关系较弱，且变化趋势相反，应考虑寻找影响y的其他更重要的因素，如图2—10所示。
  - (5)如果r近于零，可以认为x和y没有线性关系。这时有两种情况：要么两者没有相关关系，散布点形成一团或平行于x轴的直线带，说明x变化不会引起y的变化或其变化无规律，分析质量原因时可排除x因素，如图2—10所示；要么两者有非线性关系，此时散布点呈一曲线带，即在一定范围内x增加y也增加，超过这个范围x增加y则有下降趋势．或改变变动的斜率呈曲线形态，如图2—10所示。

相关图的分析方法

- **简单象限法**

  (1)在图上画一条与 y 轴平行的 P 线,使 P 线的左右两侧的点数大致相等,然后在图上再画一条与 x 轴平行 Q 线,使 Q 线上、下两侧的点数相等或大致相等,P、Q 两线把图形分成四个象限区域,分别计数各象限区域内的点数(线上的点不计),最后计算对角象限区域内的点数 n_1+n_3 和 n_2+n_4。

  (2)当 $n_1+n_3>n_2+n_4$ 时,为正相关。

  (3)当 $n_1+n_3<n_2+n_4$ 时,为负相关。

  (4)应当说明的是,用打点作图的方法进行相关分析,是最简单的方法,但由于分析较为粗糙,难以在生产实践中应用。当需要进行课题研究时,必须应用计算的方法,比较精确地计算出相关关系,还可以进一步找出变量之间的内在联系,并确认其预期关系,即回归分析法。

- **回归分析法**

  (1)由图 2—10 可知,这五个点大致接近于一条直线,但大部分的点都与某直线有一定的偏离,这是因为随机误差影响数据(x_i,y_i)的原因。为了建立函数式 $y=f(x)$,根据最小二乘法原理,由试验数据(x_i,y_i)求出变量 x 与 y 之间的回归直线 $y=a+bx$ 中的两个参数 a 和 b,计算公式为,

  $$b=\frac{I_{xy}}{I_{xx}}$$

  $$a=\overline{y}-\overline{bx}$$

  (2)用上两式计算时,常用表格方法求出所需数据,见相关系数的计算。当求出 a、b 值后,则可确定一元线性回归方程。

图 2—11　相关图的分析方法

九、检查表法

1. 检查表法的概念

检查表法又称调查表法,是利用表格进行数据收集和统计的一种方法。表格形式可以根据需要自行设计,常用的如不合格品检查表,成品质量检查表、产品缺陷位置检查表、工序质量持性分析调查表等。表格设计时应考虑便于统计、分析。

2. 检查表法应用实例

以某工程队对某月施工的混凝土路面 152 处质量进行的调查为例,说明检查表的形式(表 2—9)。

表 2—9　检查表

工程名称:××工程　　施工日期:××年×月

工序:混凝土路面　　施工班组:××小组

检查数量:152 处　　质量检查员:××××

不合格种类	检查结果	小计
表面起砂	正正正正正丅	27
表面开裂	正丅	7
空鼓	丅	2
不平整	正正正正一	21
其他	丅	2
合计		59

表 2—9 虽然反映了不合格种类的比率,但不反映时间的因素。例如,某不合格种类多集中在开夜工时发生,或者一旦发生不合格情况都集中在某段时间内,则不容易从检查表中发现。但若把几张检查表按时间顺序排列起来。就可大体上掌握不合格品内容是如何随时间变化的。

工序质量特性分布统计分析表是为了掌握某工序产品质量分布情况而使用的,可以直接把测出的每个质量特性值填在预定预先制好的频数分布空白表格上。每测出一个数据,就在相应值栏内记上一个"/"记号,记测完毕,频数分布也就显示出来了,见表 2—9。此法较简单,但填写统计分析表时若出现差错。事后就无法发现。因此一般都先记录数据,然后用直方图法进行统计分析。

第三章　工程材料质量检验

材料质量是工程质量的基础，材料质量不符合要求，工程质量就不可能得到保证，所以加强材料的质量控制是提高工程质量的重要保障，也是实现投资控制目标和进度控制目标的前提。

对工程材料的检查，首先是盾其规格、性能是否符合设计要求，并对其质量通过试验进行抽样检查，不合格的材料不准使用。

第一节　水泥质量检验

一、水泥进场质量检验规定

(1)运抵工地(厂)的水泥，应按批(散装水泥每 500t 为一批，袋装水泥每 200t 为一批，当不足 500t 或 200t 时，也按一批计)对同厂家、同批号、同品种、同强度等级、同出厂日期的水泥进行强度、细度、安定性和凝结时间等项目的检验。

(2)使用过程中，当对水泥质量有怀疑或水泥出厂日期超过 3 个月(快硬硅酸盐水泥超过 1 个月)时，应按上述规定进行复验。

二、水泥抽样方法

(1)散装水泥。对同一水泥厂生产的同期出厂的同品种、同等级(标号)的水泥，以一次进厂(进场)的同一出厂编号的水泥为一批。且一批的总量不得超过 500t。随机地从不少于 3 个罐中采取等量水泥，经混拌均匀后，再从中称取不少于 12kg 水泥作检验试样。

(2)袋装水泥。对同一水泥厂生产的同期出厂的同品种、同等级(标号)的水泥. 以一次进厂(进场)的同一出厂编号的水泥为一批，且一批的总量不得超过 100t。随机地从不少于 20 袋中各取等量水泥，经混拌均匀后，再从中称取不少于 12kg 水泥作检验试样。

(3)当水泥来源固定、水泥质量稳定、需方又基本掌握其性能时，视进库水泥情况可不定期地取试样进行强度检验。如有异常情况，应对有关项目进行检查。

(4)将采取的 12kg 水泥试样分成两份。一份由试验室按规定标准进行试验，一份密封保存三个月。

三、水泥试验项目及结果评定方法

1. 水泥试验项目

水泥试验项目包括：细度、标准稠度用水量、凝结时间；安定性、胶砂强度。

2. 水泥试验结果评定方法

水泥分为合格水泥、不合格水泥和废品。

(1)合格水泥。水泥各项技术指标均达到标准要求。

(2)不合格水泥。凡细度、终凝时间任一项不符合标准规定,或强度低于该强度等级的指标时为不合格水泥;矿渣水泥、火山灰水泥、粉煤灰水泥的掺和料超过最大限量的为不合格水泥;水泥包装标志中品种、等级、生产者名称和出厂编号不全者为不合格水泥。

(3)废品。凡氧化镁含量、三氧化硫含量、初凝时间、安定性任何一项不符合标准的水泥为废品。

四、水泥的种类

1.普通水泥

水泥是建筑工程中最常用的一种水硬性胶凝材料。我国水泥品种较多,目前最常用的有以下五种:

(1)硅酸盐水泥

不掺加任何混合材料的纯熟料水泥称为Ⅰ型硅酸盐水泥,代号P·Ⅰ;掺加不超过5%混合材料的水泥称为Ⅱ型硅酸盐水泥,代号为P·Ⅱ。硅酸盐水泥的强度等级分为42.5、42.5R、52.5、52.5R、62.5、62.5R。

(2)普通硅酸盐水泥

在水泥熟料中掺加6%~15%的混合材料的水泥称为普通硅酸盐水泥,代号为P·O。其中掺加非活性混合材料时,不得超过水泥质量的10%。普通硅酸盐水泥的强度等级分为32.5、32.5R、42.5、42.5R、52.5、52.5R。

(3)矿渣硅酸盐水泥

在水泥熟料中掺加20%~70%高炉矿渣混合材料的水泥称为矿渣硅酸盐水泥,简称矿渣水泥,代号为P·S。其中允许用石灰石、窑灰、粉煤灰、火山灰质混合材料中的一种代替矿渣,代替数量不得超过水泥质量的8%,替代后高炉矿渣不得少于20%。矿渣水泥的强度等级分为32.5、32.5R、42.5、42.5R、52.5、52.5R。

(4)火山灰质硅酸盐水泥

在水泥熟料中掺加20%~50%的火山灰质混合材料的水泥称为火山灰质硅酸盐水泥,简称火山灰水泥,代号为P·P。火山灰质硅酸盐水泥的强度等级分为32.5、32.5R、42.5、42.5R、52.552.5R。

(5)粉煤灰硅酸盐水泥

在水泥熟料中掺加20%~40%粉煤灰的水泥称为粉煤灰硅酸盐水泥,简称粉煤灰水泥,代号为P·F。粉煤灰水泥的强度等级分为32.5、32.5R、42.5、42.5R、52.5、52.5R。

2.特种水泥

改变某些化学成分,烧制成具有特定性能的硅酸盐水泥,称为特种水泥。目前,我国应用较多的特种水泥有:复合硅酸盐水泥、快硬硅酸盐水泥、道路硅酸盐水泥、砌筑水泥和大坝水泥。

五、水泥的选用原则及使用范围

1.选用水泥基本原则

(1)按水泥性能特点选用。

(2)按构造物功能选用。

(3)按构造物所处的环境条件选用。

(4)按构造物施工工艺需要选用。

2. 一般情况下常用水泥的推荐使用范围

选用硅酸盐水泥、普通硅酸盐水泥、矿渣水泥、火山灰水泥、粉煤灰水泥或复合硅酸盐水泥以及快硬硅酸盐水泥时，可参考表 3－1。

表 3－1　常用水泥使用范围

水泥品种 / 环境条件	硅酸盐水泥	普通硅酸盐水泥	快硬硅酸盐水泥	矿渣水泥	火山灰水泥	粉煤灰水泥	复合硅酸盐水泥
一般气候环境	优先使用	优先使用	可以使用	可以使用	可以使用	可以使用	可以使用
干燥环境	优先使用	优先使用	可以使用	可以使用	不得使用	不得使用	不得使用
潮湿环境或水下	可以使用	可以使用	可以使用	优先使用	优先使用	优先使用	优先使用
厚大体积	不宜使用	可以使用	不得使用	优先使用	优先使用	优先使用	优先使用
要求快硬高强	优先使用	优先使用	优先使用	不宜使用	不宜使用	不宜使用	不宜使用
要求抗冻	优先使用	优先使用	优先使用	可以使用	不得使用	不宜使用	优先使用
要求抗渗	可以使用	优先使用	可以使用	不宜使用	优先使用	优先使用	优先使用
要求抗磨	优先使用	优先使用	优先使用	可以使用	不得使用	不宜使用	不宜使用

3. 特种水泥推荐使用范围

特种水泥主要根据构造物特殊性能选用。

(1)道路硅酸盐水泥。用于对抗折要求较高的路面工程等。

(2)大坝水泥。用于大体积混凝土工程。

(3)砌筑水泥。用于砌筑工程。

第二节　建筑用骨料质量检验

一、细骨料

1. 建筑用细骨料的种类

细骨料指粒径小于 5mm 的经人工破碎而成或天然形成的岩石颗粒。

(1)按形成方式分为：

1)天然砂：包括河砂、海砂和山砂。

2)机制砂：由硬质岩石加工而成。

(2)按细度模数分为：

1)粗砂：细度模数为 3.7～3.1。

2)中砂：细度模数为 3.0～2.3。

3)细砂：细度模数为 2.2～1.6。

4)特细砂：细度模数为 1.5～0.7。

2. 细骨料的检验形式

(1)检验形式。对于新选原材料产地、同产地更换矿山或连续使用同一产地两年的细骨料应作形式检验。检验形式包括外观、筛分析、坚固性、有害物质含量和碱活性等。

(2)常规检验。对于选定的细骨料应按批作常规检验。检验内容包括外观、筛分析、细度模数、含泥量、泥块含量、有机物等。

3. 细骨料抽样检验方法

(1)分批方法。砂子试验应以同一产地、同一规格、同一进厂时间每 400m^3 或 600t 为一验收批，不足 400m^3 或 600t 时亦按一验收批计算。用小型工具运输的以 200m^3 或 300t 为一验收批，不足上述数量者亦以一批论。

每一验收批取试样一组。

(2)取样方法和试样份数。

在料上取样时，取样部位应均匀分布。取样前先将取样部位表层铲除。然后由各部位大致抽取试样相等的试份共 8 份，组成一组试样。

从皮带运输机上取样时，应在皮带运输机机尾的出料处用接料器定时抽取试样，并由 4 份试份组成一组试样。

从火车车皮内取样时，在每列火车中选择 3 节车皮，在装货或卸货时，从每节车皮的不同部位和深度处抽取大致相等的试份 8 份，单独组成一组试样，在该三组试样中，如有两组检验合格，即可进行验收。

从汽车上取样时，每批汽车选择其中的 4 辆，在装货或卸货时，各抽取大致相等的试份，2 份(共 8 份)组成一组试样。

从货船中取样时，每批货船选择其中的 2 艘，在装货或卸货时，从每艘货船的不同部位，各抽取大致相等的试份 4 份(共 8 份)组成一组试样。

(3)取样数量。每组试样的取样数量，对每一单项试验应不小于表 3－2 所规定的最少取样数量。需做几项试验时，如确能保证试样经一项试验后不致影响另一项试验的结果，可用同一组试样进行几项不同的试验。

(4)试样缩分。对于所取的每组试样，可以采用缩分法将其缩分至材料质量略多于进行试验所必需的质量为止。

表 3－2　每一组试验所需砂的最少取样数量(g)

试验项目	最少取样数据
筛分析	4400
表观密度	2600
吸水率	4000
紧密密度和堆积密度	5000
含水率	1000
含泥量	4400
泥块含量	10000
有机质含量	2000
云母含量	600
轻物质含量	3200
坚固性	分成 5.00～2.50mm、2.50～1.25mm、1.25～0.630mm 和 0.630～0.315mm 共 4 个粒级，各需 100g
氯离子含量	2000
碱活性	7500
硫化物及硫酸盐含量	50

4.细骨料有害物质的种类及对含泥量、泥块含量的技术要求

(1)砂中有害物质包括硫化物及硫酸盐、云母、轻物质和有机物。

(2)泥：指粒径小于 0.08mm 的岩屑、淤泥与黏土的总和。

(3)泥块：砂中粒径大于 1.25mm 的黏土颗粒，经水洗手捏后粒径小于 0.63mm 的颗粒。

(4)天然砂中含泥量、泥块含量应符合表 3－3 的规定。

表 3—3　天然砂中含泥量、泥块含量

项　目 \ 混凝土强度等级	＜C30	C30～C50	C55～C60
含泥量(%,按重量计)	≤5.0	≤3.0	＜2.0
泥块含量(%,按重量计)	＜1.0	＜0.5	＜0.5

二、粗 骨 料

1. 粗骨料的种类

粗骨料指粒径大于 5mm 的经人工破碎而成的岩石碎块或天然形成的岩石颗粒。

(1)按形成方式分为:

1)碎石:人工破碎而成的岩石碎块。

2)卵石:天然形成的岩石颗粒。

(2)按颗粒组成分为:

1)单粒粒级。

2)连续粒级。

2. 精骨料的检验形式及常规检验的内容

(1)检验形式

对于新选原材料产地、同产地更换矿山或连续使用同一产地两年的粗骨料应作形式检验。检验形式包括外观、筛分析、坚固性、有害物质含量和碱活性等。

(2)常规检验

对于选定的粗骨料应按批作常规检验。检验内容包括外观、颗粒级配、压碎值、含泥量、泥块含量、针片状颗粒含量—和有害物质含量等。

3. 粗骨料的抽样检验方法

(1)分批方法。石子试验应以同一产地、同一规格、同一进厂时间每 400m³ 或 600t 为一验收批,不足 400m³ 或 600t 时亦按一验收批计算。

每一验收批取试样一组。

(2)取样方法和试样份数。

1)从皮带运输机上取样时,取样部位应均匀分布。取样前先将取样部位表层铲除,然后由各部位抽取大致相等的试份 15 份(在料堆的顶部、中部和底部各由均匀分布的 5 个不同部位取得),组成一组试样。

2)从皮带运输机上取样时,应在皮带运输机机尾的出料处用接料器定时抽取试样,并由 8 份试份组成一组试样。

3)从火车车皮内取样时,在每列火车中选择 3 节车皮,在装货或卸货时,从每节车皮的不同部位和深度处抽取大致相等的试份 15 份,单独组成一组试样。在该三组试样中,如有两组检验合格,即可进行验收。

4)从汽车上取样时,每批汽车选择其中的 8 辆,在装货或卸货时,各抽取大致相等的试份 2 份(共 16 份)组成一组试样。

5)从货船中取样时,每批货船选择其中的 2 艘。在装货或卸货时,从每艘货船的不同部位,各抽取大致相等的试份 8 份(共 16 份)组成一组试样。

(3)取样数量。每组试样的取样数量,对每一单项试验应不小于表 3—4 所规定的最少取样数量。需做几项试验时,如确能保证试样经一项试验后不致影响另一项试验的结果,可用同一组试样进行几项不同的试验。

(4)试样缩分。对于所取的每组试样，可以采用缩分法将其缩分至材料质量略多于进行试验所必需的质量为止。

表 3－4　每一试验项目所需碎石或卵石的最少取样数量(kg)

试验项目	量大粒径(mm)							
	10	16	20	25	31.5	40	63	80
筛分析	10	15	20	20	30	40	60	80
表观密度	8	8	8	8	12	16	24	24
含水率	2	2	2	2	3	3	4	6
吸水率	8	8	16	16	16	24	24	32
紧密密度和堆积密度	40	40	40	40	80	80	120	120
含泥量	8	8	24	24	40	40	80	80
针、片状含量	1.2	4	8	8	20	40	—	—
泥块含量	8	8	24	24	40	40	80	90
硫化物及硫酸盐含量	1.0							

4.粗骨料应符合的强度指标

粗骨料强度可用岩石抗压强度或压碎指标值表示。工程中可采用压碎指标值进行质量控制，粗骨料压碎指标值应符合表 3－5 要求。

表 3－5　粗骨料压碎指标值(%)

混凝土强度等级	≥C30			＜C30		
岩石种类 / 骨料种类	沉积岩	深成岩 变质岩	喷出岩	沉积岩	深成岩 变质岩	喷出岩
碎石	≤10	≤12	≤13	≤13	≤20	≤30
卵石	≤9	≤12	—	≤12	≤16	—

5.粗骨料中有害物质、含泥量、泥块含量和针片状颗粒的技术要求

(1)粗骨料有害物质包括硫化物及硫酸盐、氯化物和有机物等。粗骨科中有害物质、含泥量、泥块含量应符合表 3－6 的规定。

(2)针片状颗粒：石子颗粒长度大于平均粒径的 2.4 倍的颗粒为针状颗粒；石子颗粒厚度小于平均粒径的 2.4 倍的颗粒为片状颗粒。针片状颗粒含量应符合表 3－6 的规定。

表 3－6　粗骨料中有害物质，含泥量、泥块含量和针片状颗粒指标

混凝土强度等级 / 项　目	≥C30	＜C30
针片状颗粒总含量(%，按重量计)	≤10	≤10
含泥量(%，按重量计)	≤1.0	≤2.0
泥块含量(%，按重量计)	≤0.25	
硫化物及硫酸盐含量(%，折算成 SO_3 按重量计)	≤1.0	≤1.0
氯化物(%，以 NaCl 计)	≤0.03	—
卵石中有机质含量(用比色法试验)	颜色不深于标准色。当深于标准色时，按水泥胶砂强度检验方法进行强度对比试验，抗压强度不低于 95%	

第三节　建筑钢材的质量检验

一、钢筋原材料进场检验验收批与检验项目要求

(1)预应力钢丝。每批钢丝应由同一牌号、同一规格、同一交货状态的钢丝组成。

(2)钢绞线。每批钢绞线应由同一牌号、同一规格、同一交货状态的钢绞线组成,并不得大于 30t。

(3)热轧圆盘条、热轧光圆钢筋、热轧带肋钢筋、余热处理钢筋的检验项目有:外观检查;极限抗拉强度;屈服强度;伸长率;冷弯试验。

(4)预应力钢丝的检验项目有:外观检查;拉力(含伸长率);反复弯曲试验;松弛性能(由生产厂家提供试验报告)。

(5)钢绞线的检验项目有:外观检查;拉力试验,包括整根钢绞线的最大负荷、屈服负荷、伸长率;松弛性能(由生产厂家提供试验报告)。

二、钢筋力学及工艺性能试验的取样方法和数量要求

(1)钢筋应以同厂别、同炉号、同级别、同规格、同一时间每 60t 为一验收批,不足 60t 时亦按一验收批计。

(2)每一验收批中取试样一组(两根拉力、两根冷弯、一根化学分析)。低碳热轧盘条时拉力一根。

(3)取样方法。

1)试件应从两根钢筋中截取:每一根钢筋截取一拉力试件、一冷弯试件,其中一根再截取一部分作为化学分析试件。低碳钢热轧盘条冷弯试件应取自不同盘。

2)试件在每根钢筋距端头不小于 50cm 处截取。

3)拉力试件长度为 $5d_0+200$mm,低碳钢热轧盘条拉力试件长度为 $10d_0+200$mm。

4)冷弯试件长度为 $5d_0+150$mm。

5)化学试件长度:适宜。

注:d_0 为所截取钢筋的直径。

三、焊接钢筋试件的取样方法和数量要求

(1)焊接骨架、焊接网。凡钢筋级别、直径及尺寸相同的焊接骨架应视为同一类型制品,且每 200 件作为一批,一周内不足 200 件的亦按一批计;焊接网每批不应大于 30t 或 200 件为一批,一周内不足 30t 或 200 件亦应按一批计。

1)外观检查按同一类型制品分批检查,骨架焊接每批抽查 10%、焊接网抽查 5%,均且不得少于 3 件。

2)力学性能试验的试件。应从每批成品中抽取。当所切取试件的尺寸小于规定的试件尺寸,或受力钢筋直径大于 8mm 时,可在生产过程中焊接试验用网片,从中切取试件。抗剪试件纵筋长度应大于或等于 290mm,横筋长度应大于或等于 50mm;拉伸试件纵筋长度应大于或等于 300mm。有几种钢筋直径组合的焊接骨架,应对每种组合做力学性能试验。

3)冷轧带肋钢筋或冷拔低碳钢丝的焊点应做拉伸试验,两夹头之间的距离不应小于 20 倍

试件受拉钢筋的直径，且不小于 180mm；对于双根钢筋、非受拉钢筋，应在离交叉焊点约 20mm 处切断，试件数量应为纵向钢筋 1 个、横向钢筋 1 个。

4)弯曲试验试件；在单根钢筋焊接网中，应取钢筋直径较大的 1 根；双根钢筋焊接网中，应取双根钢筋中的 1 根；试件长度应大于或等于 200mm；弯曲试件的受弯曲部位与交叉点的距离应大于或等于 25mm；试件数量应为纵向、横向钢筋各 1 个弯曲至 180°，其外侧不得出现横向裂纹。

5)热轧钢筋、冷轧带肋钢筋或冷拔低碳钢丝的焊点应做抗剪试验，数量为一组 3 个。

(2)钢筋闪光对焊接头。钢筋加工单位：再一工作班内、同一焊工、同一级别、同一规格、同一焊接参数每 300 个接头一批；但同一工作班的焊接接头数量较少时可在一周内累计计算，累计不足 300 个接头变应按一批计算。

1)铁路工程采用闪光对焊接头时，同一钢筋级别、同一规格、同一焊接参数每 200 个接头为一验收批，不足 200 个接头时亦按一批计算。

2)每一验收批成品中切取一组 6 个试样(3 个拉力试件、3 个弯曲试件)。取样方法：

①试件从每批成品中切取；

②焊接等长的预应力钢筋(包括螺丝端杆与钢筋的焊接接头)，可按生产条件制成模拟试件；

③模拟试验结果不符合要求时，复验应从成品中切取试件，取样数量要求与初试时相同。

(3)钢筋电弧焊接头。钢筋加工单位：同一焊工、同一钢筋级别、同一规格、同一类型接头每 300 个接头为一验收批，不足 300 个时亦按一批计算。

1)施工现场：每一单位工程、同一焊工、同一钢筋级别、同一规格、同一类型接头、同一焊接部位每 200 个接头为一验收批，不足 200 个时亦按一批计算。

2)在现场安装条件下，每一至二楼层中以 300 个同接头类型、同钢筋级别的接头作为一批，不足 300 个时仍作为一批。

3)每一验收批取样一组(3 个试件)进行拉伸试验。取样方法：

①试件应从每批成品中切取；

②对一装配式结构、节点的焊接接头，可按生产条件制作模拟试件；

③模拟试验结果不符合要求时，复验应从成品中切取试件，其数量与初试时相同。

(4)钢筋电渣压力焊。在一般构筑物中，同钢筋级别、同规格、同类型接头每 300 个接头为一验收批，不足 300 个时亦按一验收批计算。

1)在现浇钢筋混凝土多层结构中，应以每一楼层或施工区段的同一钢筋级别、同一规格同一类型接头每 300 个接头为一验收批，不足 300 个接头时亦按一批计算。

2)每一验收批取试样一组(3 个试件)进行拉力试验。取样方法：

①试件应从成品中切取；

②试验结果不符合要求时，应取双倍数量的试件进行复试。

(5)预埋件钢筋 T 形接头埋弧压力焊。以每 300 件同类型产品为一验收批，不足 300 件时亦按一批计算。一周内连续焊接时可以累积计算，每 300 件同类型产品为一验收批，不足 300 件时亦按一批计算。

每一验收批取试样一组(3 个试件)进行拉力试验。

取样方法：

1)试件应从每批成品中切取；

2)若从成品中取的试件尺寸过小、不能满足试验要求时，可按生产条件制作模拟试件；试验结果不符合要求时，应取双倍数量的试件进行复验。

四、钢筋的质量评定方法

1. 热轧圆盘条、热轧光圆钢筋、热扎带肋钢筋和余热处理钢筋的质量评定方法

(1)外观质量。钢筋表面不得有裂纹、结疤和折叠，表面的凸块和其他缺陷的深度和高度不得大于所在部位尺寸的允许偏差(带肋钢筋为横肋的高度)。

(2)极限抗拉强度、屈服强度、伸长率、冷变试验。当有一个项目不合格时，取双倍数量对该项目复检，当仍有1根不合格时，则该批钢筋应判为不合格。

2. 预应力钢丝质量的评定方法

(1)外观质量。钢丝表面不得有裂纹、小刺结损伤、氧化铁皮和油渍，也不得有肉眼可见的麻坑。

(2)拉力(含伸长率)、反复弯曲试验。当试验结果有一项不合格时，除该盘应判为不合格外，并应从未试验的钢绞线中取双倍复检，当仍有一项不合格时，则该批钢丝判为不合格。

3. 钢绞线质量评定方法

每批从3盘中截取3根作拉力试验，包括整根钢绞线的最大负荷、屈服负荷、伸长率，当试验结果有一项不合格时，除该盘应判为不合格外，并应从未试验的钢丝中取双倍复检，当仍有一项不合格时，则该批钢绞线应判为不合格。

第四节　混凝土质量检验

一、混凝土配合比确定要求

(1)混凝土理论配合比应根据设计的混凝土强度等级、耐久性能、选定的原材料质量检验结果以及混凝土施工工艺对和易性、凝结时间等混凝土拌和物的技术性能要求，由国家认可的试验室按照国家现行有关试验规程，通过试配确定。

(2)混凝土的施工配制强度按下式确定：

$$f_{cu,o} \geqslant f_{cu,k} + 1.645\sigma$$

式中　σ——施工单位强度标准差，也可按表3－7选取。

表3－7　混凝土强度标准差 σ(MPa)

混凝土强度等级 / 生产单位	＜C20	C20～C40	＞40
预制混凝土构件厂	3.0	4.0	5.0
现场集中搅拌施工单位	3.5	4.5	5.5

(3)混凝土水灰比应根据施工现场的水泥、砂、石等原材料质量，由施工配制强度确定。

(4)选取合适的单方用水量及合适的砂率，以满足混凝土和易性的要求。

(5)混凝土施工前，应根据施工现场砂石的含水率，将理论配合比换算成施工配合比，并应有施工配料单。

二、混凝土无损检测条件

当出现下列情况之一时,应进行无损检测以确定混凝土强度:

(1)缺乏同条件试件或标准试件数量不足。

(2)试件的质量缺乏代表性。

(3)试件的抗压试验不符合标准规定。

(4)对试件抗压强度测试结果有怀疑。

(5)因材料、施工不良而发生混凝土质量问题。

三、混凝土检测方法及特点

(1)超声法。超声检测的特点:检测过程无损于材料、结构的使用性能;直接在结构物上检测试验并推定其实际强度和缺陷性质;重复和复核检验方便,检验结果重复性好。

(2)回弹法。回弹法检测的特点:简单方便,但离散性较大。

(3)超声回弹综合法。超声回弹综合法检测的特点:可以减少各种因素对结果的影响,可弥补超声法与回弹法各自不足,测试精度较高。

(4)钻芯法。钻芯法检测的特点:检测结果直观准确,可检测强度与厚度,但操作复杂,对混凝土有轻微破坏。

(5)拔出法。拔出法检测的特点:检测结果直观准确,但操作复杂,对混凝土有轻微破坏,结果离散性较大。

(6)瞬态激振(敲击)时域频域分析法(小应变法)。适用于基桩检测,特点是操作简便,检测快速,结果较为精确。

(7)地质雷达法。主要用于大面积混凝土质量检测,如隧道衬砌混凝土的检测,其特点是检测快速,可检测厚度,结果准确。

四、混凝土强度试件取样方法

(1)混凝土抗压强度以边长为150mm的立方体试件为标准试件,三个试件强度的算术平均值作为每组试件的强度代表值。当采用非标准试件时,应将其抗压强度折算成标准试件抗压强度。边长100mm的立方体试件的折算系数为0.95;边长200mm的立方体试件的折算系数为1.05。

(2)混凝土试件应在混凝土浇筑地点随机抽取,取样频率为:

1)每100盘,但不超过100m^{3}的同配合比的混凝土,取样次数不得少于1次;

2)每一工作班拌制的同配合比混凝土不足100盘时,其取样次数不得少于1次;

3)每组3个试件应在同一盘混凝土中取样制作。

五、混凝土强度等级评定方法

1.统计方法评定

(1)标准差已知。当混凝土生产条件能在较长时间内保持一致,且同一品种混凝土强度变异性能保持稳定时,可采用标准差已知的统计方法评定。

(2)标准差未知。当混凝土生产条件在较长时间内不能保持一致,且同一品种混凝土强度变异性能不能保持稳定,或在前一个检验期内的同一品种混凝土没有足够的数据用以确定验收批混凝土立方体抗压强度的标准差时，应由不少于 10 组的试件组成一个验收批，采用标准差未知的统计方法评定。

2. 非统计方法评定

当混凝土生产不连续，且一个验收批试件不足 10 组时，应采用非统计方法进行评定。

六、影响新拌混凝土质量的因素

新拌混凝土质量主要包括混凝土的凝结时间和混凝土的和易性。

(1)混凝土的凝结时间。主要影响因素是水泥品种及外加剂的种类。

(2)混凝土和易性。混凝土的和易性主要包括流动性、黏聚性、保水性和泌水性。

1)混凝土流动性的主要影响因素是混凝土单方用水量。

2)混凝土黏聚性的主要影响因素是混凝土含砂率(灰砂比)。

3)混凝土保水性的主要影响因素是水泥品种、用量与细度。

4)混凝土泌水性的主要影响因素是水泥品种、用量与细度。保水性好的混凝土泌水量小，保水性差的混凝土泌水量大。

5)混凝土离析的主要影响因素是粗骨料及细骨料的级配。

七、影响硬化混凝土质量的主要因素

(1)硬化混凝土的强度主要取决于混凝土的水灰比。在一定范围内，水灰比越小，混凝土强度越高。水泥品种则对水泥强度的发展有着直接的影响。

(2)硬化混凝土的弹性模量受骨料弹性模量影响最大，骨料弹性模量越大，混凝土弹性模量越高。

(3)硬化混凝土的干缩与徐变主要受水泥的品种与水泥用量的影响。一般来说，水泥强度发展越快，混凝土早期强度越高，混凝土徐变越小；由于混凝土的收缩与徐变的产生，主要是由水泥石的收缩引起，而骨料的收缩与徐变基本可以忽略不计，因此，水泥用量越大，混凝土收缩与徐变越大。

(4)硬化混凝土抗渗性的主要影响因素是混凝土的水灰比。骨料级配也是影响混凝土抗渗性的重要因素。

(5)硬化混凝土抗冻性的主要影响因素是水泥石中气孔含量与孔径分布。引入一定数量的均匀细小气孔，可以提高混凝土的抗冻性。

(6)硬化混凝土的抗硫酸盐侵蚀性能主要与水泥品种有关。水泥中 C_3A 含量是影响混凝土抗硫酸盐侵蚀的主要因素，C_3A 含量越高，混凝土的抗硫酸盐侵蚀性能越差。

第五节　建筑其他材料质量检验

一、建筑砂浆质量抽样检验方法

(1)砂浆试样应在搅拌及出料口随机取样制作。一组试样应在同一盘砂浆中取样制作，同盘砂浆只应制作一组试件(每组 6 块)。

(2)砂浆的抽样频率。每一楼层或 250m^3 砌体中的各种强度等级的砂浆，每台搅拌机应至少检查一次，每次至少制作一组试件。如砂浆强度等级或配合比变更时，还应制作试块(基

础砌体可按一个楼层计)。

二、建筑石灰质量抽样检验方法

(1)生石灰。在每批量的不同部位随机选取 12 个取样点,并应在表层 100mm 下或底层 100mm 上取点。每个点的取样数量不少于 2000g。取样点内如有最大尺寸大于 150mm 的大块,应将其砸碎。取能代表大块质量的部分碎块经破碎,并通过 20mm 的圆孔筛后,立即装入密闭、防潮的容器中。

(2)生石灰粉或消石灰粉。从每批袋装或散装不同部位随机抽取 10 袋或 10 个取样点。每袋(份)取样数量不少于 500g。取的份样应立即装入密闭、防潮的容器中。

(3)取样总量。生石灰取样总量不少于 24kg,生石灰粉或消石灰粉取样总量不少于 5kg。

三、建筑用砖质量抽样检验方法

(1)砖应以同一产地、同一规格的 3.5 万块为一验收批,不足 3.5 万块时亦按一批计算,并不得超过一条生产线的日产量。

(2)砌墙砖每一检验批取样数量应根据检验项目而定。尺寸偏差应取砖样 20 块;强度等级应取 10 块;外观质量应抽样 50 块;抗冻性能应取 10 或 5 块。

(3)蒸养(压)砖,如粉煤灰砖、炉渣砖,每 10 万块为一检验批,取样一组(每组 20 块)做强度试验。

(4)取样方法:按预先确定好的抽样方案在成品堆垛中随机抽取;试件的外观质量必须符合成品的外观指标;对试验结果有怀疑时,可加倍抽取试样进行复试。

四、建筑石油及沥青质量抽样检验方法

1.石油

(1)石油沥青以同一产地、同一品种、同一规格、同一标号每 20t 为一验收批,不足 20t 亦按一验收批计算。

(2)每一验收批取试样 2kg。

(3)取样方法:在料堆上取样,取样部位应均匀分布(不少于 5 处),每处取洁净的等量试样共 1kg。

2.沥青

(1)设有取样阀时,可旋开取样阀,待流出至少 4kg 或 4L 后再取样。

(2)仅有放料阀时,待放出全部沥青的一半时再取样。

(3)从顶盖处取样,可用取样器取样。

(4)在装料或卸料过程中取样:在装料或卸料过程中取样,要按时间间隔均匀地取至少 3 个规定数量样品,然后将这些样品充分混合后取规定数量样品作为试样。样品也可分别进行检验。

(5)从沥青储存池中取样:沥青储存池中的沥青应待加热熔化后,经管道或沥青泵流至沥青加热锅之后取样。分间隔每隔至少取样 3 个样品,然后将这些样品充分混合后取规定数量样品作为试样、样品也可分别进行检验。

(6)从沥青运输船取样:沥青运输船到港后,应分别从每个沥青仓取样。每个舱从不同的部位取 3 个样品混合在一起,作为一个沥青仓的样品供检验用。在卸油过程中取样时,应根据

卸油量，大体均匀地分间隔 3 次从卸油口或管道途中的取样口内取样，然后混合作为一个样品供检验用。

(7)从沥青桶中取样：当能确认是同一批生产的产品时，可随机取样；当不能确认是同一批生产的产品时，应根据桶数按照表 3—8 的规定或按总桶数的立方数随机选取沥青桶数。

表 3—8　选取沥青样品桶数

沥青桶总数	选取桶数	沥青桶总数	选取桶数
2～8	2	217～343	7
9～27	3	344～512	8
28～64	4	513～729	9
65～125	5	730～1000	10
126～216	6	1001～1331	11

将沥青桶加热使桶中沥青全部熔化成流体后，按罐车取样方法取样。每个样品的数量以充分混合后能满足供检验用样品的规定数量要求为限。

若沥青桶不便加热熔化时，亦可在桶高的中部将桶凿开取样，但样品应在距桶壁 5cm 以上的内部凿取。并采取措施防止样品散落地面沾有尘土。

固体沥青从桶、袋、箱装或散装整块中取样，应在表面以下及容器侧面以内至少 5cm 处取样。

五、建筑用主要原材料试验检测项目的数量要求

建筑用主要原材料试验检测项目及取样数量见表 3—9。

表 3—9　建筑用主要原材料试验检测项目及数量

项目	试验检查测项目	单位	取样数量	备注
路基填料	挖方、借土的路基填料	次/5000m^3	1	在土质变化时取样，其中含水量视具体情况加做
	颗粒分析			
	含水量与密实度			
	液限、塑限、天然稠度			
	室内承载比(CBR)试验			
	击实试验			
	有机质含量及易溶解含量试验			
塑料排水板	外观	卷(盘)/20 万米	5 卷(盘)	同配方、同工艺、同设备炉的为同批次产品
	技术性能指标		1 组	
土工格栅	外观	卷/批	5	同一牌号的原料、同一配方、同一规格的产品为一批，每批数量不超过 500 卷，不足 500 卷的以 5 天产量为一批
	技术性能指标			
土工布	外观	卷/批		
	技术性能指标			
水泥	胶砂强度(3d、28d)	次/每批号	1	同厂家、同品质、同批号、同生产日期的水泥为一批
	安定性			
	凝结时间			
	细度			

续上表

项目	试验检查测项目	单位	取样数量	备注
集料	粗集料	次/500m³	1	同料源、同粒径规格的碎石每500m³ 为一批，不足500m³ 的按一批计。在施工中对含水率每工作班至少测定2次，天气骤然变时应酌情增加次数
	筛分分析试验			
	视比重试验			
	容重试验			
	含泥量试验			
	针、片状含量试验			
	压碎值指标试验			
	细集料	次/200m³	1	同料源、同开采地点每200m³ 为一批验收。在施工中对含水率每工作班至少测定2次，天气骤变时应酌情增加次数
	筛分分析试验			
	视比重试验			
	容重试验			
	含泥量试验			
	含水率			
钢筋	拉力试验(屈服强度、抗拉强度及延伸率)	次/每进料批	1	同品种、同等级、同一截面尺寸、同炉号、同厂家生产的为一批
	冷弯试验			
	可焊性试验			
预应力钢筋	外观	次/批	逐条	
	技术性能指标		1组	
钢绞线	外观	次/批	3(盘)	每批同一钢号、同一规格、同一炉号取样一次，每批不大于60t
	机械性能指标		3(根)	
	松弛试验	品种/单位	1(组)	
锚、夹具	外观	套/批≤10000孔	10%	每批同一类产品、同一批原材料、同一种工艺，不超过10000孔且不少于10套
	硬度			
	静载试验	品种/单位	1(组)	
钢板	外观	次/批	逐块	同一冶铁炉号、同一炉罐号、同一热处理状态或热处理炉批、同一外形、同一厚度为一批
	物理力学性能		1(组)	
钢管	外观	次/批	逐块	
	物理力学性能		1(组)	
水	饮用水			可以不进行试验
	非饮用水	次/每一水源	1	使用前应检验其质量，如水源有变化对水质有怀疑时，应及时增加检验次数
防水板	焊缝	次/30延米	1	每铺30延米检查环向缝1条
	外观	组/5000m²	1	每5000m² 随机取I组3卷
	厚度	卷/5000m²	1	每5000m² 随机取1卷
	物理力学性能			
橡胶止水带	物理性能	卷/500m	3	同品种、同规格500m为一验收批，每批随机取3卷
	外观质量			
止水带	外观	次/批	5(m)	以一批膨胀土的产品为一个批次
	物理力学性能			
橡胶支座	外观	次/批	100%	每一批同批号，同型号，同炉厂家、同规格取样
	物理力学性能		1(组)	
伸缩缝	外观	闪/批	15%	每一批同批号，同型号，同炉厂家、同规格取样
	物理力学性能		1(组)	
混凝土外加剂	速凝剂	次/每批	3	各种不同品牌、不同型号，不同性能的混凝土外掺剂都必须经检验性试验三次后，确认其性能符合要求方可使用
	缓凝剂			
	减水剂			
	膨胀剂			
	泵送剂			
	防冻剂			

六、建筑主要工程产品、构件及工艺试验检测项目及取样要求

建筑主要工程产品、构件、工艺试验检测项目及取样数量见表3—10。

表3—10　主要工程产品、构件、工艺试验检测频率

项目	试验检测项目	单位	取样数量	说明
混凝土初始取样	坍落度	次/每单元或10m³	1	应对每单元(一盘、连续体积拌合时每10m³)取样
	凝结时间			
混凝土验收取样	一般体积的结构物(如基础、墩台)	组/单元或工作组	2	每一单元制取2组
	连续浇筑大体积结构物			每80～200m³或每工作班制取2组
	上部结构	组/件		
	主要构件长16m以下		1	取1组
	主要构件长16～30m		2	取2组
	主要构件长31～50m		3	取3组
	主要构件在50m以上		≥5	不少于5组
	小型构件	组/单元或工作组	≥2	每批或每工作班至少制取2组
	钻孔灌注桩	组/根	≥2	每根至少制取2组。如换工作班时,每工作班都应制取试件
	桩长20m以上	组/根	3	不少于3组
	桩径大、浇筑时间长时		4	不少于4组
	构筑物(如小桥涵、挡土墙)	组/每班	2	每座、每处或每工作班制取不少于2组。当原材料和配合比相同,并由同一拌和站拌制时,可几座或几处合并制取2组
钢筋焊接接头检查	闪光对焊			以300个同类型焊接钢筋在同一焊接条件下(同一焊工在同一班内用同一焊接参数)焊接作为一批,一周内不足300个者亦按一批计
	外观	个/300个批	≥10	每批10%且不少于10个
	拉力试验	根/批	3	每批3根试件
	弯曲试验			
	电弧焊接			以300个同类型焊接钢筋在同一焊接条件下(同一焊工在同一班内用同一焊接参数)焊接作为一批,一周内不足300个者亦按一批计
	外观	个	逐个	在焊接接头清渣后逐个进行目测及量测
	拉力试验	个/批	3	每批切取3个接头
水泥砂浆及小石子混凝土	重要及主体砌筑物	组/工作组	2	每工作班制取2组
	一般及次要砌筑物		1	每工作班制取1组
	锚杆抗拔力试验	组/300根	1	每300根抽样1组,每组不少于3根
喷射混凝土	与围岩的粘结强度试验	处/每类围岩	1	
	抗压强度	组/10m	1	
	厚度	断面/10m	1	每断面从拱顶中线起每2m查1点
填方	压实度	处/2000m²	4	小于2000m²的以2000m²计

第四章　工程质量控制管理

质量控制是指为达到质量要求所采取的作业技术和活动。质量控制贯穿于质量形成的全过程、各环节，要排除这些环节的技术及活动偏离有关规范的现象，使其恢复正常，达到控制的目的。

质量控制的内容是"采取的作业技术和活动"。这些活动包括：确定控制对象，例如一道工序、设计过程、制造过程等；规定控制标准，即详细说明控制对象应达到的质量要求；制定具体的控制方法，例如工艺规程；明确所采用的检验方法，包括检验手段；实际进行检验；说明实际与标准之间有差异的原因；为解决差异而采取的行动。

第一节　质量控制概述

一、质量控制的特点

质量控制的特点是由工程项目的特点决定的。工程包括土木工程、建筑工程、线路管道和设备安装工程及装修工程等内容。工程项目的特点：一是具有单项性；二是具有一定性与寿命的长期性；三是具有高投入性；四是具有生产管理方式的特殊性；五是具有风险性。

正是由于工程项目的特点而形成了工程质量本身的特点，即影响因素多、质量波动大、质量变异大、质量隐蔽性、终检局限大。所以，对工程质量更应重视事前控制、事中严格监督，防患于未然，将质量事故消灭于萌芽之中。

工程建设的不同阶段，对工程项目质量的形成起着不同的作用和影响。尤其是在施工阶段，根据设计文件和图纸的要求，通过施工形成工程实体。它将直接影响工程的最终质量。因此，施工阶段是工程质量控制的关键环节，工程质量很大程度上决定于施工阶段质量控制。其中心任务是要通过建立健全有效的质量监督工作体系来确保工程质量达到合同规定的标准和等级要求。根据工程质量形成的时间段，施工阶段的质量控制又可分为质量的事前控制、事中控制和事后控制。其中，工作的重点应是质量的事前控制。

二、质量控制的基本任务

质量控制的任务就是通过对施工投入、施工过程、产出品进行全过程控制以及对参加各施工班组（分包队伍）和人员的资质、材料和设备、施工机具和机械、施工方案和方法、施工环境实施全面控制，以期达到预定的工程质量等级和标准。

第二节　工程设备控制

一、工程机械设备购置有何控制

(1)必须按设计的选型购置设备。

(2)设备购置应向上级主管部门申报，经质量检查员参与对设备定货清单(包括设备名称、型号、规格数量等)按设计要求逐一审核认证后，方能加工订货。

(3)优选订货厂家。对某些成套设备或大型设备，还必须通过设备招标的方式来优选制造厂家。

(4)签定订货合同。设备购置应以经济合同形式对设备的质量标准、供货方式、供货时间、交货地点、组织测试要求、检测方法、保修索赔期限以及双方的权利和义务等，均应予以明确规定。

(5)设备制造质量的控制。对于主要或关键设备，在制造过程中，质量检查员还应深入制造厂家，检查控制设备的制造质量。

(6)购置的设备在运输中，必须采取有效的包装和固定措施，做到防雨淋、防日晒、防振动，禁止碰撞损伤。

(7)加强设备的贮存、保管，做到防潮湿、防高温、防低温、防泄漏等，避免配件、备件的遗失以及设备遭受污染、锈蚀和控制系统的失灵。

二、工程机械设备安装质量控制程序

工程机械设备安装质量控制程序如图 4—1 所示。

工程机械设备安装质量控制程序

- 设备定位
  - 设备定位的基本原则是：满足生产工艺的要求；符合设备平面布置图和安装施工图的规定；便于操作、维护、检修；有利于安全生产及各工序间的配合衔接。
- 设备基础检查
  - 设备在安装前，安装单位应对设备基础机械进行检验，以保证安装工作的顺利进行。一般是检查基础的外形几何尺寸、位置、混凝土质量等。
- 设备就位
  - (1)在设备安装中，正确地找出并划定设备安装的基准线，然后根据基准线将设备安放到正确位置上统称就位。这个“位置”是指平面的纵、横向位置和标高。设备就位前，应将其底座底面的油污、泥土等脏物，以及地脚螺栓预留孔中的杂物除去，需灌浆处的基础中心线或地坪表面应凿成麻面，被油玷污的混凝土应予凿除，否则，灌浆质量就无法保证。
  - (2)设备就位时，一方面要根据基础上的安装基准线；另一方面还要根据设备本身划出的中心线(即定位基准线)。为了使设备上的定位基准线对准安装基准线，通常要将设备进行微移调整，使其安装过程中所出现的偏差控制在允许范围之内。
  - (3)设备就位应平稳. 防止摇晃位移；对重心较高的设备，应采取措施预防失稳倾覆。
- 设备调平找正
  - 设备调平找正，主要是使设备通过校正调整达到国家规范所规定的质量标准。设备调平找正分三个步骤进行；即设备的找正、设备的初平、设备的精平。设备调平找正的要求是：
  - (1)平面位置准确。
  - (2)水平标高在允许范围内。
  - (3)垂直度满足规范、规程和标准的要求。
- 设备复次和二次灌浆
  - 每台设备在安装定位、找正找平以后，要进行严格的复查工作、使设备的标高、中心和水平及螺栓调整垫铁的紧度完全符合技术要求，并将实测结果记录在质量表格中。如果检查结果完全符合安装技术标准，并经质量检查员检查合格，即可进行二次灌浆工作。
- 设备装配
  - 设备装配就是将众多的机械零件进行组合、连接或固定，并保证相互连接的零件有正确的配合及保证正确的相对位置。设备的装配可分以下四类：
  - (1)螺纹连接、键、销的装配。
  - (2)各种配合零件的装配。
  - (3)传动机构的装配。
  - (4)滑动轴承的装配。

图 4—1　工程机械设备安装质量控制程序

三、工程机械设备质量控制的内容

1. 做好机械选型工作

(1)机械设备的选择,应本着因地制宜、因工程制宜,按照技术上先进、经济上合理、生产上适用、性能上可靠、使用上安全、操作和维修上方便等原则,贯彻执行机械化、半机械化与改良工具相结合的方针,突出机械与施工相结合的特色,使其具有工程的适用性,具有保证工程质量的可靠性,具有使用操作的方便性和安全性。

(2)机械设备的主要性能参数要能满足施工需要和保证质量的要求。如从适用性出发,正铲挖土机只适用于挖掘停机面以上的土层,反铲挖土机则适用于挖掘停机面以下的土层,而抓铲挖土机则最适宜水中挖土。又如预应力张拉设备,根据锚具的型式,从适用性出发,拉杆式千斤顶只适用张拉单根粗钢筋的螺丝端杆锚具、张拉钢丝束的锥形螺杆锚具或 DM5A 型镦头锚具,锥锚式千斤顶则适用于张拉预应力和钢绞线束的 KT－Z 型锚具或张拉钢丝束的锥型锚具。

(3)从保证质量和可靠地施加预应力出发,则必须使千斤顶的张拉力大于张拉程序中所需的最大张拉值,且对千斤顶和油表一定要定期配套校正、配套使用。在使用中,若千斤顶漏油严重、油表指针不能回到零、发生连续断筋,更换新油表时,均应重新校正。

(4)对于高空张拉,从操作方便及安全出发,则宜选用体积小、重量轻的手提式千斤顶。

2. 实行以管好、用好、维修好机械设备为内容的质量管理责任制

(1)合理使用机械设备,正确地进行操作,是保证项目施工质量的重要环节,应贯彻“人机固定”原则,实行定机、定人、定岗位责任的“三定”制度,做到专人专机。

(2)操作人员必须认真执行规章制度,严格遵守操作规程,执行保养规定,做好机械设备的清洁、润滑、防腐等维护工作,认真执行交接班制度,及时填写机械设备运转记录,防止出现安全质量事故。例如,对于起重机械,应保证安全装置(行程、高度、变幅、超负荷限位装置、其他保险装置等)齐全可靠,并经常检查、保养、维修,使其运转灵活;操作时,不准机械带“病”工作,不准超载运行,不准负荷行驶,不准猛旋转、开快车,不准斜牵重物等。

(3)对吊装的结构和构件,还应事先进行吊装验算,合理地选择吊点,正确绑扎,使构件在吊装过程中保持平衡,不致因吊装受力太大而使结构遭到损害。又如,用插入式振捣器振捣混凝土时,就应按“直上直下、快插慢拔、插点均布、切勿漏插、上下抽动、层层扣搭、时间掌握好、密实度最佳”的操作要点进行操作,否则将造成质量事故。

3. 做好机械设备的检修工作

(1)机械设备是由各种零件(部件)组合而成的。这些零件(部件)所承受的荷载、温度、转速和相对摩擦各不相同,均有一定的使用期限和允许磨损限度。如超过规定的限度,机械设备就不能保证使用性能和安全生产,严重者将会产生人身安全事故和机械设备事故。

(2)按不同的规定运转或使用周期,限期做好保养和修理,贯彻执行计划维修制度,不能拖延保养期。

(3)在安排机械设备使用时,要留有余地,保证机械设备能够及时进行维修保养。

4. 严格做好机械设备的质量检查鉴定工作。

(1)机械设备的大、中、小修,都要按各自不同的质量标准定期进行技术鉴定和检查验收。

(2)对不符合标准的机械设备,不准出厂,不予验收,不准使用。

(3)新出厂或大修后的机械设备要遵照试运转规定进行试运转,以确保机械设备正常

运行。

5. 做好现场在用机械设备的巡回检查工作

(1)经常性的巡回检查,可以及时发现问题、排除隐患,使现场在用机械设备经常处于完好状态。

(2)对于企业在用机械设备,要准确及时地做好机械设备统计报告,真实反映机械设备使用运转情况和管理工作质量。

(3)统计报告应包括机械设备运转记录、机械设备完好或非完好台日分析报表、保修计划完成情况报表等。

(4)凡属企业自行制造和改制、改装的机械设备,必须做到结构合理、性能稳定、使用安全可靠,并经过必要的符合程序的质量鉴定及验收后,才能使用。

6. 做好机务人员的培训和考核工作

(1)实行全面质量管理,要始于教育,终于教育。做好机械设备的质量管理工作,要抓好机务人员的教育培训工作。

(2)通过教育培训,使机务工作人员具备较全面的机务管理知识,能在实际工作中正确地解决计划、调配、维修等管理问题,还应具备一定的基础理论知识和实际操作能力,能在组织机械设备维修、鉴定、改制、改装、革新等方面工作中具有解决实际问题的能力。

(3)机械设备操作人员应了解其所操作机械设备的性能、构造原理、操作规程,熟练地掌握安全操作。

(4)机械设备保修人员应具备机械设备维修技术和检验、组装、调试、鉴定知识,达到遵章操作。

第三节　施工过程控制管理

一、施工方法控制

施工方法控制,包含工程项目整个建设周期内所采用的技术方案、工艺流程、组织措施、检测手段、施工组织设计等的控制。

施工方案正确与否是直接影响工程项目的进度控制、质量控制、投资控制三大目标能否顺利实现的关键,往往由于施工方案考虑不周而拖延进度,影响质量,增加投资。为此,必须结合工程实际,从技术、组织、管理、工艺、操作、经济等方面进行全面分析、综合考虑,力求技术方案可行、经济合理、工艺先进、措施得力、操作方便,有利于提高质量、加快进度、降低成本。

对施工方案选择的前提,是一定要满足技术的可行性。如液压滑模施工,要求模内混凝土的自重必须大于混凝土与模板间的摩阻力,否则,当混凝土自重不能克服摩阻力时,混凝土必然随着模板的上升而被拉断、拉裂。所以,当剪力墙结构或筒体结构的墙壁过薄、框架结构柱的断面过小时,均不宜采用液压滑模施工。又如,在有地下水、流砂且可能产生管漏现象的地质条件下进行沉井施工时,沉井只能采取连续下沉、水下挖土、水下浇筑混凝土的施工方案。否则,若采取排水下沉施工,则难以解决流砂、地下水和管涌问题;若采取人工降水下沉施工,又可能更不经济。

总之,方法是实现工程建设的重要手段,无论方案的制定、工艺的设计、施工组织设计的编制、施工顺序的开展和操作要求等,都必须以确保质量为目的,严加控制。

二、施工阶段控制

1. 施工阶段质量控制的共同性依据

共同性依据，主要是指那些适用于工程施工阶段与质量控制有关的通用的、具有普遍意义和必须遵守的基本文件。具体包括以下几个方面：

(1)工程承包合同文件及技术规程。

(2)根据合同文件规定编制的设计文件、图纸和技术要求及规定。

(3)国家及政府有关部门颁布的有关质量管理方面的法律、法规性文件。

2. 施工阶段质量控制的专门技术法规性依据

(1)合同规定采用的有关施工规范、操作规程、安装规程和验收规程等工程项目质量检验标准。

(2)有关工程材料、半成品和构配件质量控制方面的专门技术法规性依据。

(3)控制施工工序质量等方面的技术法规性依据。

(4)凡采用新工艺、新技术、新方法的工程，事先应进行试验，并应有权威性的技术部门的技术鉴定书及有关的质量数据、指标，在此基础上制定有关的质量标准和施工工艺规程，以此作为判断与控制质量的依据。

(5)有关试验取样的技术标准和试验操作规程。

3. 施工阶段质量控制的原则

(1)坚持“质量第一、用户至上”

建筑产品作为一种特殊的商品，使用年限较长，是“百年大计”，直接关系到人民生命财产的安全。所以，工程项目在施工中应自始至终地把“质量第一、用户至上”作为质量控制的基本原则。

(2)贯彻科学、公正、守法的职业规范

在处理质量问题过程中，各级质量检查员应尊重客观事实，尊重科举，态度谦虚，立场正直、公正，不持偏见，遵纪守法，杜绝不正之风，既要坚持原则、严格要求、秉公办事，又要谦虚谨慎、实事求是、以理服人、热情帮助，做好协调工作，充分沟通、协商，以取得对方的信任和工作中的相互配合。

(3)以人为核心

人是质量的创造者，质量控制必须“以人为核心”，把人作为控制的动力，调动人的积极性、创造性，增强人的责任感，树立“质量第一”概念，提高人的素质，避免人的失误，以人的工作质量保工序质量、保工程质量。

(4)坚持质量标准，严格检查，一切用数据说话

质量标准是评价产品质量的尺度，数据是质量控制的基础和依据。产品质量是否符合质量标准，必须通过严格检查，用数据说话。质量检查员必须按合同和设计图纸的要求，严格执行国家颁发的有关工程项目质量检验评定标准和验收标准，严格检查，同时还要热情帮助、督促施工现场改进工作，健全制度。质量检查员可以参与现场施工方案的制定、质量体系的完善及现场质量管理制度的制订等工作。对于技术难度大、质量要求高的工程或部位，还可以为其提出保证质量的措施等。

(5)以预防为主

“以预防为主”就是要从对质量做事后检查把关转向对质量的事前控制、事中控制，从而对产品的质量检查转向对工作质量的检查、对工序质量的检查、对中间产品的质量检查，这是确保施工项目的有效措施。

坚持以预防为主，重点进行事前控制，防患于未然，把施工中的质量问题消灭在萌芽状态之中。

(6)结合施工实际，制订实施细则

施工阶段质量控制的工作范围、深度、工作方式等应根据工程施工实际需要，结合工程特点、本单位的技术力量、管理水平等因素拟订质量控制的检查要求，用以指导施工阶段的质量控制。

4.施工阶段质量控制的组织形式及制度

施工阶段质量控制工作是在项目总工程师领导下，由现场专职质量检查员或兼职质量检查员具体进行的，根据实际工作需要，可配备适当的班组质量检查员。

(1)施工阶段质量控制的组织形式

施工阶段的质量控制的组织形式如下：

1)项目设兼职质量检查员，按单项工程或专业工程配备现场质量检查员。

2)项目设专职质量检查员，按综合管理模式(混合形式)，既有单项工程，又有专业工程时，现场需配备专职质量检查员。

3)对于特别复杂的单项工程、专业工程，可在设专职质量检查员的基础上，再适当增设兼职质量检查工程师，同时发挥班组质量检查员的作用。

(2)质量责任制和工作制度

为了做好施工阶段的质量控制，除了有一定的组织形式外，还应相应地建立一套质量责任制和质量管理制度，明确每个岗位人员的职责，使质量管理工作制度化、规范化。

5.施工阶段质量控制的内容

工程项目是通过投入材料、经过施工和安装逐步建成的，而工程质量是在这个系统过程中逐步形成的，所以施工阶段质量检查员应配合监理对工程质量进行控制，即全过程的控制。质量控制的具体内容如图 4－2 所示。

施工阶段质量控制
- 事前控制
  - 建立质量控制体系
  - 资质审核
  - 原材料、半成品、构件的质量控制
  - 生产设备采购、订货、加工制作质量控制
  - 施工机械设备的质量控制
  - 新材料、新结构、新工艺、新技术审核
  - 参加设计图纸及施工方案的制定
  - 测量中线、标高的复核
  - 开工报告的复核
- 事中控制
  - 工序质量控制
  - 质量资料和质量图表的绘制
  - 设计变更及图纸修改的审核
  - 施工作业监督和检查
  - 隐蔽工程、分部及分项工程的检查验收
  - 组织质量信息反馈
- 事后控制
  - 工程质量文件的审核
  - 单位工程、单项工程的验收
  - 竣工图的绘制
  - 组织工程项目的试运行
  - 组织竣工验收

图 4－2　施工阶段质量控制的内容

(1)事前控制的内容

1)对照图纸目录，清点新绘图纸的张数及利用标准图的册数。

2)地基处理与基础设计有无矛盾。

3)各项工程设计图纸的地形、地貌、地质(包括工程地质与水文地质)条件是否与实际相符，使用的设计规范、抗震烈度的确定是否与实际相符。

4)各项工程的设计标高、里程、数量、尺寸是否相符，有无错误和遗漏。

5)各项设计采用的标准图(定型图)是否齐全、相符。

6)建筑、结构、设备安装之间有无矛盾。

7)各项专业图纸相互之间有无矛盾，专业图内各图之间、图与统计表之间的规格、强度等级、材质、坐标等重要数据是否一致。

8)砂石料源、质量、开采规模、运输方法、施工用水等有无问题。

9)线路图中平面图的里程、曲线半径、始终点位置、夹直线长度是否正确，与线路设计规范及主要技术条件是否相符，纵断面与平面图的里程、曲线资料、长短链和建筑物位置是否一致，标高计算是否正确，线路标高与最高洪水位是否满足设计规范要求，路肩标高是否与线路纵断面标高一致。

10)施工总平面图及施工布置是否合理，施工方法是否可行，质量保证措施是否可靠并具有针对性。

11)实现新技术项目、特殊工程、复杂设备的技术可能性和必要性，是否有保证工程质量的技术措施。

12)工期安排上是否满足施工合同工期要求，混凝土的龄期是否考虑。

图纸会审后，应将会审中提出的问题以及解决办法详细记录，写成正式文件，列入工程档案。

13)从实际需要出发，进行质量保证体系文件的编制。结合《实施性施工组织设计》及《工程创优规划》，编制《实施性质量监控措施》。《实施性施工组织设计》是控制工期和确保工程质量的重要文件；《工程创优规划》是保证工程质量的指导性文件。

14)开工报告的签发。开工报告签发前必须检查各项准备工作是否就绪，具体包括设计文件，施工图纸的审核，施工测量及复测工作的进行以及施工桩橛是否完备；实施性施工组织设计是否编制完毕；组织体系特别是质量管理体系是否健全；技术交底及配合比工作是否完成；主要的施工组织技术措施针对性、有效性如何；施工现场“三通一平”工作是否满足开工需要；征地、拆迁工作是否满足开工要求；施工现场总体布置是否合理，是否有利于保证施工的正常、顺利进行，是否有利于保证质量；工程的创优规划是否制订；工程材料、设备、施工机具、劳力情况是否已进场并满足开工需要等。

15)对各关键工序操作员工上岗证进行审查。对各工序的员工上岗要求是上岗必须持证、持证才能上岗，上岗证的检查主要涉及到操作岗位是否与资格证明相符合；姓名、照片是否与本人一致；持证人员是否一直在从事该项工作；其间如有间断，间断时间有多长，是否需要继续培训方可从事相关工作；是否在有效期时间内等内容。

16)审查分包单位(包括民工队)的资质等级。对施工人员的素质要进行全面了解，做到心中有数，有的须事先培训，坚持持证上岗。尤其是分包单位，更要进行全面的摸底。所谓分包单位是指在执行工程承包合同时，由于自身力量或者某一工种不足以完成全部任务，需要将其中的一部分工程发包给一个或几个分包的施工单位。在施工过程中，他们必须接受监督检查。

(2)事中质量控制的内容

事中质量控制内容如图 4－3 所示。

- 事中控制内容
  - 完善工序质量控制
    - 完善工序质量控制，建立质量控制点，把影响工序质量的因素都纳入管理范围。以科学方法来提高人的工作质量，以保证工序质量，并通过工序质量来保证工程项目实体的质量。对需要重点控制的质量特性、工程关键部位或质量薄弱环节，在一定时期内、一定条件下强化管理，使工序处于良好的控制状态。
  - 组织参与技术交底与技术复核
    - (1)组织参与技术交底和技术复核。技术交底与复核制度是施工阶段技术管理制度的一部分，也是工程质量控制的经常性任务。
    - (2)技术交底是参与施工的人员在施工前了解设计与施工的技术要求，以便科学地组织施工，按合理的工序、工艺进行作业的重要制度，在单位工程、分部工程、分项工程正式施工前，都必须认真做好技术交底工作。
    - (3)技术复核一方面是在分项工程施工前指导、帮助施工人员正确掌握技术要求，另一方面是在施工过程中再次督促检查施工人员是否已按施工图纸、技术交底及技术操作规程施工，避免发生重大差错。
  - 质量跟踪监控
    - 在施工过程中进行质量跟踪监控：
    - (1)在施工过程中是否发生了不利于保证工程质量的变化。
    - (2)严格工序间的交接检查。
    - (3)建立施工质量跟踪档案及质量追溯制度。
  - 事中检查与验收
    - (1)工序产品的检查、验收，主要作业工序，包括隐蔽作业，应按有关验收规定的要求由质量检查员检查，签字验收。
    - (2)重要的工程部位、工序和专业工程的检查和验收。
  - 问题处理
    - 处理已发生的质量问题或质量事故。
  - 下达停工整改通知书
    - 在出现下列情况下，质量检查员有权行使质量控制权，下达停工整改通知书，及时进行质量控制：
    - (1)施工作业出现质量异常情况，经提出后，观场未采取有效措施或措施不力未能扭转这种情况者。
    - (2)隐蔽作业未经检验而擅自封闭或掩盖者。
    - (3)已发生的质量事故应进行处理，或者是已发生质量缺陷或事故，如不停工则质量缺陷或事故将继续发展的情况。
    - (4)未经上级有关部门同意而擅自变更设计或任意改动图纸进行施工者。
    - (5)使用的原材料，构配件不合格或使用了无质量合格证的工程材料而未经检查确认者，或擅自变更、替换、采用未经审查认可的代用材料者。

图 4－3　事中控制内容

(3)事后质量控制的内容

事后控制的目的是对工程产品进行验收把关，以避免不合格产品投入使用。对施工过程所形成的产品的质量控制，是围绕工程验收和工程质量评定为中心进行的。

1)按照铁路、公路、市政、建筑施工、建筑安装等工程质量检验评定标准评定分项工程、分部工程和单位工程的质量等级。

2)办理工程竣工验收手续，填写验收记录。

3)整理有关的工程项目质量的技术文件，并编目建档。

6. 施工阶段质量控制的程序

施工阶段质量控制的程序如图 4－4 所示。

7. 施工阶段质量控制的主要方法

(1)审核及技术文件。对技术报告及技术文件的审核是全面控制工程质量的重要手段，因此，质量检查员要对诸如开工报告、材质检验、分项及分部工程质量检验、质量事故处理等方面的报告以及施工组织设计、施工方案、技术措施、技术核定书、技术鉴定书、技术签证等方面的技术文件按一定的施工顺序、施工计划、进度和创优规划及时审核。

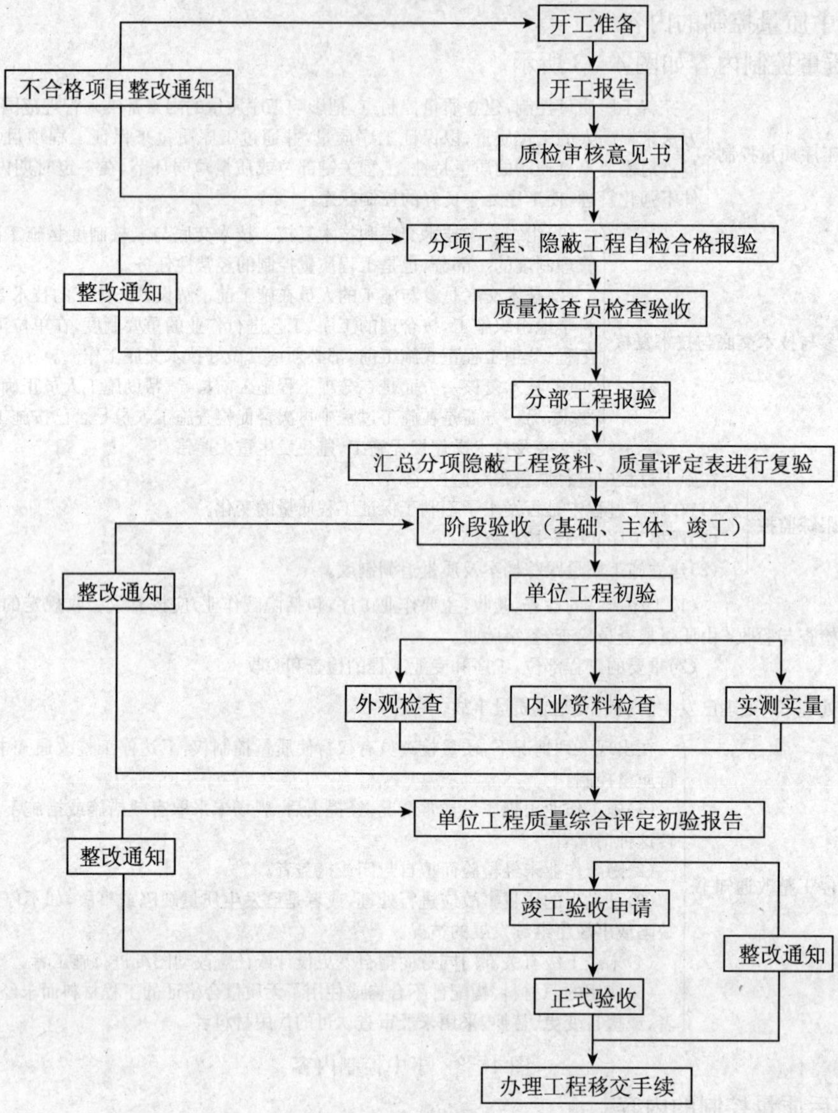

图 4－4 施工阶段质量控制工程程序

(2)现场质量监督与检查。质量检查员应经常深入现场执行质量监督与检查。其主要内容有:开工前的检查、工序操作质量的巡视检查,工序交接检查,隐蔽工程的检查验收,工程施工预检,成品保护检查,停工后复工前的检查,分项及分部完工后的检查验收等。

(3)信息反馈的检查。现场质量检查员的巡视、值班,现场监督的检查和处理信息,除应以日志、检查记录等形式作为工程档案外,还应及时反馈给项目总工程师。对于重大问题及普遍发生的问题,还应以函件通知的方式指令施工现场迅速采取措施加以纠正和补救,并保证以后不再发生类似问题。对现场检测的结果,也应及时反馈到施工生产系统,以督促施工现场及时调整和纠正。

(4)例外放行。通常不允许检验、试验未完成或必要的检验和试验报告未经验证合格而将工作转入下一过程。确因生产急需来不及完成检验和试验或检验和试验报告完成前就要转入下一过程时,需经项目总工程师批准,做出明确标识并做好记录,保证在一旦发现不符合规定要求时能够立即追回或更换。这种做法,通常称为“例外放行”。

三、施工工序质量控制

1. 施工工序质量监控的要求

(1)确定工序质量控制流程

确定工序质量控制流程就是质量检查员事前拟定工序质量控制工作计划。一般的做法是:当每道工序完成后,施工现场要根据规范要求进行自我检查,合格后填报“预检工程检查记录”报质量检查员,由质量检查员组织进行隐蔽检查,检查合格后填写“隐蔽工程检查记录”,必要时还需填报“质量验收申请单”,通知监理工程师进行现场检查,并根据规范要求,利用试验设备、仪器进行检验,同时将检查结果填写到“隐蔽工程检查记录”上并予以签字认可,同意进行下道工序施工。

(2)主动控制工序活动条件

工序活动条件控制是工序质量控制的对象,质量检查员只有主动地通过对工序活动条件的控制,才能达到对工序质量特征指标的控制。工序活动条件的内容比较多,一般是指影响工序质量诸方面,如施工操作者、材料、施工机具、设备、施工工艺等。只要批准影响工序质量的主要因素并加以严格控制,就能达到工序质量控制的目的。

(3)及时检验工序质量

影响工序质量的原因有两大类,即偶然性原因和异常性原因。当工序仅在偶然性原因的作用下,其特征的性能特征数据(计算值数据)的分布基本上是按算术平均值及标准偏差固定不变的正态分布,工序处于这样的状态称之为稳定状态。当工序既有偶然性原因又有异常性原因影响时,则算术平均值及标准偏差将发生无规律的变化,此时称之为异常状态。检验工序质量并对所得数据进行分析,就是判断工序处于何种状态。若分析结果处于异常状态,就必须命令施工现场停止下道工序的施工。

(4)设置工序质量控制点

工序质量控制点是指为了保证工序质量而需要进行控制的重点、关键部位或薄弱环节。设置质量控制点,是对质量进行预控的有效措施。因此,在拟订质量检查工作规划时,就应根据工程特点,视其重要性、复杂性、精确性、质量标准和要求,全面、合理地确定质量控制点。对所设置的质量控制点,事先分析可能造成质量隐患的原因,找出对策,采取措施加以预控。

2. 工序质量监控的内容

工程项目的施工过程是由一系列相互关联、相互制约的工序构成的,工序质量是基础,它直接影响工程项目的整体质量。要控制工程项目施工过程的质量,首先必须控制工序质量。工序质量监控内容主要包括两个方面的监控,即对工序活动条件的监控和对工序活动效果的监控,如图 4－5 所示。

从质量控制的角度来看,工序活动条件监控与工序活动效果监控是互为关联的:一方面要控制工序活动条件的质量,即每道工序投入质量(人、材、机、方法及环境)是否符合要求;另一方面要控制工序活动的效果的质量,即每道工序施工完成的产品是否达到有关质量标准。

(1)工序活动条件监控

所谓工序活动条件监控,主要是指对影响工序生产质量的各因素进行控制,换言之,就是要使工序活动能在良好的条件下进行,以确保工序产品的质量。工序活动条件的监控包括施工准备方面的监控和施工过程中对工序活动条件的监控。

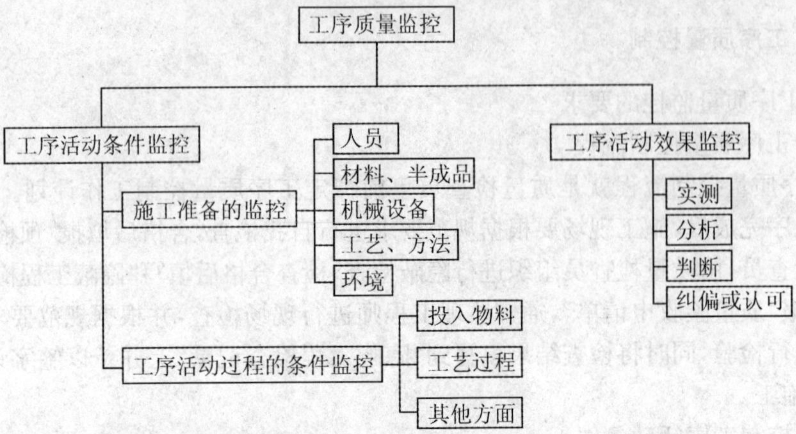

图 4—5　工序质量监控内容

工序活动条件监控包括的内容如图 4—6 所示。

工序活动条件监控的内容

- **人为因素控制**
  - 人是指直接参与工程施工的组织者、指挥者和操作者。人为因素对工序质量的影响主要是参与施工的各类人员的质量意识差、技术水平低、操作不规范、管理不严格等。对工程施工这个劳动密集型作业来说,加强质量意识、质量道德的教育就显的尤为重要。
  - 为了避免人的失误,调动人的主观能动性,以达到工作质量保工序质量、提高工程质量的目的,除了加强质量教育、提高其责任心、加强技术培训、提高其技术水平、严格执行各项规程、提高其操作能力等各项要求外,还要采取各种措施,强化人们的质量意识,提高人们对质量的认识程度、重视程度和作用程度。
- **机械设备控制**
  - 施工单位必须搞好检修工作,经常保持机械设备的完好和精度,从而达到保证工程质量的目的。
- **材料质量控制**
  - (1)施工单位必须建立和健全试验机构,充实试验人员,认真做好原材料、成品、半成品、构件和设备的检验工作。
  - (2)凡是没有合格证明、材料或设备性能不清的,一定要严格按照规定进行检验。未经检验的设备不得安装,不合格的材料和半成品、构件不得使用。
- **施工方案控制**
  - (1)施工方案的正确与否,是直接影响工程项目的进度控制、质量控制以及投资控制三大目标能否实现的关键。若对施工方案考虑不周,就会拖延进度,影响质量,增加投资。
  - (2)质量检查员在参与制订施工方案时,必须结合工程实际,从技术、组织、管理、经济等方面进行全面分析、综合考虑,确保施工方案在技术上可行、经济上合理,有利于提高工程质量。
- **环境因素控制**
  - (1)根据工程特点和具体条件,应对影响质量的环境因素采取有效的措施严加控制,以创造良好的工程环境,力求排除和减轻不利因素的干扰。
  - (2)对环境因素的控制,又与施工方案和技术措施紧密相关。对环境因素的控制,涉及范围较广,在拟定控制方案、措施时必须全面考虑、综合分析,以达到有效控制的目的。

图 4—6　工序活动条件监控的内容

(2)工序活动效果监控

工序活动效果的监控主要反映在对工序产品质量性能的特征指标的控制上。它主要是指对工序活动的产品采取一定的检测手段进行检验,根据检验结果分析、判断该工序的质量(效果),从而实现对工序质量的控制。其监控步骤为:实测、分析、判断、纠正或认可。

(3)工序活动质量监控的实施要点

1)确定工序质量控制计划。

2)及时检验工序质量。

3)进行工序分析,分清主次,重点控制。

4)对工序活动实施跟踪的动态控制。

5)设置工序活动的质量控制点进行预控。

四、施工质量控制点的设备

质量控制点的设置,应根据工程项目的特点,结合施工工艺的难易程度、施工技术水平等进行全面分析后确定。一般情况下,选择的原则是:

(1)施工过程的关键工序或环节以及隐蔽工程,例如预应力结构的张拉工序、钢筋混凝土结构的钢筋架立。

(2)施工中的薄弱环节或质量不稳定的工序、部位或对象,例如地下防水层施工。

(3)对后续工程施工或后续工序质量或安全有重大影响的工序、部位或对象,例如预应力结构中的预应力钢筋质量,(如硫、磷含量)、模板的支撑与固定等。

(4)在采用新技术、新工艺、新材料、新设备的情况下,现场的施工水平对施工质量没有把握的部位或环节。

(5)施工上无足够把握的、施工条件困难的或技术难度大的工序或环节,例如复杂曲线模板的放样等。

(6)施工中质量不稳定或不合格率较高的内容或工序。质量控制点的设置应根据工程性质和特点来确定。表4－1列举了部分建筑工程的质量控制点,可供参考。

表4－1　质量控制点的设置

分项工程	质量控制点
测　量	标准轴线桩、水平桩、定住轴线、标高
地基、基础(含设备基础)	基(槽)坑开挖的位置、轮廓尺寸、标高、土质、地基耐压力,基础垫层标高,基础位置、尺寸、标高,预留沿孔预埋件的位置、规格、数量,基础墙皮数及标高、杯底弹线,岩石地基钻爆过程中的孔深、装药量、起爆方式、开挖清理后的建基面,断层、破碎、软弱夹层、岩溶的处理,渗水的处理
砌体	砌体轴线、皮数杆,砂浆配合比、强度,预留孔洞、预埋件位置、数量、砌体排列,砌筑体位置、轮廓尺寸,石块尺寸、强度、表面顺直度,砌筑工艺,砌体密实度,砌石厚度、孔隙率
模板	模板位置,尺寸、标高、强度、刚度、平整度、稳定性,预埋件埋设位置、型号、规格、安装稳定性、保护措施,预留孔洞尺寸、位置,模板强度及稳定性,模板内部清理及润湿情况
钢筋混凝土	水泥品种、等级,砂石质量、含水量,混凝土配合比,外加剂比例,混凝土拌和时间、坍落度,钢筋品种、规格、尺寸、搭接长度、钢筋焊接,预留洞、孔及预埋件规格、数量、尺寸、位置,预制构件吊装或出场强度,吊装位置、标高、支承长度、焊缝长度,混凝土振捣、浇筑厚度、浇筑间歇时间、积水和泌水情况、养护,表面平整度、麻面、蜂窝、露筋、裂缝,混凝土密实性、强度
吊装	吊装设备起重能力、吊具、索具、地锚
钢结构	翻样图、放大样
路基填方	土料的黏粒含量、含水量,砾质土的粗粒含量、最大粒径,石料的粒径、级配、坚硬度,渗水料与非渗水料结合部位的处理,填筑体的位置、轮廓尺寸、铺土厚度,铺填边线,土层接面处理,土料碾压,压实度检测
焊接	焊接条件、焊接工艺
装饰	视具体情况而定

五、施工质量控制措施设计的步骤

(1)列出质量控制点明细表。

(2)设计控制点的施工流程图。

(3)应用排列图方法进行工序分析,找出工序的支配性要素。

(4)制定工序质量表,对各支配性要素规定出明确的控制范围和控制要求。

(5)编制保证质量作业指导书。

(6)绘制作业网络图,图中标出各控制因素所采用的计量仪器、编号、精度等,以便精确进行计量。

(7)质量检查员参与质量控制点的审核。

六、施工质量控制点的实施

(1)将质量控制点的控制措施设计向操作班组进行交底,使工人明确操作要点。

(2)质量检查员在现场进行重点指导、检查和验收。

(3)按作业指导书进行操作。

(4)认真记录、检查结果。

(5)运用数理统计方法不断分析与改进(实施 PDCA 循环),以保证质量控制点验收合格。

七、施工过程中质量检查的重点工作

1.施工操作过程中的监督与现场巡视检查

施工过程中的质量问题随时都可能发生,有的质量问题是由于操作不当所致,有的是操作不符合规程要求造成的,也有的是由于设计图纸各专业配合不一致造成的,尤以施工造成的质量问题为多。虽然表面上似乎影响不大,却隐藏着潜在的危害。因此,在施工过程中,质量检查员必须加强对现场的巡视、监督与检查,及时发现违章操作和不按设计要求,不按图纸或施工规范、规程或质量标准施工的现象,对影响工程质量的施工行为及时加以劝阻和制止,劝阻无效时发出现场整改或停工通知,必要时进行现场拍摄作形象记录进行展示等。对不符合质量要求的要及时进行纠正和严格控制,防患于未然。

2.隐蔽工程的检查验收

隐蔽工程检查是指某些将被其他后续工序施工所隐蔽或覆盖的分部、分项工程,必须在被隐蔽或覆盖前经过质量检查员检查、验收,确认其质量合格并报监理工程师同意后,才允许加以覆盖。例如,基础施工前对地基质量的检查验收;基坑施工前对基础质量的检查验收;混凝土浇筑前对钢筋、模板的质量检查;墙面抹灰前对砌砖工程的检查验收等。实践证明,坚持隐蔽工程的检查验收,是防止质量隐患和避免质量事故的重要措施。隐蔽工程检查验收后,要及时办理签证手续,列入工程技术档案。对于监理工程师在隐蔽检查中提出的问题。质量检查员要认真督促整改及处理,处理后还需报请监理工程师重新复核检查,未经检查或检查不合格的隐蔽工程不能进行下道工序施工。

3.工序间交接检查验收

所谓交接检查,是指前道工序完工后,经质量检查员检查认可其质量合格并签字后,可移交给下道工序继续施工。这样逐道工序交接检查,一环扣一环,环环严把关,整个施工过程的质量就能得到有力的保证。质量检查员应在施工班组完成工序自检、互检的基础上进行工序质量的交接检查,坚持上道工序不合格就不能转入下道工序的施工原则。

4.工程施工预检(或复核性预检)

(1)工程施工预检是指在该工程尚未施工之前所进行的复核性预先检查,这种预检的目标和对象主要是针对在该工程施工之前已进行的一些与之有密切关系的工作的质量及正确性进行复核。

(2)预检是确保工程质量、防止可能发生差错造成重大质量事故的有力措施。因为这些工作如果存在质量问题或一旦出现质量问题，就将给整个工程质量带来难以补救的或全局性的危害。因此，为了确保工程质量，防止可能发生的重大质量事故，通常对各分部分项工程的位置、轴线、标高、预留孔洞的位置和尺寸、管线的坡度等都要进行预检及复核，未经预检或预检不合格，均不得进行下道工序施工。

5. 成品保护质量检查

成品保护，一般是指在施工过程中，有些分项工程已经完成，而其他一些分项工程尚在施工，或者是在其分项工程施工过程中，某些部位已完成，而其他部位正在施工，在这种情况下，施工现场必须负责对已完成部分采取妥善措施予以保护，以免因成品缺乏保护或保护不善而造成损伤或污染，影响工程整体质量。这样不仅会增加修补工作量、浪费材料、拖延工期，更严重的是有的损伤难以恢复到原样，成为永久性的缺陷。

搞好成品保护是一项关系到确保工程质量、降低工程成本、按期竣工的重要环节。所以，质量检查员应对施工现场所承担的成品保护工作的质量与效果进行经常性的巡视检查。

八、施工环境质量控制

影响工程项目质量的环境因素较多，有工程技术环境，如工程地质、水文、气象等；工程管理环境，如质量体系、管理制度、责任制度等；劳动作业环境，如劳动组合、劳动工具、工作面等。

环境因素对工程质量的影响具有复杂而多变的特点.如气象条件的千变万化，温度、湿度、大风、暴雨、酷暑、严寒等都直接影响工程质量。在施工中往往前一工序就是后一工序的环境，前一分项、分部工程也就是后一分项、分部工程的环境。因此，根据工程特点和具体条件，应对影响质量的环境因素采取有效的措施严加控制，以创造良好的工程环境，力求排除和减轻不利因素的干扰。对环境因素的控制，又与施工方案和技术措施紧密相关。对环境因素的控制，涉及范围较广，在拟定控制方案、措施时必须全面考虑，综合分析，以达到有效控制的目的。

在冬期、雨季、风季、炎热季节施工中，还应针对工程的特点，尤其是对混凝土工程、土方工程、深基础工程、水下工程及高空作业等，必须拟定季节性施工保证质量和安全的有效措施，以免工程质量受到冻害、干裂、冲刷、坍塌的危害。

要不断改善施工现场的环境和作业环境，加强对自然环境和文物的保护，尽可能减少施工所产生的危害对环境的污染；要健全施工现场管理制度，合理布置场地，使施工现场秩序化、标准化、规范化，实现文明施工。

九、施工过程中人员的控制

(1)领导者的素质。在优选施工企业时，一定要考核领导层领导者的素质、选择组织机构健全、社会信誉高、实践经验丰富、善于协作配合的施工队伍。只有这样，才有利于合同执行，有利于确保质量、投资、进度三大目标的控制。事实证明，领导层的整体素质是提高工作质量和工程质量的关键。

(2)理论、技术水平。人员理论、技术水平直接影响工程质量水平。技术复杂、难度大、精度高、工艺新的建筑结构设计或建筑安装的工序操作，例如功能独特、造型新颖的建筑设计，特种结构、空间结构的理论计算，危害性大、原因复杂的工程质量事故分析的处理等，均应选择既有丰富理论知识，又有丰富实践经验的建筑师、结构工程师和有关的工程技术人员承担。

(3)违纪违章。人员违纪违章，指工作人员粗心大意、漫不经心、注意力不集中、不懂装懂、无知而又不虚心、不履行安全措施、安全检查不认真、随意乱扔东西、任意使用规定外的机械装置、不按规定使用防护用品、碰运气、图省事、玩忽职守、有意违章等，都必须严加教育、及时制止。否则，如粗心大意，将计算数据输入错误，就会造成“差之毫厘，失之千里”的危害；在签订合同中，少一字就可能造成赔一万的后果。

另外，应严格禁止无技术资质、无上岗证的人员上岗操作。总之，在使用人的问题上，应从政治素质、思想素质、业务素质和身体素质质等方面综合考试，全面控制。

第四节　质量成本分析

一、质量成本的概念

成本是指各种职能成本，例如生产成本、销售成本、运输成本等。至于“质量成本”的概念是在 20 世纪 50 年代末、60 年代初，随着科学技术的进步和生产力的不断发展而提出的。由于人们对工程质量的要求日益提高，企业开始重视有关“质量成本”的测定、分析、研究和报告等工作，以促进企业提高产品质量和经济效益。质量成本是衡量企业质量管理活动和质量体系有效性的依据。

质量成本，是指施工企业为保证建筑工程质量达到预定的质量目标，从施工准备到竣工验收所支出的一切质量费用以及由于工程质量未达到既定的标准而造成的一切损失的总和。

二、研究质量成本的意义

质量成本研究的目的是核算与质量有关各项费用，探求提高工程质量、降低工程成本的有效途径，以提高经济效益，研究质量成本的意义如图 4－7 所示。

研究质量成本的意义

- 有利于控制和降低成本
  - 据国外企业统计，质量成本一般占企业工程总造价的 5%～10%。从任何意义上来讲，占工程总造价 10%左右的一个数字都应得到特点的关注。对于同工程质量有关的费用，例如检验费、试验费、废品损失、保证质量的技术改造费等项目，若能分类记录、汇总，纳入计划年度财务预算，严格控制与考核，就能达到扩大预算项目，控制和降低产品成本的目的。质量成本的降低是可以通过提高工作质量实现的，同时也给企业增加了利润。
- 有利于监测和评价质量体系
  - 企业如果设置了质量成本项目，就可以使企业内部的各个部门明确自己在质量方面应负的质量责任。一旦质量出了问题，如检查发现了不合格品，就将损失按责任部门记账考核，这样就能督促责任单位采取有力的措施，加强质量责任制，改进本部门的质量管理工作，保证和提高工程质量。
- 有利于贯彻质量责任
  - 在现代激烈的市场竞争中，顾客往往会提出质量成本的要求。例如，美国国防部 1963 年颁布的《质量控制军用标准》第三条第六款就明文规定：“承包商保存和利用质量成本数据，用以作为质量管理的内容。此等数据并能用于查明关于预防和纠正不合格品这两种费用。承包商可自行决定需要保存和利用哪些具体的质量成本数据，但应随时核对，以供政府代表审查之用。”可见，通过向顾客提供质量成本数据，顾客就可以了解工程质量情况，从而得到质高价廉的产品。
- 有利于促进企业领导重视工程质量
  - 通过对质量成本的研究，可以把人们由于未能正确地做好工作而造成的损失用货币的语言定量地表现出来，从而有助于施工负责人更清楚地了解工程质量和质量管理活动中存在的问题，了解它对企业竞争力的影响，了解质量成本的改善为企业带来的巨大效益。这样，就能从经济效益上促使企业领导重视工程质量和质量管理工作，提高企业的质量管理水平。
- 有利于满足顾客关于质量成本方面的需要
  - 质量体系是否有效可以从多方面进行评价、质量成本直接反映了质量管理和质量体系的有效性。通过质量成本的数据统计、核算和分析，可以及时掌握职工的工作质量和工程质量状况及其对经济效益的影响等，同时还可以分清质量体系内部各部门应承担的质量责任，从而对质量体系的有效性进行监测和评价，促使质量体系不断改善，推动企业的质量管理活动的不断深化和加强。

图 4－7　研究质量成本的意义

三、直接质量成本

1. 直接质量成本的构成

直接质量成本是指在产品的制造和销售过程中所发生的质量成本，一般由内部故障成本、外部故障成本、鉴定成本和预防成本四个部分组成。

2. 内部故障成本

内部故障成本是指企业内部由于生产的产品质量有缺陷而造成的损失和为处理质量缺陷而发生的费用总和。如果在产品运装给顾客或交付使用之前不存在不合格品，那么就不会发生这类成本。一般包括：

(1)废品损失。这是指生产的产品在经济上已不值得修复利用而发生的损失，如人工费、材料损失费等。

(2)返工费。这是指修复次品使之达到合格品的使用价值而支出的费用(有时这类费用还包括了解常见的这类缺陷而增加的额外作业和特殊作业而支付的费用)。

(3)复检和筛选费。这是指翻修品的检验费、试验费，库存产品发生质量问题的检验费、试验费，抽检退回来的不合格品的筛选费等，包括以下内容：

停工损失。这是指产品在制造过程中发生质量缺陷而造成的停工损失。

不合格品处理费。这是指处理不合格品所花的人工、材料和设备费用。

其他费用。

3. 外部故障成本

外部故障成本是指由于材料采购和建筑产品在交付和使用中发现产品缺陷而产生的由施工企业支付的一切损失费用的总和。如果没有不合格品，就不会发生这类成本。它同内部故障成本的区别在于不合格品是在交付给顾客后才发现的。它一般包括：

(1)保修费。这是指根据施工合同规定或其他有关的协议、承诺，在保修期内对顾客提供技术服务的费用。

(2)索赔费。这是指根据施工或订货合同规定或其他有关的协议、承诺，赔偿顾客因工程质量问题而蒙受的紧急损失所支出的费用。

(3)诉讼费。这是指为了证明顾客向法院提出的产品质量申诉是否确实是由于产品质量问题所致，企业派出专人调查和处理该项诉讼案所支出的费用。

(4)退货费。这是指产品出厂后，因质量问题而造成的退货、换货所支出的费用。

(5)降价费。这是指产品因质量问题而降价出售或当工程出现质量问题后表现为工程款的扣减等所造成的损失。

(6)其他费用。

4. 鉴定成本

鉴定成本是指在“一次交验合格”的情况下，从施工准备到工程竣工，按质量标准进行测试、检验、鉴定工程质量而发生的一切费用。它通常包括：

(1)进货测试费。这是指鉴定和评价外购原材料、半成品、工具、器具、构配件的质量而发生的检验和试验费用。

(2)工序和成品检验费。这是指产品在各道工序加工完毕和产成品的检验和试验费用。

(3)在库物资复检费。这是指对各种库存的材料、正装、半成品、成品等作定期检验、试验和维护保养的费用。

(4)对测试设备的评价费。这是指对在用的仪器、仪表、工具、器具、计量基准等进行的日常维护保养、周期检定等使之保持标准质量状态而支出的费用。

(5)工程竣工验收费。这是指在分部或单位工程竣工后，验收委员会进行验收时所发生的费用。

(6)质量评审费。这是指确定工程质量等级和工程创优所支出的评审费用。

(7)其他费用。

5. 预防成本

预防成本是指为了防止质量缺陷发生，保证工程质量，提高工程优良率，使故障成本和鉴定成本最低而采取措施所耗的费用。它通常包括：

(1)质量计划编制费。是指制定企业质量计划等方面的费用。

(2)质量管理宣传、培训、教育费。是指用于质量管理方面的一切宣传、培训、教育活动费用。

(3)工序控制费。是指为了确保工程质量而对工序能力进行调查、研究、评价以及制定工序质量分析表、建立控制点、使用控制图等方面的费用。

(4)产品评审费。是指设计方案评价、试制产品质量的评审等所发生的费用。

(5)质量信息费。是指收集、整理、分析、保存全部质量信息的费用。

(6)全面质量管理实施费。是指建立质量体系、召开各种质量会议、总结质量管理工作、奖励优秀的 QC 质量管理小组和个人等方面的费用。

(7)其他诸如资料收集分析费、质量管理活动费、设备费、机构费等。

应当指出，上述关于直接质量成本的分类方法是比较粗糙的。在实际的会计工作中，有些费用究竟是属于“鉴定成本”还是属于“预防成本”往往难以区别。例如，对顾客使用的产品进行定期或不定期的检查、修理和技术服务的费用，从保证质量的角度来看，它属于“鉴定成本”，但从收集质量信息为改进产品质量、防止质量缺陷再发生的角度看，它又属于“预防成本”。在实践中，各个企业或主管部门可根据各自所规定的质量成本划分细目加以实施。

四、间接质量成本

间接质量成本是指在直接质量成本基础上的进一步引申和扩展的费用，它涉及制造和销售过程以外的企业活动，以及企业完毕的有关活动。这方面的质量成本包括无形的质量成本、使用质量成本、供应商质量成本、设备质量成本等。

间接质量成本的研究有利于企业更全面、更完整地了解质量成本的规模和影响，从而有利于企业作出更加切合实际的决策。

五、最佳质量成本

通常把影响质量成本的因素归纳为事故成本、鉴定成本和预防成本三项。当这三项成本费用之和最低时，称为最佳质量成本。

一般说，当产品不符合质量要求时，事故成本就会上升，反之就会下降。如达到较高的合格产品率，则预防成本通常会上升。不论在什么情况下，鉴定成本一般变化不大。

六、质量成本和计算方法

质量成本的计算方法有质量成本法、质量损失法及过程成本法，如图 4－8 所示。

- 质量成本计算方法
  - 质量成本法
    - (1)质量成本法着重质量成本分析。
    - (2)质量成本一般可划分为由内部运行而发生的质量费用和由外部活动而发生的质量费用。
    - (3)质量成本包括预防成本、鉴定成本、外部故障成本、内部故障成本。
    - (4)质量成本法的成本是由直接质量成本构成的。
  - 质量损失法
    - (1)质量损失法强调了由于生产质量低劣的产品而造成质量损失,实质上就是质量成本的一方面费用,即质量损失费用。这种费用既可以是有形损失,也可以是无形损失;既可以是内部损失,也可以是外部损失。
    - (2)一般的内部无形损失是由于返工、低效的人机控制、丧失机会等而引起的工作效率低下造成的,一般的外部无形损失是由于顾客不满意而发生的未来销售收入的损失;有形损失是指内外部的故障费用。
    - (3)通过分析质量损失的类型,可找出减少质量损失的措施。
  - 过程成本法
    - (1)过程成本法分析任一过程的符合性成本和非符合性成本,这两种成本都可以成为节约的源泉。
    - (2)符合性成本是指为了满足顾客全部规定的和隐含的需要。确保现有过程不发生故障而发生的费用。
    - (3)种非符合性成本是指由于现有过程的故障而发生的费用。
    - 这方法既可以着眼于产品质量产生、形成和实现的大过程,又可以着眼于其中的某一个小过程。通过多过程进行详尽的、系统的分析并采取措施,可使过程的符合性成本和非符合性成本之和达到最低。

图 4－8 质量成本计算方法

七、质量成本分析与研究

开展质量成本分析、研究工作大体要分成三个阶段,见表 4－2。

表 4－2 质量成本分析、研究的三阶段

阶段	宣传阶段	计划实施阶段	巩固阶段
目的	证明开展质量改进和计划的正确性	观察和促进改进计划的进展	巩固已取得的成就,并为持续不断控制质量成本提供数据
资料来源	质量管理专业人员估算为主,辅以会计数据	会计数据为主,辅以质量管理专业人员估算	会计数据
数据责任者	质量管理部门	质量管理部门提供,会计部门核对	会计部门提供,质量管理部门加以评述
发布次数	一次性的,例如一年	至少按年,有时也按月	每月或每季

(1)宣传阶段。这个阶段的主要目的是使企业的有关人员,尤其是企业的领导者能够认识到确实存在质量成本问题,并且能够在经济上解决这个问题。这个阶段的主要工作任务是为了制订改进质量、降低成本的计划,收集有关数据和资料。数据和资料的来源主要是质量管理人员对费用的估计,也可利用会计科目查出某些费用。这样,就可以通过估计、查账,找出减低质量成本的机会或途径。

(2)计划实施阶段。其主要内容是在执行质量改进计划期间,观察并推动计划的进展。资料主要来源是利用会计科目查出费用,同时也辅之以质量管理人员对费用的估计。显然这个阶段有据可查的费用数字增多了。

(3)巩固阶段、这个阶段亦称控制阶段。其主要内容是在巩固执行质量改进计划取得成果的基础上,为继续控制质量成本提供信息,以便在新的水平上进一步控制质量成本。显然,这个阶段已基本形成了质量成本的会计科目,因而其资料来源主要是会计科目所列的各项费用。以上三个阶段对降低质量成本的影响如图 4－9 所示。

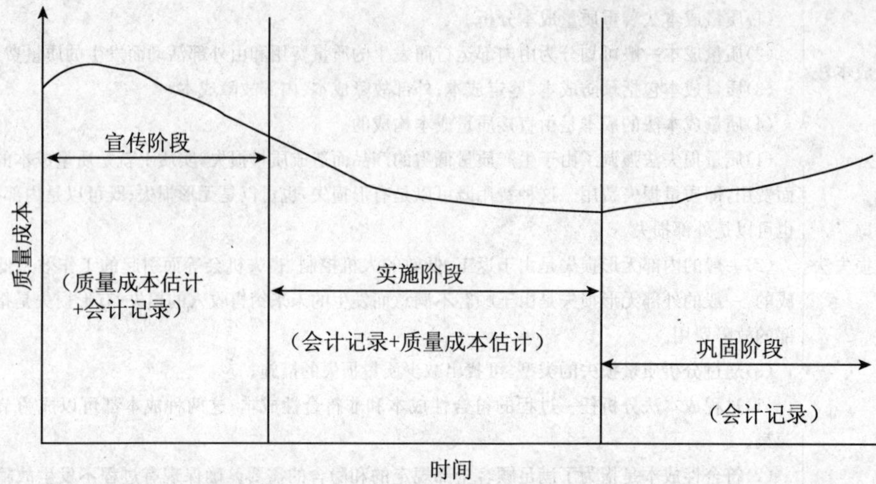

图 4－9　质量成本与时间关系图

八、开展质量成本分析与研究工作

(1)一般由总工程师和总会计师共同组织、领导这项工作。

(2)质量管理部门不宜唱“独角戏”,应主动取得有关部门,尤其是财会部门的合作,共同搞好质量成本的分析、研究工作。

(3)把明确质量责任同采取质量改进措施结合起来,没有质量责任就容易造成相互扯皮现象。

(4)把建立会计科目同分析、利用质量成本数据结合起来。

(5)逐步建立质量成本的数据系统。将它纳入企业质量管理信息系统,使收集、分析和上报质量成本数据制度化。

(6)质量成本的数据不必强调百分之百地准确,因为这样做对实际工作的指导意义不大。在数据的收集和分析过程中,宜由粗到细,由浅入深,逐步扩大范围。

九、随机抽样

(1)系统抽样。这种方法是每隔一定的时间或空间抽取一个样本的方法,其第一个样本是随机的,所以又称为机械随机抽样法。这种方法主要用于工序间的检验。

(2)分层抽样。它是先将批分为若干层,然后从每层中抽取样本的方法。这种方法是为了使样本具有较好的代表性。砂、石、水泥等散料的检验和分层码放整齐的配件的检验,都可用这种方法抽取样品。

(3)二次抽样。又称二次随机抽样。当总体很大时,将总体分为若干批,先从这些批中随机地抽几批,再随机地从抽中的几批中抽取所需的样品。对批量很大的抽样就可按二次抽样进行。

(4)单纯随机法。这种方法是用随机数表,随机数生成器或随机数筛子来进行抽样,其中,简便易行的方法是采用随机数筛子来进行。

十、常用的样本数据特征值

(1)均值。样本的均值又称为样本的算术平均值,它表示数据集中的位置。

(2)中位数。先将样本中的数据按大小排列,样本为奇数时,中间的一个数即为中位数;样本为偶数时,中间两数的平均值即为中位数。它表示数据的集中位置。

(3)极值。一个样本中的最大值和最小值称为极值。

(4)极差。样本中最大值与最小值之差称为极差,它永远为正值;表示数据的分散程度。

(5)标准偏差。标准偏差也叫标准偏差的无偏估计。其大小反映了数据的波动情况,即分散程度。

(6)变异系数。变异系数表示数据的相对波动大小,即相对的分散程度。

十一、抽样检验存在的风险

抽样检验建立在数理统计的基础上,从数理统计的观点看,抽样检验必然存在着两类风险。

第一类是判断错误的概率:合格批被判为不合格批的概率,即合格批被拒收的概率,记为 α,称为供方风险或生产方风险。

第二类是判断错误的概率:不合格批被判为合格批的概率,即不合格批被误收的概率,记为 β,称为用户方风险。

抽样检验必然存在两类风险,要求通过抽样检验的产品 100%合格是不合理也是不可能的,除非产品中根本就不存在不合格品。抽样检验中,两类风险一般控制的范围是 α=1%～5%,β=5%～10%。

十二、检验性曲线(*OC* 曲线)

检验性曲线(*OC* 曲线)是由给定的抽样方案所确定的批合格概率与批质量间的关系曲线如图 4—10 所示。

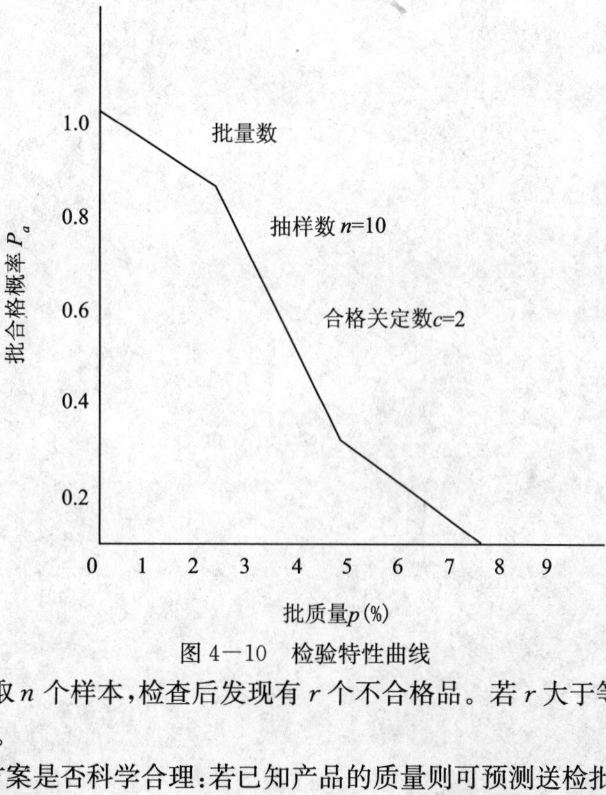

图 4—10　检验特性曲线

从批量 N 中抽取 n 个样本,检查后发现有 r 个不合格品。若 r 大于等于 c,则这批产品被判为不合格,应拒收。

判断给定抽样方案是否科学合理:若已知产品的质量则可预测送检批量的通过率;要求送

检批不低于某一接收概率时，由检验特性曲线可确定批质量应控制的范围。

十三、质量控制与经济的关系

在质量与经济的范畴中，质量控制是指为达到质量要求所采取的作业技术和活动。质量是随着时间的推移不断发展、不断提高和不断进步的。

在工程经济分析中，经济是指用较少的人力、物力、财力、时间、空间获得较高的生产效益，或者说为了达到一定的生产目的而合理地选择和有效利用有限的资源。

质量和经济是密切联系、相互制约、相互促进的。经济是质量进步的目的，质量是达到经济目标的手段。质量不断提高，经济效果不断增长，是质量控制的先进性与经济合理性的统一。因此，任何质量控制的成果，必须以取得较好的经济效果为前提。另一方面，由于质量控制可以预防工程质量问题的出现和经济的损失，并取得较好的经济效果，因此，在可能的条件下，要尽量采用严格的质量控制方法。质量的控制又常常受到经济条件的制约。质量控制中所发生的质量成本不仅仅取决于经济上的需要，而且还取决于经济上的可能性。所以在质量控制方法的选择中，不仅要考虑其控制技术上的可行性和先进性，还必须考虑其经济上的可能性和合理性。

第五章　工程质量控制

第一节　路基工程

一、一般规定

(1)铁路路基工程施工现场质量管理应有相应的技术标准、健全的质量管理系和施工质量检验制度。

施工现场质量管理检查记录应由施工单位在施工前按表5—1的规定填写，总监理工程师进行检查，并作出检查结论。

表5—1　施工现场质量管理检查记录

<table>
<tr><td colspan="2">单位工程名称</td><td colspan="2"></td><td colspan="2">开工日期</td><td></td></tr>
<tr><td colspan="2">建设单位</td><td colspan="2"></td><td colspan="2">项目负责人</td><td></td></tr>
<tr><td colspan="2">设计单位</td><td colspan="2"></td><td colspan="2">项目负责人</td><td></td></tr>
<tr><td colspan="2">监理单位</td><td colspan="2"></td><td colspan="2">总监理工程师</td><td></td></tr>
<tr><td colspan="2">施工单位</td><td></td><td>项目负责人</td><td></td><td>项目技术负责人</td><td></td></tr>
<tr><td>序号</td><td colspan="4">项目</td><td colspan="2">内容</td></tr>
<tr><td>1</td><td colspan="4">开工报告</td><td colspan="2"></td></tr>
<tr><td>2</td><td colspan="4">现场质量管理制度</td><td colspan="2"></td></tr>
<tr><td>3</td><td colspan="4">质量责任制</td><td colspan="2"></td></tr>
<tr><td>4</td><td colspan="4">工程质量检验制度</td><td colspan="2"></td></tr>
<tr><td>5</td><td colspan="4">施工技术标准</td><td colspan="2"></td></tr>
<tr><td>6</td><td colspan="4">施工图现场核对情况</td><td colspan="2"></td></tr>
<tr><td>7</td><td colspan="4">地质勘察资料</td><td colspan="2"></td></tr>
<tr><td>8</td><td colspan="4">交接桩、施工复测及测量控制网资料</td><td colspan="2"></td></tr>
<tr><td>9</td><td colspan="4">施工组织设计、施工技术方案、环境保护方案及审批</td><td colspan="2"></td></tr>
<tr><td>10</td><td colspan="4">分包方资质与对分包单位的管理制度</td><td colspan="2"></td></tr>
<tr><td>11</td><td colspan="4">主要专业工种操作上岗证书</td><td colspan="2"></td></tr>
<tr><td>12</td><td colspan="4">施工设备及计量器具设置</td><td colspan="2"></td></tr>
<tr><td>13</td><td colspan="4">工程材料、设备管理制度</td><td colspan="2"></td></tr>
<tr><td colspan="7">检查结论：

总监理工程师　　　　　　　　　　　　　　　　年　月　日</td></tr>
</table>

(2)路基工程应按下列规定进行施工质量控制：

1)路基工程采用的主要材料、构配件和设备，施工单位应对其外观、规格、型号和质量证明文件等进行验收，并经监理工程师检查认可。凡涉及结构安全和使用功能的，施工单位应进行检验，监理单位应按规定进行平行检验或见证取样检测。

2)各工序应按施工技术标准进行质量控制，每道工序完成后，施工单位应进行检查，并形成记录。

3)工序之间应进行交接检验，上道工序应满足下道工序的施工条件和技术要求。相关专业工序之间的交接检验应经监理工程师检查认可，未经检查或经检查不合格的不得进行下道工序施工。

(3)路基工程施工质量应按下列规定进行验收：

1)工程施工质量应符合本标准和铁道部现行有关标准的规定。

2)工程施工质量应符合工程勘察、设计文件的要求。

3)参加工程施工质量验收的各方人员应具备规定的资格；各种检查记录表签证人员应报建设单位确认、备案。

4)工程施工质量的验收均应在施工单位自行查评定合格的基础上进行。

5)隐蔽工程在隐蔽前应由施工单位通知监理单位组织验收，并应形成验收文件。地基处理等重要分部工程验收时，勘察设计单位应派人参加。

6)涉及结构安全的试块、试件和现场检验项目，监理单位应按规定进行平行检验、见证取样检测或见证检测。

7)检验批的质量应按主控项目和一般项目进行验收。

8)对涉及结构安全和使用功能的分部工程应进行抽样检测。

9)承提见证取样检测及有关结构安全检测的单位应具有相应的资质。

10)单位工程的观感质量应由验收人员通过现场检查共同确认。

二、工程施工质量验收的划分

(1)路基工程施工质量验收划分为单位工程、分部工程、分项工程和检验批。

(2)单位工程应按一个完整工程或一个相当规模的施工范围划分，并按下列原则确定：

1)一个区间或一个车站的正线路基为一个单位工程；

2)一个施工单位担负的路基施工长度为一个单位工程；

3)特别大型的支挡结构可作为一个单位工程。

(3)分部工程应按一个完整部位或主要结构及施工阶段划分。

(4)分项工程应按工种、工序、材料、施工工艺等划分。

(5)检验批可依据施工及质量控制和验收需要按施工段或部位等划分。

(6)路基工程的分部工程、分项工程划分和检验批检验项目应符合表5—2的规定。

表5—2 路基工程分部工程、分项工程、检验批划分和检验项目

分部工程	分项工程	检验批	检验项目条文号	
			主控项目	一般项目
地基处理	原地面平整、碾压	单线连续长度≤300m，双线连接长度≤200m	4.1.2～4.1.3	4.1.4
	换填	单线连续长度≤300m，双线连接长度≤200m	4.2.3～4.2.6	4.2.7

续上表

分部工程	分项工程	检验批	检验项目条文号	
			主控项目	一般项目
地基处理	抛石挤淤	单线连续长度≤300m，双线连接长度≤200m	4.3.2、4.3.3	4.3.4、4.3.5
	高压旋喷桩	≤1000根	4.4.5～4.4.10	4.4.11
	浆体喷射搅拌桩	≤1000根	4.5.6～4.5.12	4.5.13
	粉体喷射搅拌桩	≤1000根	4.6.5～4.6.11	4.6.12
	砂桩	≤1000根	4.7.3～4.7.9	4.7.10
	碎石桩	≤1000根	4.8.4～4.8.9	4.8.10
	灰土剂密桩	≤1000根	4.9.3～4.9.8	4.9.9
	袋装砂井	单线连续长度≤300m，双线连续长度≤200m	4.10.4～4.10.8	4.10.9
	塑料排水板	单线连续长度≤300m，双线连续长度≤200m	4.11.5～4.11.7	4.11.8、4.11.9
	土工合成材料加筋垫层	单线连续长度≤300m，双线连续长度≤200m	4.12.4、4.12.5	4.12.6、4.12.7
	砂(碎石)垫层	单线连续长度≤300m，双线连续长度≤200m	4.13.3、4.13.4	4.13.5、4.13.6
	强夯	单线连续长度≤200m，双线连续长度≤150m	4.14.5～4.14.7	4.14.8～4.14.10
	重锤夯实	单线连续长度≤200m，双线连续长度≤150m	4.15.5～4.15.7	4.15.8～4.15.10
	真空预压	连续长度≤100m	4.16.4～4.16.8	4.16.9
	堆载预压	单线连续长度≤300m，双线连续长度≤200m	4.17.3～4.17.5	4.17.6
	毛细水隔断层	单线连续长度≤300m，双线连续长度≤200m	4.18.3～4.18.5	4.18.6～4.18.8
	复合土工膜隔断层	单线连续长度≤300m，双线连续长度≤200m	4.19.4～4.19.8	4.19.9～4.19.12
	洞穴、陷穴处理	每个洞穴、陷穴	4.20.5～4.20.11	4.20.12～4.20.14
基床以下路堤	一般路堤填筑	单线连续长度≤300m，双线连接长度≤200m每检测层	5.1.4～5.1.6	5.1.7～5.1.9
	路堤边坡	单线连续长度≤300m，双线连接长度≤200m(双侧边坡)每检测层	5.2.1、5.2.2	5.2.3
	路堤与桥台间过渡段填筑	每个基坑、过渡段基底每检测层	5.3.6～5.3.12	5.3.13
	加筋土路堤填筑	单线连续长度≤300m，双线连接长度≤200m每检测层	5.4.5～5.4.9	5.4.10、5.4.11

续上表

分部工程	分项工程	检验批	检验项目条文号	
			主控项目	一般项目
基床以下路堤	改良土路堤填筑	单线连续长度≤300m,双线连接长度≤200m每检测层	5.5.4～5.5.9	5.5.10、5.5.11
	填石路堤	边续长度≤200m每检测层	5.6.7～5.6.10	5.6.11
	盐渍土地基上路堤填筑	单线连续长度≤300m,双线连接长度≤200m每检测层	5.7.4～5.7.7	5.7.8
	软土地基上路堤填筑	单线连续长度≤300m,双线连接长度≤200m每检测层	5.8.8～5.8.16	5.8.17～5.8.20
	冻土地基上路堤填筑	单线连续长度≤300m,双线连接长度≤200m每检测层	5.9.6～5.9.9	5.9.10～5.9.11
	膨胀土路堤填筑	单线连续长度≤300m,双线连接长度≤200m每检测层	5.10.9～5.10.13	5.10.14、5.10.15
	黄土路堤填筑	单线连续长度≤300m,双线连接长度≤200m每检测层	5.11.6～5.11.9	5.11.10
	取土场(坑)	每处	5.12.3、5.12.4	5.12.5、5.12.6
基床	基床底层	单线连续长度≤300m,双线连接长度≤200m每检测层	6.1.3～6.1.10	6.1.11～6.1.13
	基床表层	单线连续长度≤300m,双线连接长度≤200m每检测层	6.2.4～6.2.8	6.2.9～6.2.11
	路基面	单线连续长度≤300m,双线连接长度≤200m每检测层	6.3.1～6.3.3	6.3.4、6.3.5
路堑	路堑基床底层	单线连续长度≤300m,双线连接长度≤200m每检测层	7.1.3～7.1.7	7.1.8
	路堑基床表层	单线连续长度≤300m,双线连接长度≤200m每检测层	7.2.4～7.2.7	7.2.8～7.2.10
	路堑开挖	单线连续长度≤300m,双线连接长度≤200m每检测层	7.3.3、7.3.4	7.3.5、7.3.6
	膨胀岩(土)路堑	单线连续长度≤300m,双线连接长度≤200m每检测层	7.4.2	7.4.3、7.4.4
	黄土路堑	单线连续长度≤300m,双线连接长度≤200m每检测层	7.5.2～7.5.4	7.5.5、7.5.6
	冻土路堑	单线连续长度≤300m,双线连接长度≤200m每检测层	7.6.4～7.6.9	7.6.10～7.6.12
	弃土场(堆)	沿线度长≤500m或每一处集中弃土场	7.7.4～7.7.8	7.7.9～7.7.14

续上表

分部工程		分项工程	检验批	检验项目条文号	
				主控项目	一般项目
路基支挡	重力式挡土墙	明挖基坑	伸缩缝间长度或每跳槽分段长度	8.1.4～8.1.6	8.1.7
		基础	伸缩缝间长度或每跳槽分段长度	8.2.3～8.2.5	8.2.6～8.2.8
		桩基础	每根桩	8.3.3～8.3.9	8.3.10～8.3.12
		桩基础承台	两伸缩缝(沉降缝)间长度	8.4.2～8.4.5	8.4.6
		沉井基础	每个沉井基础	8.5.4～8.5.8	8.5.9～8.5.11
		换填基础	沿挡土墙长度方向≤50m	8.6.2～8.6.4	8.6.5
		挡土墙墙身及墙背填筑	两伸缩缝间长度	8.7.3～8.7.9	8.7.10～8.7.12
	短卸荷板式挡土墙	明挖基坑	伸缩缝间长度或每跳槽分段长度	9.1.2	9.1.3
		基础	伸缩缝间长度或每跳槽分段长度	9.2.2	9.2.3
		挡土墙墙身及墙背填筑	两伸缩缝间长度	9.3.4～9.3.7	9.3.8
		短卸荷板	两沉降(伸缩)缝间长度	9.4.2～9.4.5	9.4.6
	悬臂式和扶壁式挡土墙	明挖基坑	伸缩缝间长度或每跳槽分段长度	10.1.2	10.1.3
		墙趾板、墙踵板	两沉降(伸缩)缝间长度	10.2.2～10.2.6	10.2.7～10.2.9
		墙面板、扶壁	两沉降(伸缩)缝间长度	10.3.2～10.3.8	10.3.9～10.3.12
	锚杆挡土墙	明挖基坑	肋柱式每个基坑;无肋柱式两伸缩缝间基坑	11.1.2	11.1.3
		基础	肋柱式每个基坑;无肋柱式两伸缩缝间基坑	11.2.2	11.2.3～11.2.5
		锚杆制作、安装	两伸缩缝间长度	11.3.4～11.3.8	11.3.9
		肋柱、墙面板	每根肋柱;两伸缩缝间面板	11.4.2～11.4.8	11.4.9、11.4.10
		分级平台	两伸缩缝间长度	11.5.1、11.5.2	11.5.3
	锚定板挡土墙	明挖基坑	肋柱式每个基坑;无肋柱式两伸缩缝间基坑	12.1.2	12.1.3
		基础	肋柱式每个基坑;无肋柱式两伸缩缝间基坑	12.2.2	12.2.3、12.2.4
		肋柱、墙面板	每根肋柱;两伸缩缝间面板	12.3.2～12.3.4	12.3.5
		拉杆、锚定板	两伸缩缝间长度	12.4.3～12.4.7	12.4.8～12.4.10
		墙后填筑	两伸缩缝间长度	12.5.3～12.5.5	—
		分级平台	两伸缩缝间长度	12.6.1、12.6.2	12.6.3
	加筋土挡土墙	明挖基抗	两沉降缝间长度	13.1.2	13.13
		基础	两沉降缝间长度	13.2.3～13.2.5	13.2.6
		墙面板	两沉降缝间长度	13.3.3～13.3.7	13.3.8～13.3.11
		拉筋	路基连续长度≤100m	13.4.2～13.4.4	13.4.5
		填料填筑	单线连续长度≤100m,双线连续长度≤50m每检测层	13.5.1～13.5.4	—
		钢筋混凝土帽石	两缩缝缝间长度	13.6.2～13.6.5	13.6.6、13.6.7

续上表

分部工程		分项工程	检验批	检验项目条文号	
				主控项目	一般项目
路基支挡	土钉墙	土钉	两伸缩缝间长度	14.1.5～14.1.7	14.1.8、14.1.9
		钢筋网(土工网)	两伸缩缝间长度	14.2.2～14.2.5	14.2.6、14.2.7
		喷射混凝土面层	两伸缩缝间长度	14.3.2～14.3.6	14.3.7
		明挖基坑	两伸缩缝间长度	14.4.2	14.4.3
		混凝土(砌体)坡脚墙	两伸缩缝间长度	14.5.2～14.5.5	14.5.6～14.5.8
	抗滑桩	桩孔	每根桩	15.1.4～15.1.6	15.1.7
		钢筋骨架	每孔钢筋骨架	15.2.2～15.2.5	15.2.6
		桩身混凝土	每根桩	15.3.4～15.3.6	15.3.7
		地面排水及桩顶封闭	每个工点	15.4.2、15.4.3	15.4.4、15.4.5
	桩板式挡墙	桩孔	每根桩	15.1.4～15.1.6	15.1.7
		钢筋骨架	每孔钢筋骨架	15.2.2～15.2.5	15.2.6
		桩身混凝土	每根桩	16.3.2、16.3.3	16.3.4、16.3.5
		挡土板	连续安装长度≤50m	16.4.2～16.4.4	16.4.5
		墙后填筑	单线连续长度≤100m,双线连续长度≤50m每填层	16.5.3	—
	预应力锚索	锚索孔	每孔	17.1.2	17.1.3
		锚索编制	每根锚索	17.2.3～17.2.8	—
		注浆锚固	≤30孔	17.3.3～17.3.5	17.3.6
		锚索张拉	每根锚索	17.4.4～17.4.11	—
		锁定及注浆	≤30孔	17.5.3～17.5.5	17.5.6、17.5.7
		垫块及混凝土封闭	≤100m³ 混凝土	17.6.1、17.6.2	17.6.3
路基防护		植物防护	单侧连续长度≤1000m,双侧连续长度≤500m	18.1.4、18.1.5	18.1.6～18.1.8
		土工网垫、土工网护坡	一般地区单侧连续长度≤300m,双侧连续长度≤150m;特殊地区单侧连续长度≤50m,双侧连续长度≤25m	18.2.1～18.2.3	18.2.4、18.2.5
		混凝土、浆砌护坡(墙)	一般地区单侧连续长度≤100m,双侧连续长度≤50m;特殊地区单侧连续长度≤50m,双侧连续长度≤25m	18.3.2～18.3.10	18.3.11、18.3.12
		干砌石护坡	一般地区单侧连续长度≤100m,双侧连续长度≤50m;特殊地区单侧连续长度≤50m,双侧连续长度≤25m	18.4.1～18.4.5	18.4.6、18.4.7
		边坡喷护	一般地区单侧连续长度≤100m,双侧连续长度≤50m;特殊地区单侧连续长度≤50m,双侧连续长度≤25m	18.5.1～18.5.3	18.5.4～18.5.6
		边坡挂网锚喷防护	单侧连续长度≤50m,双侧连续长度≤25m	18.6.1～18.6.10	18.6.11～18.6.14

续上表

分部工程	分项工程	检验批	检验项目条文号	
			主控项目	一般项目
路基防护	边坡勾缝、灌浆、填缝、嵌补	边坡裂缝连续长度≤200m;每一处嵌补	18.7.1～18.7.5	18.7.6
	边坡支顶	每个工点	18.8.3～18.8.10	18.8.11
	拦石墙、拦石堤、缓冲填土层	每个工点	18.9.3～18.9.7	18.9.8
	拦石网、拦石桩、拦石柱	防护连续长度≤100m	18.10.2～18.10.5	18.10.6
	固沙及阻沙设施	固沙防护连续长度≤1000m;每一项阻沙设施	18.11.2～18.11.7	18.11.8
	挡风墙	墙连续长度≤100m	18.12.1～18.12.11	18.12.12～18.12.14
	防雪害设施	每一项设施	18.13.1～18.13.3	18.13.4
	护岸	直线地段子连续长度≤100m,曲线地段连续长度≤40m	18.14.5～18.14.15	18.14.16～18.14.20
	导流堤	堤连续长度≤100m	18.15.3～18.15.5	18.15.6～18.15.8
	消能堤	堤连续长度≤100m	18.16.3～18.16.7	18.16.8～18.16.10
	挡水埝	堤连续长度≤100m	18.17.1～18.17.4	18.17.5
路基排水	地表排水沟	堤连续长度≤100m	19.1.3～19.1.7	19.1.8、19.1.9
	急流槽	每座槽	19.2.3～19.2.6	19.2.7
	地下排水	沟连续长度≤100m;每个检查井	19.3.3～19.3.10	19.3.11～19.3.13
	支撑渗沟	每条沟	19.4.2～19.4.5	19.4.6、19.4.7
	渗井	每个井	19.5.2～19.5.7	19.5.8、19.5.9
	渗水、泄水隧洞	每一衬砌灌筑段	19.6.2～19.6.12	19.6.13
	河床开挖	直线地段连续长度≤100m,曲线地段连续长度≤40m	19.7.3、19.7.4	19.7.5
	河床冲刷	直线地段连续长度≤100m,曲线地段连续长度≤40m	19.8.4～19.8.8	19.8.9
路基附属工程	栏杆、检查梯	每一项设施	20.1.3～20.1.8	20.1.9、21.1.10

注:"检验项目条文号"中的条文,参见《铁路路基工程施工质量验收标准》(TB 10414—2003)中的内容。

第二节　轨道工程

一、一般规定

(1)铁路轨道工程施工现场质量管理应有相应的施工技术标准、健全的质量管理体系和施工质量检验制度。

施工现场质量管理检查记录应由施工单位在施工前按表 5－1 的规定填写，总监理工程师进行检查，并做出检查结论。

(2)轨道工程应接下列规定进行施工质量控制：

1)工程采用的主要材料、构配件和设备，施工单位应对其外观、规格、型号和质量证明文件等进行验收，并经监理工程师检查认可。凡涉及结构安全和使用功能的，施工单位应进行检验，监理单位应按规定进行平等检验或见证取样检测。

2)各工序应按施工技术标准进行质量控制，每道工序完成后，施工单位应进行检查，并形成记录。

3)工序之间应进行交接检验，上道工序应满足下道工序的施工条件和技术要求。相关专业工序之间的交接检验应经监理工程师检查认可，未经检查或经检查不合格的不得进行下道工序施工。

(3)轨道工程施工质量应按下列要求进行验收：

1)工程施工质量及验收应符合本标准和有关专业验收标准的规定；

2)工程施工质量应符合设计文件的要求；

3)参加工程施工质量验收的各方人员应具备规定的资格，各种检查记录签证人员应报建设单位确认、备案；

4)工程施工质量的验收均应在施工单位自行检查评定合格的基础上进行；

5)隐蔽工程在隐蔽前应由施工单位通知监理单位进行验收，并应形成验收文件；

6)涉及结构安全的试块、试件和现场检验项目，监理单位应按规定进行平行检验、见证取梯状检测或见证检测；

7)检验批的质量应按主控项目和一般项目验收；

8)对涉及结构安全和使用功能的分部工程应进行抽样检测；

9)承担见证取样检测及有关结构安全检测的单位应具有相应的资质；

10)单位工程的观感质量应由验收人员通过现场检查共同评定。

二、工程施工质量验收的划分

(1)轨道工程施工质量验收划分为单位工程、分部工程、分项工程和检验批。

(2)单位工程应按一个完整工程或一个相当规模的施工范围划分，并按下下原则确定：

1)正线轨道：一个区间(以站中心为界，含正线道岔)，当区间内含有不同类型轨道时，也可按轨道类型划分；

2)站场轨道：一个站或大型枢纽的一个场(以最外方咽喉道岔为界，含站线道岔)。

(3)分部工程应按一个完整部位或主要结构及施工阶段划分。

(4)分荐工程应按工程、工序、材料、施工工艺划分。

(5)检验批可根据施工及质量控制和验收需要按长度、施工段(处)等进行划分。

(6)轨道的分部工程、分项工程划分和检验批检验项目应符合表 5－3 和表 5－4 的规定。

表 5－3 正线轨道分部工程、分项工程、检验批划分和检验项目

分部工程		分项工程	检验批	检验批检验项目条文号	
类别	名称			主控项目	一般项目
道床	线路基桩	基桩测设	2km	4.0.2～4.0.5	4.0.6

续上表

分部工程		分项工程	检验批	检验批检验项目条文号	
类别	名称			主控项目	一般项目
道床	有砟道床（铺轨前铺砟）	铺底砟	5km（宽枕 1km）	5.2.1～5.2.3	5.2.4
		预铺道砟		5.3.1～5.3.4	5.3.5～5.3.7
	板式无砟道术	底座钢筋	施工段	6.2.1	6.2.2
		底座模板	施工段	6.3.1～6.3.3	6.3.4～6.3.7
	板式无砟道床	底座混凝土	施工段	6.4.1～6.4.3	6.4.4、6.4.5、6.4.7
		轨道板铺设	20 块	6.5.1～6.5.5	6.5.6
		CA 砂浆模板	施工段	6.3.1	6.3.8
		CA 砂浆配制灌注	施工段	6.6.1～6.6.3	
		防水层、保护层及伸缩缝	施工段	6.9.1～6.9.6	3.9.7～6.9.11
	支承块式无砟道床	支承块轨排组装架设	施工段	6.7.1、6.7.2	6.7.3
		道床板钢筋	施工段	6.2.1	6.2.2
		道床板模板	施工段	6.3.1、6.3.2	6.3.4、6.3.5、6.3.7
		道床板混凝土	施工段	6.4.1～6.4.3	6.4.4、6.4.6
		防水层、保护层及伸缩缝	施工段	6.9.1～6.9.6	6.9.7～6.9.11
	长枕埋入式无砟道床	底座钢筋	施工段	6.2.1	6.2.2
		底座模板	施工段	6.3.1～6.3.3	6.3.4～6.3.7
		底座混凝土	施工段	6.4.1～6.4.3	6.4.4、6.4.5
		隔离层铺设	施工段	6.8.1、6.8.2	6.8.3、6.8.4
		长枕轨排组装架设	施工段	6.7.1、6.7.2	6.7.3
		道床板钢筋	施工段	6.2.1	6.2.2
		道床板模板	施工段	6.3.1、6.3.2	6.3.4、6.3.5、6.3.7
		道床板混凝土	施工段	6.4.1～6.4.3	6.4.4、6.4.6
		防水层、保护层及伸缩缝	施工段	6.9.1～6.9.6	6.9.7～6.9.11
轨道	无缝线路轨道	基地钢轨焊接	500 个焊头	7.2.1～7.2.6	7.2.7
		长钢轨铺设	2km	7.3.1～7.3.3	7.3.4～7.3.6
		铺砟整道	5km	7.4.1、7.4.2	7.4.3、7.4.4
		工地钢轨焊接	每个区间	7.5.1～7.5.5	7.5.6
		线路锁定	单元轨节	7.6.1～7.6.5	7.6.6、7.6.7
		轨道整理	5km	7.7.1～7.7.4	7.7.5、7.7.6
		无缝道岔铺设	每组	9.2.1～9.2.7	9.2.8～9.2.12
		道岔铺砟整道	每组	9.4.1～9.4.7	9.4.8～9.4.10
		钢轨伸缩调节器铺设	每组	9.5.1～9.5.5	9.5.6～9.5.9
		钢轨预打磨	5km	7.8.1、7.8.2	
	有缝线路轨道	轨排组装	2km	8.2.1～8.2.11	8.2.12～8.2.17
		铺轨	2km	8.3.1～8.3.4	8.3.5～8.3.9
		铺砟、整道	2km	8.4.1～8.4.5	8.4.6～8.4.12

续上表

分部工程		分项工程	检验批	检验批检验项目条文号	
类别	名称			主控项目	一般项目
轨道	有缝线路轨道	有缝道岔铺设	每组	9.3.1～9.3.4	9.3.5～9.3.10
		道岔铺砟整道	每组	9.4.1～9.4.7	9.4.8～9.4.10
		钢轨伸缩调节器铺设	每组	9.5.1～9.5.5	9.5.6～9.5.9
线路附属	道口	道口铺设	每处	10.1.1～10.1.3	10.1.4～10.1.7
		道口防护设施	每处	10.2.1～10.2.3	10.2.4
	防护栅栏	栅栏安装	每个区间	10.3.1	10.3.2、10.3.3
	护轨	护轨铺设	每处	11.0.1～11.0.5	11.0.6～11.0.10
	标志	线路、信号标志	每个区间	12.0.1～12.0.3	12.0.4
	轨道加强设备	防爬设备	每个区间	13.1.1、13.1.2	13.1.3、13.1.4
		轨距杆、轨撑	每个区间	13.2.1、13.2.2	13.2.3

注：1. 施工段指一个班次或作业循环的施工长度；

2. 检验批长度均按单线计算；

3. “检验批检验项目条文号”中的条文，参见《铁路轨道工程施工质量验收标准》(TB 10413－2003)中的内容。

表 5－4　站场轨道分部工程、分项工程、检验批划分和检验项目

分部工程		分项工程	检验批	检验批检验项目条文号	
类别	名称			主控项目	一般项目
道床	有砟道术（铺轨前铺砟）	铺底砟	每股道	5.2.1～4.2.3	5.2.4
		预铺道砟	每股道	5.3.1～5.3.4	5.3.5～5.3.7
	板式无砟道床	底座钢筋	施工段	6.2.1	6.2.2
		底座模板	施工段	6.3.1～6.3.3	6.3.4～6.3.7
		底座混凝土	施工段	6.4.1～6.4.3	6.4.4、6.4.5、6.4.7
		轨道板铺设	20块	6.5.1～6.5.5	6.5.6
		CA砂浆模板	施工段	6.3.1	6.3.8
		CA砂浆配制灌注	施工段	6.6.1～6.6.3	
		防水层、保护层及伸缩缝	施工段	6.9.1～6.9.6	6.9.7～6.9.11
	支承块式无砟道床	支承块轨排组装架设	施工段	6.7.1、6.7.2	6.7.3
		道床板钢筋	施工段	6.2.1	6.2.2
		道床板模板	施工段	6.3.1、6.3.2	6.3.4、6.3.5、6.3.7
		道床板混凝土	施工段	6.4.1～6.4.3	6.4.4、6.4.6
		防水层、保护层及伸缩缝	施工段	6.9.1～6.9.6	6.9.7～6.9.11
	长枕埋入式无砟道床	底座钢筋	施工段	6.2.1	6.2.2
		底座模板	施工段	6.3.1～6.3.3	6.3.4、6.3.5、6.3.7
		底座混凝土	施工段	6.4.1～6.4.3	6.4.4、6.4.5
		隔离层铺设	施工段	6.8.1、6.8.2	6.8.3、6.8.4
		长枕轨排组装架设	施工段	6.7.1、6.7.2	6.7.3
		道床板钢筋	施工段	6.2.1	6.2.2

续上表

分部工程		分项工程	检验批	检验批检验项目条文号	
类别	名称			主控项目	一般项目
道床	长枕埋入式无砟道床	道床板模板	施工段	6.3.1、6.3.2	6.3.4、6.3.5、6.3.7
		道床板混凝土	施工段	6.4.1～6.4.3	6.4.4、6.4.6
		防水层、保护层及伸缩缝	施工段	6.9.1～6.9.6	6.9.7～6.9.11
轨道	有缝线路轨道	轨排组装	每股道	8.2.1～8.2.11	8.2.12～8.2.17
		铺轨	每股道	8.3.1～8.3.4	8.3.5～8.3.9
		铺砟、整道	每股道	8.4.1～8.4.5	8.4.6～8.4.12
		道岔铺设	每组	9.3.1～9.3.4	9.3.5～9.3.10
		道岔铺砟整道	每组	9.4.1～8.4.7	9.4.8～9.4.10
线路附属	道口	道口铺设	每处	10.1.1～10.1.3	10.1.4～10.1.7
		道口防护设施	每处	10.2.1～10.2.3	10.2.4
	护轨	护轨铺设	每处	11.0.1～11.0.5	11.0.6～11.0.10
	标志	线路、信号标志	每个站场	12.0.1～12.0.3	12.0.4
	轨道加强设备	防爬设备	每个站场	13.1.1、13.1.2	13.1.3、13.1.4
		轨距杆、轨撑	每个站场	13.2.1、13.2.2	13.2.3

注：1.施工段指一个班次或作业循环的施工长度。

2.“检验批检验项目条文号”中的条文参见《铁路轨道工程施工质量验收标准》(TB 10413－2003)中的内容。

第三节　混凝土与砌体工程

一、一般规定

(1)铁路混凝土工程施工现场质量管理应有相应的施工技术标准、健全的质量管理体系和施工质量检验制度。

(2)从事铁路混凝土工程施工的单位应建立现场试验室。现场试验室应由具有规定资质等级并经计量论证的主管试验室授权，并应通过有关方面的检验验收，其试验检验能力应与工程性质和规模相适应。试验检验人员应经过专门培训，取得规定竞争机制后，持证上岗。试验检验所必需的仪器设备应配置齐全，其技术性能和工作状态应良好，并且必须按规定进行检定、校验。试验检验的方法和环境条件必须符合相关标准的规定。

(3)铁路混凝土工程应以自动化搅拌站集中拌和方式进行施工。混凝土集中搅拌站投产前，应制订完备的质量管理制度、生产控制工艺和环境保护方案，主要工程操作人员应有上岗证书，搅拌、检测设备和计量器具设置应符合要求。经监理工程师核查确认后，方可投产。

(4)铁路混凝土工程应按下列规定进行施工质量控制：

1)工程采用的主要材料、构配件，施工单位应对其外观、规格、型号和质量证明文件等进行验收，并经监理工程师检查认可。凡涉及结构安全和使用功能的，施工单位应进行检验，监理单位应按规定进行平行检验或见证取样检测。

2)各工序应按施工技术标准进行质量控制，每道工序完成后，施工单位应进行检查，并形成记录。

3)工序之间应进行交接检验，上道工序应满足下道工序的施工条件和技术要求。相关专业工序之间的交接检验应经监理工程师检查认可，未经检查或检查不合格的不得进行下道工序施工。

(5)铁路混凝土工程施工质量应按下列要求进行验收：

1)工程施工质量应符合本补充标准和相关专业验收标准的规定。

2)工程施工质量应符合设计文件的要求。

3)参加工程施工质量验收的各方人员应具备规定的资格。有权签证的人员应报建设单位确认、备案。

4)工程施工质量的验收均应在施工单位自行检查评定合格的基础上进行。

5)涉及结构安全的试块、试件和现场检验项目，监理单位应按规定进行平行检验或见证取样检测、见证检测。

6)检验批的质量应按主控项目和一般项目进行验收。

7)承担见证取样检测及有关结构安全检测的单位应具有相应的资质。

二、工程施工质量验收单元划分

(1)铁路混凝土工程可划分为模板及支(拱)架、钢筋、混凝土和预应力四个分项工程。

(2)各分项工程可根据与施工方式相一致且便于控制施工质量的原则，按工作班、施工缝或施工阶段划分为若干检验批。

(3)铁路混凝土工程的分项工程和检验批划分及检验项目应符合表5—5的规定。

表5—5 分项工程和检验批划分及检验项目

分项工程	检验批	检验批检验项目条文号	
		主控项目	一般项目
模板及支(拱)架	安装段	4.2.1、4.2.2、4.3.1	4.2.3、4.2.4、4.3.2
钢筋	安装段	5.2.1、5.2.2、5.2.3、5.3.1、5.4.1、5.4.2、5.5.1、5.5.2、5.5.3、5.5.4	5.2.4、5.3.2、5.4.3、5.5.5
混凝土	浇筑段	6.2.1～6.2.7、6.3.1～6.3.4、6.4.1～6.4.16	6.4.17～6.4.18
预应力	施工段	7.2.1～7.2.5、7.3.1～7.3.3、7.4.1～7.4.5、7.5.1～7.5.4	7.3.4～7.3.6、7.4.6、7.5.5

注：“检验批检验项目条文号”中的条文，参见《铁路混凝土与砌体工程施工质量验收标准》(TB 10424—2003)中的内容。

第四节 桥涵工程

一、一般规定

(1)铁路桥涵工程施工现场质量管理应有相应的施工技术标准、健全的质量管理体系和施工质量检验制度。

施工现场质量管理检查记录应由施工单位在施工前按表5－1的规定填写，总监理工程师进行检查，并作出检查结论。

(2)桥涵工程应按下列规定进行施工质量控制：

1)工程采用的主要材料、构配件和设备，施工单位应对其外观、规格、型号和质量证明文件等进行验收，并经监理工程师检查认可；凡涉及结构安全和使用功能的，施工单位应进行检验，监理单位应按规定进行平行检验或见证取样检测。

2)各工序应按施工技术标准进行质量控制，每道工序完成后，施工单位应进行检查，并形成记录。

3)工序之间应进行交接检验，上道工序应满足下道工序的施工条件和技术要求，相关专业工序之间的交接检验应经监理工程师检查认可，未经检查或经检查不合格的不得进行下道工序施工。

(3)桥涵工程施工质量应按下列要求进行验收：

1)工程施工质量应符合本标准和铁道部现行《铁路混凝土与砌体工程施工质量验收标准》(TB 10424－2003)的有关规定。

2)工程施工质量应符合工程勘察、设计文件的要求。

3)参加工程施工质量验收的各方人员应具备规定的资格；各种检查记录签证人员应报建设单位确认、备案。

4)工程施工质量的验收 均应在施工单位自行检查评定合格的基础上进行。

5)隐蔽工程在隐蔽前应由施工单位通知监理单位进行验收，并应形成验收文件；桥梁和重要涵洞地基验收时，勘察设计单位应派人参加。

6)涉及结构安全的试块、试件和现场检验项目，监理单位应按规定进行平行检验、见证取样检测或见证检测。

7)检验批的质量应按主控项目和一般项目进行验收。

8)对涉及结构安全和使用功能的分部工程应进行抽样检测。其中，桥梁墩台、梁部应采用同条件养护试件检测结构实体混凝土强度，每个墩台、每孔(片)梁按不同混凝土强度等级至少检测一次。

9)承提见证取样检测示有关结构安全推测的单位应具有相应的资质。

10)单位工程的观感质量应由验收人员通过现场检查共同确认。

二、工程施工质量验收的划分

(1)桥涵工程施工质量验收划分为单位工程、分部工程、分项工程和检验批。

(2)单位工程应按一个完整工程或一个相当规格的施工范围划分，并按下列原则确定：

1)每座特大桥、大桥、中桥为一个单位工程；

2)小桥不超过5座为一个单位工程；

3)涵洞不超过10座为一个单位工程。

(3)分部工程应按一个完整部位或主要结构及施工阶段划分。

(4)分项工程应按工程、工序、材料、施工工艺等划分。

(5)检验批可根据施工及质量控制和验收需要按施工段或部位等划分。

(6)桥梁、涵洞工程的分部工程、分项工程、检验批划分和检验项目应符合表5－6和表

5—7 的规定。

表 5—6 桥梁工程分部工程、分项工程、检验批划分和检验项目

分部工程		分项工程	检验批	检验项目条文号	
类别	名称			主控项目	一般项目
地基及基础	明挖基础	换填地基	每个基坑	4.2.1～4.2.5	4.2.6
		重锤夯实	每个基坑	4.3.1～4.3.3	4.3.4、4.3.5
		强夯	每个基坑	4.4.1～4.4.4	4.4.5
		挤密桩	每个基坑	4.5.1～4.5.7	4.5.8、4.5.9
		砂桩	每个基坑	4.6.1～4.6.4	4.6.5、4.6.6
		碎石桩	每个基坑	4.7.1～4.7.4	4.7.5～4.7.7
		粉喷桩	每个基坑	4.8.1～4.8.6	4.8.7
		旋喷桩	每个基坑	4.9.1～4.9.6	4.9.7
		基坑	每个基坑	5.2.1～5.2.4	5.2.5
		模板及支架	每个安装段	5.3.1	5.3.2
		钢筋	每个安装段	5.3.3	5.3.4
		混凝土	每个安装段	5.3.5	5.3.6、5.3.7
		砌体	每个安装段	5.3.8	5.3.9、5.3.10
	沉入桩的制作	模板及支架	不大于20根(节)	6.3.1	6.3.2
		钢筋	不大于20根(节)	6.3.3	6.3.4、6.3.5
		混凝土	不大于20根(节)	6.3.6、6.3.7	6.3.8、6.3.9
		预应力	不大于20根(节)	6.3.10	6.3.11
	沉入桩的下沉	钢围堰	每个基坑	6.2.1～6.2.4	6.2.5～6.2.7
		沉桩	每个基坑	6.4.1～6.4.4	6.4.5、6.4.6
	钻孔桩和挖孔桩	钢转堰	每个基坑	6.2.1～6.2.4	6.2.5～6.2.7
		钻孔	每根桩	6.5.1、6.5.2	6.5.3～6.5.6
		挖孔	每根桩	6.5.7～6.5.9	6.5.10
		钢筋	每根桩	6.5.11	6.5.12、6.5.13
		混凝土	每根桩	6.5.14～6.5.19	6.5.20
	管柱制作	模板及支架	不大于10根(节)	6.6.1	6.6.2
		钢筋	不大于10根(节)	6.6.3	6.6.4、6.6.5
		混凝土	不大于10根(节)	6.6.6、6.6.7	6.6.8、6.6.9
		预应力	不大于10根(节)	6.6.10	6.6.11
		钢筋柱制作	不大于10根(节)	6.6.12、6.6.13	6.6.14～6.6.16
	管柱下沉和浇筑水下混凝土	钢转堰	每个基坑	6.2.1～6.2.4	6.2.5～6.2.7
		管柱下沉	每根管柱	6.7.1、6.7.2	6.7.3
		钢筋	每根管柱	6.7.4	6.7.5、6.7.6
		混凝土	每根管柱	6.7.7～6.7.12	6.7.13

续上表

分部工程		分项工程	检验批	检验项目条文号	
类别	名称			主控项目	一般项目
地基及基础	就地制作沉井	模板及支架	每节沉井	7.2.1	7.2.2
		钢筋	每节沉井	7.2.3	7.2.4
		混凝土	每节沉井	7.2.5	7.2.6、7.2.7
		下沉	每节沉井	7.2.8	7.2.9
		清基、填充	每节沉井	7.2.10～7.2.13	7.2.14
	浮式沉井	模板及支架	每节沉井	7.3.1	7.3.2
		钢筋	每节沉井	7.3.3	7.3.4
		混凝土	每节沉井	7.3.5	7.3.6、7.3.7
		钢沉井制作	每节沉井	7.3.8～7.3.10	7.3.11
		浮运就位	每座沉井	7.3.12	7.3.13
		下沉	每座沉井	7.3.14	7.3.15
		清基、填充	每座沉井	7.3.16、7.3.17	7.3.18
	桩基承台	钢围堰	每个承台	6.2.1～6.2.4	6.2.5～6.2.7
		模板及支架	每个承台	6.8.1	6.8.2
		钢筋	每个承台	6.8.3	6.8.4
		混凝土	每个承台	6.8.5、6.8.5	6.8.7、6.8.8
墩台、索塔	墩台	模板及支架	每个安装段	8.2.1	8.2.2、8.2.3
		钢筋	每个安装段	8.2.4	8.2.5
		混凝土	每个浇筑段	8.2.6～8.2.8	8.2.9～8.2.11
		砌体	每个砌筑段	8.2.12	8.2.13、8.2.14
		防水层	每个桥台	8.2.15	8.2.16
	台后填土、锥体及其他	桥台填土	每个桥台	8.3.1～8.3.3	8.3.4
		混凝土	每个浇筑段	8.3.5	8.3.6
		砌体	每个砌筑段	8.3.7～8.3.9	8.3.10、8.3.11
	索塔	棋板及支架	每个安装段	14.2.1	14.2.2～14.2.4
		钢筋	每个安装段	14.2.5～14.2.7	14.2.8、14.2.9
		混凝土	每个浇筑段	14.2.10	14.2.11～14.2.13
		预应力	每个施工段	14.2.14、14.2.15	14.2.16、14.2.17
梁部	钢筋混凝土简支梁制作	模板及支架	每片梁	9.2.1	9.2.2、9.2.3
		钢筋	每片梁	9.2.4	9.2.5、9.2.6
		混凝土	每片梁	9.2.7～9.2.9	9.2.10～9.2.12
		防水层	每片梁	9.2.13	9.2.14
	先张法预应力混凝土简支梁制作	模板及支架	每片梁	9.3.1	9.3.2～9.3.4
		钢筋	每片梁	9.3.5	9.3.6、9.3.7
		混凝土	每片梁	9.3.8～9.3.10	9.3.11～9.3.13
		预应力	每个施工段	9.3.14、9.3.15	9.3.16～9.3.18
		防水层	每片梁	9.3.19	9.3.20

续上表

分部工程		分项工程	检验批	检验项目条文号	
类别	名称			主控项目	一般项目
梁部	后张法预应力混凝土简支梁制作	模板及支架	每片梁	9.4.1	9.4.2～9.4.4
		钢筋	每片梁	9.4.5	9.4.6、9.4.7
		混凝土	每片梁	9.4.8～9.4.10	9.4.11～9.4.13
		预应力	每片梁	9.4.14	9.4.15、9.4.16
		防水层	每片梁	9.4.17	9.4.18
	膺架上制梁	模板及支架	每片(孔)梁	9.5.1、9.5.2	9.5.3～9.5.5
		钢筋	每片梁	9.5.6	9.5.7、9.5.8
		混凝土	每片梁	9.5.9～9.5.11	9.5.12～9.5.14
		预应力	每片梁	9.5.15	9.5.16、9.5.17
		防水层	每片梁	9.5.18	9.5.19
		支座	每孔梁	9.5.20	9.5.21
	钢筋混凝土和预应力混凝土简支梁制作	架梁	每个安装段	9.6.1～9.6.3	9.6.4、9.6.5
		模板及支架	每个安装段	9.6.6	9.6.7
		钢筋	每个安装段	9.6.8	9.6.9
		混凝土	每个安装段	9.6.10	9.6.11
		预应力	每个安装段	9.6.12	9.6.13
		支座	每孔梁	9.6.14	9.6.15
	悬臂浇筑预应力混凝土连续梁(刚构)	模板及支架	每个安装段	10.1.16	10.1.17、10.1.18
		钢筋	每个安装段	10.1.19	10.1.20、10.1.21
		混凝土	每个浇筑段	10.1.22～10.1.26	10.1.27～10.1.29
		预应力	每个施工段	10.1.30、10.1.31	10.1.32、10.1.33
		支座	每孔(联)梁	10.1.34、10.1.35	10.1.36
		防水层	每孔(联)梁	10.1.37	10.1.38
	悬臂拼装预应力混凝土连续梁	模板及支架	每个安装段	10.2.13、10.2.14	10.2.15、10.2.16
		钢筋	每个安装段	10.2.17	10.2.18、10.2.19
		混凝土	每个浇筑段	10.2.20～10.2.23	10.2.24～10.2.26
		预应力	每个施工段	10.2.27	10.2.28、10.2.29
		梁段拼装	每孔(联)梁	10.2.30～10.2.32	10.2.33
		支座	每孔(联)梁	10.2.34、10.2.35	10.2.36
		防水层	每孔(联)梁	10.2.37	10.2.38
	顶推法制架预应力混凝土连续梁	模板及支架	每个安装段	10.3.9	10.3.10、10.3.11
		钢筋	每个安装段	10.3.12	10.3.13、10.3.14
		混凝土	每个浇筑段	10.3.15、10.3.16	10.3.17～10.3.19
		预应力	每个施工段	10.3.20、10.3.21	10.3.22
		梁段顶推	每孔(联)梁	10.3.23～10.3.25	10.3.26
		支座	每孔(联)梁	10.3.27～10.3.28	10.3.29
		防水层	每孔(联)梁	10.3.30	10.3.31

续上表

分部工程		分项工程	检验批	检验项目条文号	
类别	名称			主控项目	一般项目
梁部	造桥机制、架预应力混凝土梁	模板及支架	每个安装段	11.2.1	11.2.2～11.2.4
		钢筋	每个安装段	11.3.1	11.3.2、11.3.3
		混凝土	每个浇筑段	11.4.1～11.4.4	11.4.5～11.4.7
		预应力	每个施工段	11.5.1	11.5.2
		预制梁段组拼	每孔(联)梁	11.6.1	11.6.2
		支座	每孔(联)梁	11.7.1、11.7.2	11.7.3
		防水层	每孔(联)梁	11.8.1	11.8.2
	钢桁梁	杆件预拉	每个施工段	12.2.1～12.2.7	12.2.8
		拼装架设	每个施工段	12.3.1～12.3.5	12.3.6
		支座	每孔(联)梁	12.4.1、12.4.2	12.4.3
		涂装	每孔梁	12.5.1～12.5.7	12.5.8
	结合梁	钢梁拼装及架设	每个施工段	13.2.1～13.2.4	13.2.5、13.2.6
		支座	每孔(联)梁	13.2.7	13.2.8
		涂装	每孔梁	13.2.9	13.2.10
		模板及支架	每个安装段	13.3.1	13.3.2、13.3.3
		钢筋	每个安装段	13.3.4	13.3.5、13.3.6
		混凝土	每个浇筑段	13.3.7、13.3.8	13.3.9～13.3.11
		预应力	每个施工段	13.3.12	13.3.13
		桥面板安装	每孔(联)梁	13.3.14～13.3.16	13.3.17
		防水层	每孔(联)梁	13.3.18	13.3.19
	预应力混凝土斜拉桥主梁和斜拉索	模板及支架	每个安装段	14.3.1	14.3.2、14.3.3
		钢筋	每个安装段	14.3.4	14.3.5、14.3.6
		混凝土	每个浇筑段	14.3.7	14.3.8～14.3.10
		预应力	每个施工段	14.3.11、14.3.12	14.3.13、14.3.14
		防水层	每座桥	14.3.15	14.3.16
		支座	每座桥	14.3.17	14.3.18
		斜拉索	每个施工段	14.4.1～14.4.5	14.4.6、14.4.7
		水平转体施工	每个转体	14.5.1～14.5.3	14.5.4
	钢斜腿刚构	支座	每座桥	15.2.1	15.2.2
		杆件拼装	每个施工段	15.2.3～15.2.5	15.2.6～15.2.13
		涂装	每座桥	15.2.14	15.2.15
	预应力混凝土斜腿刚构	支座	每座桥	15.3.1	15.3.2
		模板及支架	每个安装段	15.3.3	15.3.4、15.3.5
		钢筋	每个安装段	15.3.6	15.3.7、15.3.8
		混凝土	每个浇筑段	15.3.9	15.3.10～15.3.13
		预应力	每个施工段	15.3.14	15.3.15、15.3.16
		防水层	每座桥	15.3.17	15.3.18

续上表

分部工程		分项工程	检验批	检验项目条文号	
类别	名称			主控项目	一般项目
梁部	拱部及拱上结构	模板及拱架	每孔拱部	16.2.1	16.2.2、16.2.3
		钢筋	每个安装段	16.2.4	16.2.5
		混凝土	每个浇筑段	16.2.6～16.2.8	16.2.9～16.2.12
		砌体	每个砌筑段	16.2.13～16.2.15	16.2.16～16.2.18
		防水层	每座桥	16.2.19	16.2.20
明桥面和桥梁附属	明桥面和桥梁附属设施	明桥面	每个施工段	18.2.1～18.2.3	18.2.4
		人行道、避车台	每座桥	18.3.1～18.3.3	18.3.4～18.3.6
		附属设施	每座桥	18.4.1～18.4.4	

注："检验项目条文号"中的条文，参见《铁路桥涵工程施工质量验收标准》(TB 10415—2003)的内容。

表5—7　涵洞工程分部工程、分项工程、检验批划分和检验项目

分部工程		分项工程	检验批	检验项目条文号	
类别	名称			主控项目	一般项目
地基及基础	明挖基础	换填地基	每个基坑	4.2.1～4.2.5	4.2.6
		重锤夯实	每个基坑	4.3.1～4.3.3	4.3.4、4.3.5
		强夯	每个基坑	4.4.1～4.4.4	4.4.5
		挤密桩	每个基坑	4.5.1～4.5.7	4.5.8、4.5.9
		砂桩	每个基坑	4.6.1～4.6.4	4.6.5、4.6.6
		碎石桩	每个基坑	4.7.1～4.7.4	4.7.5～4.7.7
		粉喷桩	每个基坑	4.8.1～4.8.6	4.8.7
		旋喷桩	每个基坑	4.9.1～4.9.6	4.9.7
		基坑	每个基坑	5.2.1～5.2.4	5.2.5
		模板及支架	每个安装段	5.3.1	5.3.2
		钢筋	每个安装段	5.3.3	5.3.4
		混凝土	每个浇筑段	5.3.5	5.3.6、5.3.7
		砌体	每个砌筑段	5.3.8	5.3.9、5.3.10
涵身	装配式涵洞涵身	模板及支架	每个安装段	19.2.1	19.2.2
		钢筋	每个安装段	19.2.3	19.2.4
		混凝土	每个浇筑段	19.2.5	19.2.6～19.2.8
		涵节装配	每座涵	19.2.9～19.2.11	19.2.12
		防水层	每座涵	19.2.13	19.2.14
		沉降缝	每座涵	19.2.15	19.2.16
	就地制作涵洞涵身	模板及支(拱)架	每个安装段	19.3.1	19.3.2
		钢筋	每个安装段	19.3.3	19.3.4
		混凝土	每个浇筑段	19.3.5～19.3.7	19.3.8～19.3.10

续上表

分部工程		分项工程	检验批	检验项目条文号	
类别	名称			主控项目	一般项目
涵身	就地制作涵洞涵身	砌体	每个砌筑段	19.3.11	19.3.12、19.3.13
		防水层	每座涵	19.3.14	19.3.15
		沉降缝	每座涵	19.3.16	19.3.17
	渡槽和倒虹吸管	模板及支架	每个安装段	19.4.1	19.4.2
		钢筋	每个安装段	19.4.3	19.4.4
		混凝土	每个浇筑段	19.4.5	19.4.6～19.4.8
		砌体	每个砌筑段	19.4.9	19.4.10
		防水层	每个渡槽(倒虹吸)	19.4.11	19.4.12
	顶进涵	模板及支架	每个安装段	19.5.1	19.5.2
		钢筋	每个安装段	19.5.3	19.5.4
		混凝土	每个浇筑段	19.5.5	19.5.6、19.5.7
		顶进	每座涵	19.5.8、19.5.9	19.5.10、19.5.11
		防水层	每座涵	19.5.12	19.5.13
		沉降缝	每座涵	19.5.14	19.5.15
端、翼墙及附属工程	端翼墙及附属工程	模板及支架	每个安装段	19.6.1	19.6.2
		钢筋	每个安装段	19.6.3	19.6.4
		混凝土	每个浇筑段	19.6.5	19.6.6、19.6.7
		砌体	每个砌筑段	19.6.8	19.6.9、19.6.10
		栏杆	每座涵	19.6.11、19.6.12	19.6.13、19.6.14

注："检验项目条文号"中的条文，参见《铁路桥涵工程施工质量验收标准》(TB 10415—2003)中的内容。

第五节　隧道工程

一、一般规定

(1)铁路隧道工程施工现场质量管理应有相应的施工技术标准、健全的质量管理体系和施工质量检验制度。

施工现场质量管理检查记录应由施工单位在施工前按表5－1的规定填写，总监理工程师进行检查，并做出检查结论。

(2)隧道工程应按下列规定进行施工质量控制：

1)工程采用的主要材料、构配件和设备，施工单位应对其外观、规格、型号和质量证明文件等进行验收，并经监理工程师检查认可；凡涉及结构安全和使用功能的，施工单位应进行检验，监理单位应按规定进行平行检验或见证取样检测。

2)各工序应按施工技术标准进行质量控制，每道工序完成后，施工单位应检查，并形成记录。

3)工序之间应进行交接检验，上道工序应满足下道工序的施工条件和技术要求；相关专业工序之间的交接检验应经监理工程师检查认可。未经检查或经检查不合格的不得进行下道工序施工。

(3)隧道工程施工质量应按下列要求进行验收：

1)工程施工质量应符合本标准和相关专业验收标准的规定；

2)工程施工质量应符合工程勘察、设计文件的要求。

3)参加工程施工质量验收的各方人员应具备规定的资格；

4)工程施工质量的验收均应在施工单位自行检查评定合格的基础上进行；

5)隐蔽工程在隐蔽前应由施工单位通知监理单位进行验收，并应形成验收文件；

6)涉及结构安全的试块、试件以及有关材料，监理单位应按规定进行平行检验或见证取样检测；

7)检验批的质量应按主控项目和一般项目进行验收；

8)对涉及结构安全和使用功能的分部工程应进行抽样检测；

9)承提见证取样检测及有关结构安全检测的单位应具有相应的资质；

10)单位工程的观感质量应由验收人员通过现场检查共同确认。

二、工程施工质量验收的划分

(1)隧道工程施工质量验收划分为单位工程、分部工程、分项工程和检验批。

(2)单位工程应按一个完整工程或一个相当规模的施工范围划分，并按下列原则确定：

1)一座隧道宜作为一个单位工程，长隧道和特长隧道可按施工标段划分为若干单位工程；

2)独立明洞(或棚洞)可作为一个单位工程。

(3)分部工程应按一个完整部位或主要结构及施工阶段划分。

(4)分项工程可按工程、工序、材料、施工工艺等划分。

(5)检验批可根据质量控制和施工段需要划分，其检验项目分为主控项目和一般项目。

(6)隧道工程的分部、分项工程划分和检验批检验项目应符合表5－8的规定。

表5－8 隧道工程分部工程、分项工程和检验批检验项目

序号	分部工程	分项工程	检验批	检验批检验项目条文号	
				主控项目	一般项目
1	洞口工程	开挖	每个洞	4.2.1～4.2.2	4.2.3
		砌体	每个砌筑段	4.3.1～4.3.10	4.3.11～4.3.13
		钢筋	每个安装段	4.4.1～4.4.5	4.4.6～4.4.9
		模板	每个安装段	4.5.1～4.5.3	4.5.4～4.5.6
		混凝土	每个浇注段	4.6.1～4.6.12	4.6.13～4.6.18
2	洞身开挖	洞身开挖	每个开挖循环	5.2.1～5.2.3	5.2.4～5.2.5
		隧底开挖	每个开挖循环	5.3.1～5.3.3	5.3.4～5.3.5
3	支护	喷射混凝土	每个喷射段	6.2.1～6.2.10	6.2.11～6.2.15
		锚杆	每个安装段	6.3.1～6.3.5	6.3.6～6.3.7
		钢筋网	每个安装段	6.4.1～6.4.3	6.4.4～6.4.8
		钢架	每榀	6.5.1～6.5.5	6.5.6～6.5.8
		管棚	每环	6.6.1～6.6.3	6.6.4～6.6.5
		超前小导管	每环	6.7.1～6.7.4	6.7.5～6.6.7

续上表

序号	分部工程	分项工程	检验批	检验批检验项目条文号	
				主控项目	一般项目
4	衬砌	衬砌模板	每个安装段	7.2.1～7.2.3	7.2.4～7.2.6
		钢筋	每个安装段	7.3.1～7.3.5	7.3.6～7.3.9
		混凝土	每个浇注段	7.4.1～7.4.15	7.4.16～7.4.21
		喷射混凝土	每个喷射段	7.5.1～7.5.11	7.5.12～7.5.17
		底板	每个浇注段	7.6.1～7.6.8	7.6.9～7.6.13
		仰拱	每个浇注段	7.7.1～7.7.9	7.7.10～7.7.16
		仰拱填充	每个浇注段	7.8.1～7.8.7	7.8.8～7.8.12
		回填注浆	每个注浆段	7.9.1～7.9.5	7.9.6
5	防水和排水	洞口防排水	每个洞口	8.2.1～8.2.4	8.2.5～8.2.6
		洞内排水沟(槽)	100m	8.3.1～8.3.5	8.3.6～8.3.7
		施工缝与变形缝处理	每处	8.4.1～8.4.6	8.4.7～8.4.8
		防水板防水	每个铺设段	8.5.1～8.5.3	8.5.4～8.5.7
		涂料防水层防水	500m^2	8.6.1～8.6.4	8.6.5～8.6.7
		注浆防水	每个作业循环	8.7.1～8.7.3	8.7.4～8.7.8
		盲管(沟)	每个衬砌浇注段	8.8.1～8.8.5	8.8.6～8.8.8
6	铺助坑道及附属洞室	开挖	每个开挖循环	9.2.1～9.2.2	9.2.3～9.2.5
		喷射混凝土	每个喷射段	9.3.1	9.3.2
		锚杆	每个安装段	9.4.1～9.4.5	9.4.6～9.4.7
		钢筋网	每个安装段	9.5.1～9.5.3	9.5.4～9.5.8
		钢架	每榀	9.6.1～9.6.4	9.6.5
		管棚	每环	9.7.1～9.7.3	9.7.4
		超前小导管	每环	9.8.1～9.8.4	9.8.5
		钢筋	每个安装段	9.9.1～9.9.5	9.9.6～9.9.9
		模板	每个安装段	9.10.1～9.10.3	9.10.4～9.10.5
		混凝土	每个浇注段	9.11.1～9.11.6	9.11.7
		坑道口及其封闭	每个口	9.12.1～19.12.2	19.12.3～9.12.4
7	附属设施	运营通风土建工程	每处	10.2.1～10.2.6	10.2.7
		消防	每处	10.3.1～10.3.3	10.3.4～10.3.6
		电缆槽	10m	10.4.1～10.4.3	10.4.4～10.4.6
8	明洞工程	明洞开挖	每个开挖循环	10.2.1～11.2.3	11.2.4
		模板	每个安装段	11.3.1～11.3.3	11.3.4
		钢筋	每个安装段	11.4.1～11.4.5	11.4.6～11.4.9
		混凝土	每个浇注段	11.5.1～11.5.7	11.5.8～11.5.10
		明洞防排水	每个施工段	11.6.1～11.6.5	11.6.6～11.6.12
		回填	每个施工段	11.7.1～11.7.2	11.7.3～11.7.4

注：1. 洞口工程中砌体分项工程检验批可按端墙、翼墙、挡土墙等不同结构划分检验批。

2.“检验批检验项目条文”中的条文参见《铁路隧道工程施工质量验收规定》(TB 10417—2003)中的内容。

第六节 给水排水工程

一、一般规定

(1)铁路给水排水工程施工现场 质量管理应有相应的施工技术标准、健全的质量管理体系和施工质量检验制度。

施工现场质量管理检查记录应由施工单位在施工前按表 5－1 的规定填写，总监理工程师进行检查，并做出检查结论。

1)工程采用的主要材料、构配件和设备，施工单位应对其外观、规格、型号和质量证明文件等进行现场验收，并经监理工程师检查认可，凡涉及结构安全和使用功能的施工单位应进行检验，监理单位应按规定进行平行检验或见证取样检测。

2)各工序应按施工技术标准进行质量控制，每道工序完成后，施工单位应进行检查，并形成记录。

3)工序之间应进行交接检验，上道工序应满足下道工序的施工条件和技术要求。相关专业工序之间的交接检验应经监理工程师检查认可，未经检查或经检查不合格的不得进行下道工序施工。

(2)给水排水工程施工质量应按下要求进行验收：

1)工程施工质量应符合本标准和铁道部现行《铁路混凝土和砌体工程施工质量验收标准》(TB 10424－2003)的有关规定；

2)工程施工质量应符合工程勘察、设计文件的要求；

3)参加工程施工质量验收的各方人员应具备规定的资格，有权签证的人员应报建设单位确认、备案；

4)工程施工质量的验收均应在施工单位自行检查评定合格的基础上进行；

5)隐蔽工程在隐蔽前应由施工单位通知监理单位进行验收，并应形成验收文件，重要构筑物地基验收时，勘察设计单位应派人参加；

6)涉及结构安全的试块、试件和现场检验项目、监理单位应按规定进行平等检验或见证取样检测、见证检测；

7)检验批的质量应按主控项目和一般项目进行验收；

8)对涉及结构安全和使用功能的分部工程应进行抽样检测；

9)承担见证取样检测及有关结构安全检测的单位应具有相应的资质；

10)单位工程的观感质量应由验收人员通过现场检查共同确认。

二、工程施工质量验收的划分

(1)给水排水工程施工质量验收划分为单位工程、分部工程、分项工程和检验批。

(2)单位工程应按下列原则确定：

1)一个完整的给水排水工程或相当规模的施工范围划分为一个单位工程；

2)一个给水站宜划分为一个单位工程。

(3)分部工程应按一个完整部位或主要结构及施工阶段划分。

(4)分项工程应按工程、工序、材料、施工工艺等划分。

(5)检验批可根据施工及质量控制和验收需要按施工阶段或部位等划分。

(6)给水排水工程的分部工程、分项工程、检验批划分和检验项目应符合表 5－9 的规定。

表 5—9　分部工程、分项工程、检验批划分和检验项目

分部工程类别	分部工程名称	分项工程		检验批	主控项目	一般项目
水源工程	供水管井	井孔钻进		每口井	4.2.1～4.2.5	4.2.6～4.2.7
		过滤管		每口井	4.3.1～4.3.3	4.3.4～4.3.5
		井壁管及沉淀管		每口井	4.4.1～4.4.3	4.4.4～4.4.5
		填充砾石		每口井	4.5.1～4.5.3	4.5.4
		封井及回填		每口井	4.6.1～4.6.3	4.6.4
		洗井及抽水试验		每口井	4.7.1～4.7.2	4.7.3
	大口井、结合井、辐射井	井筒制作	模板及支架	安装段	5.2.1～5.2.2	5.2.3～5.2.4
			钢筋	安装段	5.2.5	5.2.6
			混凝土	浇筑段	5.2.7～5.2.8	5.2.9～5.2.11
		井筒下沉		每口井	5.3.1	5.3.2
		井壁进水结构		每口井	5.4.1～5.4.4	—
		井底反滤层		每口井	5.5.1～5.5.2	5.5.3
		井底封底		每口井	5.6.1～5.6.3	5.6.4
		辐射管		每口井	5.7.1～5.7.3	5.7.4
		抽水试验		每口井	4.7.1～4.7.2	4.7.3
	水平集水管（渗渠）	水平集水管		每根管	6.2.1～6.2.4	6.2.5～6.2.6
		导水管		每根管	6.3.1～6.3.3	6.3.4～6.3.5
		集水井、水泵井	模板及支架	安装段	6.4.1	6.4.2～6.4.3
			钢筋	安装段	6.4.4	6.4.5
			混凝土	浇筑段	6.4.6	6.4.7
		水源产水试验		每项	6.5.1～6.5.2	6.5.3
	地表水取水构筑物	防护工程	模板及支架	安装段	7.2.1	7.2.2～7.2.3
			钢筋	安装段	7.2.4	7.2.5
			混凝土	浇筑段	7.2.6	7.2.7
			砌体工程	砌筑段	7.2.8	7.2.9
			堤坝、护坡	每处	7.2.10～7.2.11	7.2.12～7.2.13
		取水头部		每处	7.3.1～7.3.3	7.3.4～7.3.6
		进水管道		每根管	7.4.1～7.4.3	7.4.4～7.4.6
		集水井、水泵井	模板及支架	安装段	6.4.1	6.4.2～6.4.3
			钢筋	安装段	6.4.4	6.4.5
			混凝土	浇筑段	6.4.6	6.4.7
		浮船取水		每处	7.5.1～7.5.3	7.5.4～7.5.6

续上表

<table>
<tr><th colspan="2">分部工程</th><th rowspan="2" colspan="2">分项工程</th><th rowspan="2">检验批</th><th colspan="2">检验项目条文号</th></tr>
<tr><th>类别</th><th>名称</th><th>主控项目</th><th>一般项目</th></tr>
<tr><td rowspan="12">机械设备安装</td><td rowspan="12">机械设备安装</td><td rowspan="2">设备基础</td><td>模板及支架</td><td>每座</td><td>8.2.1</td><td>8.2.2～8.2.3</td></tr>
<tr><td>混凝土</td><td>每座</td><td>8.2.4～8.2.5</td><td>8.2.6</td></tr>
<tr><td colspan="2">离心泵安装</td><td>每座</td><td>8.3.1～8.3.4</td><td>8.3.5</td></tr>
<tr><td colspan="2">深井泵安装</td><td>每座</td><td>8.4.1～8.4.5</td><td>8.4.6～8.4.7</td></tr>
<tr><td colspan="2">潜水泵安装</td><td>每座</td><td>8.5.1～8.5.4</td><td>8.5.5</td></tr>
<tr><td colspan="2">电动机安装</td><td>每座</td><td>8.6.1～8.6.4</td><td>8.6.5</td></tr>
<tr><td colspan="2">管道安装</td><td>每台(套)</td><td>8.7.1～8.7.3</td><td>8.7.4～8.7.5</td></tr>
<tr><td colspan="2">阀门安装</td><td>每台(套)</td><td>8.8.1～8.8.5</td><td>8.8.6～8.8.7</td></tr>
<tr><td colspan="2">计量仪表安装</td><td>每台(套)</td><td>8.9.1～8.9.4</td><td>8.9.5</td></tr>
<tr><td colspan="2">泵试运转</td><td>每台(套)</td><td>8.10.1～8.10.3</td><td>—</td></tr>
<tr><td colspan="2">起重设备安装</td><td>每台(套)</td><td>8.11.1～8.11.6</td><td>8.11.7～8.11.9</td></tr>
<tr><td colspan="5"></td></tr>
<tr><td rowspan="27">管道工程</td><td rowspan="7">管沟</td><td colspan="2">开挖</td><td>开挖段</td><td>9.2.1～9.2.3</td><td>9.2.4～9.2.5</td></tr>
<tr><td colspan="2">砂和砂砾管道基础</td><td>施工段</td><td>9.3.1～9.3.3</td><td>9.3.4</td></tr>
<tr><td colspan="2">灰土管道基础</td><td>施工段</td><td>9.4.1～9.4.3</td><td>9.4.4</td></tr>
<tr><td rowspan="2">混凝土基础</td><td>模板及支架</td><td>安装段</td><td>9.5.1</td><td>9.5.2～9.5.3</td></tr>
<tr><td>混凝土</td><td>浇筑段</td><td>9.5.4</td><td>9.5.5～9.5.6</td></tr>
<tr><td colspan="2">回填</td><td>施工段</td><td>9.6.1～9.6.5</td><td>9.6.6</td></tr>
<tr><td colspan="5"></td></tr>
<tr><td rowspan="8">管道铺设</td><td colspan="2">球墨铸铁管、铸铁管铺设</td><td>100 延长米</td><td>10.2.1～10.2.5</td><td>10.2.6～10.2.9</td></tr>
<tr><td colspan="2">钢管铺设</td><td>100 延长米</td><td>10.3.1～10.3.5</td><td>10.3.6～10.3.8</td></tr>
<tr><td colspan="2">钢筋(预应力、自应力)混凝土管铺设</td><td>100 延长米</td><td>10.4.1～10.4.10</td><td>10.4.11～10.4.12</td></tr>
<tr><td colspan="2">其他材质管道铺设</td><td>100 延长米</td><td>10.5.1～10.5.5</td><td>10.5.6</td></tr>
<tr><td colspan="2">防护涵管铺设</td><td>100 延长米</td><td>10.6.1～10.6.5</td><td>10.6.6～10.6.7</td></tr>
<tr><td colspan="2">倒虹吸管铺设</td><td>100 延长米</td><td>10.7.1～10.7.6</td><td>10.7.7～10.7.9</td></tr>
<tr><td colspan="2">管道防腐处理</td><td>100 延长米</td><td>10.8.1～10.8.3</td><td></td></tr>
<tr><td colspan="2">管道保温处理</td><td>100 延长米</td><td>10.9.1～10.9.3</td><td>10.9.4</td></tr>
<tr><td rowspan="4">管道压力试验及冲洗消毒</td><td colspan="2">管道水压试验</td><td>一个试验段</td><td>11.2.1～11.2.7</td><td>—</td></tr>
<tr><td colspan="2">管道气压试验</td><td>一个试验段</td><td>11.3.1～11.3.4</td><td>—</td></tr>
<tr><td colspan="2">管道闭水试验</td><td>一个试验段</td><td>11.4.1～11.4.4</td><td>—</td></tr>
<tr><td colspan="2">管道冲洗消毒</td><td>每个系统</td><td>11.5.1～11.5.2</td><td>—</td></tr>
<tr><td rowspan="5">管道附属设备</td><td colspan="2">水表安装</td><td>每块</td><td>12.2.1～12.2.3</td><td>12.2.4～12.2.5</td></tr>
<tr><td colspan="2">客车给水栓安装</td><td>每座</td><td>12.3.1～12.3.4</td><td>12.3.5</td></tr>
<tr><td colspan="2">室外消火栓安装</td><td>每座</td><td>12.4.1～12.4.6</td><td>12.4.7</td></tr>
<tr><td colspan="2">水锤消除器、多功能水泵控制阀安装</td><td>每座</td><td>12.5.1～12.5.6</td><td>—</td></tr>
<tr><td colspan="2">阀门安装</td><td>每座</td><td>12.6.1～12.6.4</td><td>12.6.5～12.6.6</td></tr>
</table>

续上表

分部工程		分项工程		检验批	检验项目条文号	
类别	名称				主控项目	一般项目
管道工程	管道附属设施	检查井		每座	13.2.1～13.2.5	13.2.6～13.2.7
		支墩及锚定结构		每座	13.3.1～13.3.2	13.3.3
		水道标		每站	13.4.1～13.4.2	13.4.3
		管桥、支、吊、托架		每个	13.5.1～13.5.3	13.5.4
		排污口		每座	13.6.1～13.6.2	—
贮配水构筑物	构筑物基础	基坑		每座	14.2.1～14.2.4	14.2.5～14.2.7
		模板及支架		安装段	14.3.1	14.3.2
		钢筋		安装段	14.3.3～14.3.4	14.3.5
		混凝土		浇筑段	14.3.6～14.3.8	14.3.9～14.3.10
		基坑回填土		每座	14.4.1～14.4.2	14.4.3～14.4.4
	钢筋混凝土水塔塔身	模板及支架		安装段	15.2.1～15.2.2	15.2.3～15.2.5
		钢筋		安装段	15.2.6～15.2.10	15.2.11
		混凝土		浇筑段	15.2.12～15.2.13	15.2.14～15.2.18
	钢筋混凝土水柜、水池	模板及支架		安装段	16.2.1～16.2.3	16.2.4～16.2.5
		钢筋		安装段	16.2.6～16.2.7	16.2.8～16.2.11
		混凝土		浇筑段	16.2.12～16.2.14	16.2.15～16.2.17
		防水层		每座	16.3.1～16.3.6	16.3.7～16.3.10
	整体式钢丝网水泥水柜	模板及支架		安装段	17.2.1～17.2.2	17.2.3～17.2.4
		钢筋及钢丝网		安装段	17.2.5～17.2.8	17.2.9～17.2.11
		水泥砂浆及混凝土		浇筑段	17.2.12～17.2.17	17.2.18～17.2.19
		防水层		每座	16.3.1～16.3.9	16.3.10～16.3.14
	装配式水柜、水池	预制构件制作	模板及支架	安装段	18.2.1～18.2.3	18.2.4～18.2.5
			钢筋及钢丝网	安装段	18.2.6	18.2.7～18.2.8
			混凝土及水泥砂浆	浇筑段	18.2.9	18.2.10～18.2.12
		预制构件装配	模板及支架	安装段	18.3.1～18.3.3	18.3.4～18.3.5
			钢筋	安装段	18.3.6～18.3.8	18.3.9～18.3.10
			混凝土	浇筑段	18.3.11～18.3.14	18.3.15～18.3.16
		水塔水柜提升吊装		每座	18.4.1～18.4.2	18.4.3
	附属设施	水柜支承钢支架制作安装		每座	19.2.1～19.2.2	19.2.3
		钢梯、平台、栏杆制作安装		每座	19.3.1～19.3.3	19.3.4～19.3.6
		避雷针与接地		每座	19.4.1～19.4.6	19.4.7～19.4.9
		塔内配管及配件		每座	19.5.1～19.5.3	19.5.4
		水塔保温层		每座	19.6.1～19.6.8	19.6.9～19.6.10
		液位显示装置		每座	19.7.1～19.7.2	19.7.3～19.7.4

续上表

<table>
<tr><th colspan="2">分部工程</th><th rowspan="2">分项工程</th><th rowspan="2">检验批</th><th colspan="2">检验项目条文号</th></tr>
<tr><th>类别</th><th>名称</th><th>主控项目</th><th>一般项目</th></tr>
<tr><td rowspan="3">贮配水构筑物</td><td>满水试验</td><td>水柜、水池满水试验</td><td>每座</td><td>20.2.1～20.2.2</td><td>20.2.3</td></tr>
<tr><td rowspan="2">构筑物外部装饰</td><td>饰面砖粘贴工程</td><td>每座</td><td>21.2.1～21.2.4</td><td>21.2.5～21.2.10</td></tr>
<tr><td>涂料涂饰工程</td><td>每座</td><td>21.3.1～21.3.5</td><td>21.3.6～21.3.7</td></tr>
<tr><td rowspan="11">水处理设备</td><td rowspan="7">设备制作及安装</td><td>进出水堰</td><td>每台(套)</td><td>22.2.1～22.2.2</td><td>22.2.3</td></tr>
<tr><td>箱、槽制作安装</td><td>每座</td><td>22.3.1～22.3.3</td><td>22.3.4～22.3.6</td></tr>
<tr><td>硬聚氯乙烯容器制作安装</td><td>每个</td><td>22.4.1～22.4.3</td><td>22.4.4～22.4.5</td></tr>
<tr><td>斜管(板)安装</td><td>每台(套)</td><td>22.5.1～22.5.2</td><td>22.5.3</td></tr>
<tr><td>配件制作安装</td><td>每台(套)</td><td>22.6.1～22.6.2</td><td>22.6.3</td></tr>
<tr><td>滤料、滤板安装</td><td>每台(套)</td><td>22.7.1～22.7.3</td><td>22.7.4～22.7.5</td></tr>
<tr><td>成套设备安装</td><td>每套</td><td>22.8.1～22.8.2</td><td>22.8.3</td></tr>
<tr><td rowspan="3">防腐工程</td><td>像胶衬里</td><td>每台(套)</td><td>23.2.1～23.2.2</td><td>23.2.3～23.2.4</td></tr>
<tr><td>玻璃钢衬里</td><td>每台(套)</td><td>23.3.1～23.2.3</td><td>23.3.4</td></tr>
<tr><td>防腐涂料</td><td>每台(套)</td><td>23.4.1～23.4.2</td><td>23.4.3</td></tr>
<tr><td>试运转及调试</td><td>试运转及调试</td><td>每台(套)</td><td>24.2.1～24.2.2</td><td>—</td></tr>
</table>

注:“检验项目条文号”中的条文参见《铁路给水排水工程施工质量验收标准》(TB 10422—2003)中的内容。

第七节　铁路站场工程

一、一般规定

(1)铁路站场工程施工现场质量管理应有相应的施工技术标准、健全的质量管理体系和质量检验制度。

施工现场质量管理检查记录应由施工单位在施工前按表 5－1 填写,总监理工程师进行检查,并做出检查结论。

(2)铁路站场工程应按下列规定进行施工质量控制:

1)工程采用的主要材料、构配件和设备等,施工单位应对其外观、规格、型号和质量证明文件等进行现场验收,并经监理工程师检查认可。凡涉及结构安全和使用功能的,施工单位应进行梭,监理单位应按规定进行平行检验或见证取样检测。

2)各工序应按施工技术标准进行,每道工序完成后,应进行检查,并形成记录。

3)工序之间应进行交接检验,上道工序应满足下道工序的施工条件和技术要求。相关专业工序之间的交接检验应经监理工程师检查认可,未经检查或经检查不合格的不得进行下道工序施工。

(3)站场工程施工质量应按下列要求进行验收:

1)工程施工质量应符合本标准和相关专业验收标准的有关规定。

2)工程施工质量应符合工程勘察、设计文件要求。

3)参加工程施工质量验收的各方人员应具备规定的资格。各种检查记录的签证人员应报建设单位确认、备案。

4)工程施工质量的验收均应在施工单位自行检查评定合格的基础上进行。

5)隐蔽工程在隐蔽前应由施工单位通知监理单位进行验收,并应形成验收文件。人行地道地基与基础等重要分部工程验收时,勘察设计单位应派人参加。

6)涉及结构安全的试块、试件和现场检测项目,监理单位应按规定进行平行检验、见证取样检测或见证检验。

7)检验批的质量应按主控项目和一般项目进行验收。

8)对涉及结构安全和使用功能的分部职责中应进行抽检测。

9)承担见证取样检测及有关结构安全检测的单位应具有相应的资质。

10)单位工程的观感质量应由验收人员通过现场检查共同确认。

二、工程施工质量验收的划分

(1)铁路站场工程施工质量验收划分为单位工程、分部工程、分项工程和检验批。

(2)单位工程应按一个完整工程或一个相当规模的施工范围划分,并按下列原则确定:

1)一般情况下一个站场分站场路基、站场道路和站场构筑物三个单位工程;

2)对越行站、会让站和一些规模较小的中间站等小型车站,整个车站可合并为一个单位工程;

3)对编组站或其他大型站场,可按车场或站段将路基工程分为数个单位工程。

(3)分部工程应按一个完整部位或主要结构及施工阶段划分。

(4)分项工程应按工程、工序、材料、施工工艺等划分。

(5)检验批可根据施工及质量控制和验收需要按施工段或部位等划分。

(6)站场路基、道路和构筑物单位工程的分部工程、分项工程、检验批划分和检验项目应符合表 5－10～表 5－12 的规定。

表 5－10　站路基工程分部工程、分项工程、检验批划分和检验项目

<table>
<tr><th rowspan="2">序号</th><th colspan="2" rowspan="2">分部工程</th><th rowspan="2">分项工程</th><th rowspan="2">检验批</th><th colspan="2">检验项目条文号</th></tr>
<tr><th>主控项目</th><th>一般项目</th></tr>
<tr><td>1</td><td colspan="2">地基处理</td><td colspan="4" rowspan="4">按《铁路路基工程施工质量验收标准》(TB 10414－2003)划分和检验;按长度划分检验批和按长度规定检验数量的,其长度须按股道数折合为单线长度</td></tr>
<tr><td>2</td><td colspan="2">基床以下路堤</td></tr>
<tr><td>3</td><td colspan="2">基床</td></tr>
<tr><td>4</td><td colspan="2">路堑</td></tr>
<tr><td rowspan="10">5</td><td rowspan="10">路基支挡结构</td><td>重力式挡土墙</td><td colspan="4" rowspan="11">按《铁路路基工程施工质量验收标准》(TB 10414－2003)划分和检验</td></tr>
<tr><td>短卸荷板式挡土墙</td></tr>
<tr><td>悬臂和扶壁挡土墙</td></tr>
<tr><td>锚杆挡土墙</td></tr>
<tr><td>锚定板挡土墙</td></tr>
<tr><td>加筋土挡土墙</td></tr>
<tr><td>土钉墙</td></tr>
<tr><td>抗滑桩</td></tr>
<tr><td>桩板式挡墙</td></tr>
<tr><td>预应力锚索</td></tr>
<tr><td>6</td><td colspan="2">路基防护</td></tr>
</table>

续上表

序号	分部工程	分项工程	检验批	检验项目条文号	
				主控项目	一般项目
7	路基排水	排水盲沟	每条沟	4.2.1、4.2.2	4.2.3
		排水管道	每 100m	4.3.1～4.3.3	4.3.4
		排水沟槽	每 100m	4.4.1～4.4.4	4.4.5、4.4.6
		检查井及沉淀井	每口井	4.5.1～4.5.5	4.5.6、4.5.7
		侧沟、排水沟	每 100m	4.6.1～4.6.4	4.6.5、4.6.6
		天沟、截水沟	每条沟	6.7.1～4.7.4	4.7.5
		跌水与急流槽	每个跌水或槽段	4.8.1～4.8.3	4.8.4、4.8.5
		渗水池	每个池	4.9.1～4.9.3	
8	路基附属设施	按《铁路路基工程施工质量验收标准》(TB 10414—2003)划分和检验			

注:"检验项目条文号"中的条文参见《铁路站场工程施工质量验收标准》(TB 10423—2003)的内容。

表 5－11 站场道路工程分部工程、分项工程、检验批划分和检验项目

序号	分部工程	分项工程	检验批	检验项目条文号	
				主控项目	一般项目
1	站场道路路基	站场道路路基	双车道 200m	5.1.4～5.1.7	5.1.8
2	站场道路路面	垫层	双车道 200m	5.2.5～5.2.9	5.2.10
		底基层	双车道 200m	5.2.5～5.2.9	5.2.10
		基层	双车道 200m	5.3.4～5.3.8	5.3.9
		水泥混凝土面层	双车道 200m	5.4.3～5.4.7	5.4.8～5.4.10
		沥青混凝土面层	双车道 200m	5.5.5～5.5.8	5.5.9
		沥青碎(砾)石面层	双车道 200m	5.5.5～5.5.8	5.5.9
		沥青贯入式路面	双车道 200m	5.6.4～5.6.7	5.6.8
		沥青表面处治路面	双车道 200m	5.7.6～5.7.9	5.7.10
		泥结碎(砾)石路面	双车道 200m	5.8.1～5.8.5	5.8.6
		级配碎(砾)石路面	双车道 200m	5.8.1～5.8.5	5.8.6
		路缘石	每 200m	5.9.2～5.9.4	5.9.5
		平过道铺面	每个平过道	5.10.1～5.10.3	5.10.4
3	道路设施	道路标志	每个标志	5.11.4～5.11.7	5.11.8、5.11.9
		道路护栏	每个独立段	5.12.1、5.12.2	5.12.3

注:"检验项目条文号"中的条文参见《铁路站场工程施工质量验收标准》(TB 10423—2003)中的内容。

表 5—12　站场构筑物工程分部工程、分项工程、检验批划分和检验项目

<table>
<tr><th rowspan="2">序号</th><th rowspan="2" colspan="2">分部工程</th><th rowspan="2" colspan="2">分项工程</th><th rowspan="2">检验批</th><th colspan="2">检验项目条文号</th></tr>
<tr><th>主控项目</th><th>一般项目</th></tr>
<tr><td rowspan="10">1</td><td rowspan="10">人行地道</td><td>明挖基础</td><td colspan="5" rowspan="4">按《铁路桥涵工程施工质量验收标准》(TB 10415—2003)划分和检验</td></tr>
<tr><td>装配式涵洞涵身</td></tr>
<tr><td>就地制作涵洞涵身</td></tr>
<tr><td>顶进涵</td></tr>
<tr><td rowspan="3">地道装饰</td><td colspan="2">抹灰工程</td><td>每 200m^2</td><td>6.2.1～6.2.3</td><td>6.2.4～6.2.6</td></tr>
<tr><td colspan="2">饰面板(砖)</td><td>每 200m^2</td><td>6.3.1、6.3.2</td><td>6.3.3～6.3.6</td></tr>
<tr><td colspan="2">顶棚装饰</td><td>每 200m^2</td><td>6.4.1～6.4.4</td><td>6.4.5～6.4.7</td></tr>
<tr><td rowspan="3">地道其他设施</td><td colspan="2">进出口台阶及斜坡走道</td><td>每个进出口</td><td>6.5.1</td><td>6.5.2～6.5.4</td></tr>
<tr><td colspan="2">地道排水</td><td>每座地道</td><td>6.6.1～6.6.3</td><td>6.6.4、6.6.5</td></tr>
<tr><td colspan="2">地道照明</td><td>每座地道</td><td>6.7.1～6.7.4</td><td></td></tr>
<tr><td rowspan="12">2</td><td rowspan="12" colspan="2">人行天桥</td><td colspan="2">地基与基础</td><td>每个基坑</td><td>7.2.1～7.2.3</td><td>7.2.4</td></tr>
<tr><td rowspan="4">混凝土结构（构件）</td><td>模板与支架</td><td>每个安装段</td><td>7.3.1</td><td>7.3.2～7.3.3</td></tr>
<tr><td>钢筋</td><td>每个安装段</td><td>7.3.4</td><td>7.3.5</td></tr>
<tr><td>混凝土</td><td>每个浇筑段</td><td>7.3.6</td><td>7.3.7、7.3.8</td></tr>
<tr><td>预应力</td><td>每个施工段</td><td>7.3.9</td><td>7.3.10</td></tr>
<tr><td colspan="2">混凝土构件安装</td><td>每个安装段</td><td>7.4.1～7.4.3</td><td>7.4.7～7.4.7</td></tr>
<tr><td colspan="2">钢结构构件制作</td><td>每个构件</td><td>7.5.1、7.5.2</td><td>7.5.3、7.5.4</td></tr>
<tr><td colspan="2">钢结构焊接</td><td>每个安装段</td><td>7.6.1～7.6.3</td><td>7.6.4～7.6.6</td></tr>
<tr><td colspan="2">钢结构高强度螺栓连接</td><td>每个安装段</td><td>7.7.1～7.7.3</td><td>7.7.4～7.7.6</td></tr>
<tr><td colspan="2">钢结构涂装</td><td>每座天桥</td><td>7.8.1～7.8.4</td><td>7.8.5～7.8.7</td></tr>
<tr><td colspan="2">支座</td><td>每个支座</td><td>7.9.1、7.9.2</td><td>7.9.3</td></tr>
<tr><td colspan="2">天桥栏杆</td><td>每座天桥</td><td>7.10.1～7.10.3</td><td>7.10.4～7.10.5</td></tr>
<tr><td rowspan="4">3</td><td rowspan="4" colspan="2">站台</td><td colspan="2">站台墙</td><td>纵向 100m</td><td>8.2.1～8.2.5</td><td>8.2.6～8.2.9</td></tr>
<tr><td colspan="2">站台填筑</td><td>纵向 100m</td><td>8.3.1～8.3.3</td><td>8.3.4</td></tr>
<tr><td colspan="2">站台面</td><td>纵向 100m</td><td>8.4.1～8.4.3</td><td>8.4.4、8.4.5</td></tr>
<tr><td colspan="2">站台附属设施</td><td>每个站台</td><td>8.5.1～8.5.4</td><td>8.5.5、8.5.6</td></tr>
<tr><td rowspan="12">4</td><td rowspan="12" colspan="2">雨棚</td><td colspan="2">地基与基础</td><td>每个基坑</td><td>9.2.1～9.2.3</td><td>9.2.4、9.2.5</td></tr>
<tr><td rowspan="4">混凝土结构（构件）</td><td>模板与支架</td><td>每个安装段</td><td>9.3.1</td><td>9.3.2、9.3.3</td></tr>
<tr><td>钢筋</td><td>每个安装段</td><td>9.3.4</td><td>9.3.5</td></tr>
<tr><td>混凝土</td><td>每个浇筑段</td><td>9.3.6</td><td>9.3.7、9.3.8</td></tr>
<tr><td>预应力</td><td>每个施工段</td><td>9.3.9</td><td>9.3.10</td></tr>
<tr><td colspan="2">装饰</td><td>每 200m^2</td><td>9.4.1、9.4.2</td><td>9.4.3、9.4.4</td></tr>
<tr><td colspan="2">混凝土构件安装</td><td>每个安装段</td><td>9.5.1</td><td>9.5.2</td></tr>
<tr><td colspan="2">钢结构构件制作</td><td>每个构件</td><td>9.6.1</td><td>9.6.2</td></tr>
<tr><td colspan="2">钢结构焊接</td><td>每个施工段</td><td>9.7.1</td><td>9.7.2</td></tr>
<tr><td colspan="2">钢结构高强度螺栓连接</td><td>每个安装段</td><td>9.8.1</td><td>9.8.2</td></tr>
<tr><td colspan="2">钢结构涂装</td><td>每座雨棚</td><td>9.9.1</td><td>9.9.2</td></tr>
<tr><td colspan="2">雨棚棚盖</td><td>纵向 100m</td><td>9.10.1～9.10.3</td><td>9.10.4、9.10.5</td></tr>
</table>

续上表

序号	分部工程	分项工程		检验批	检验项目条文号	
					主控项目	一般项目
5	栅栏和围墙	栅栏		纵向 100m	10.1.1～10.1.4	10.1.5
		围墙		纵向 100m	10.2.1～10.2.3	10.2.4～10.2.6
6	灯桥	灯桥基础		每个基础	10.4.1	10.4.2
		混凝土灯桥柱	模板与支架	每个安装段	10.5.1	10.5.2、10.5.3
			钢筋	每个安装段	10.5.4	10.5.5
			混凝土	每个浇筑段	10.5.6	10.5.7、10.5.8
		钢结构灯桥柱及横架	钢结构件制作	每个构件	10.6.1	10.6.2
			钢结构焊接	每个施工段	10.6.3	10.6.4、10.6.5
			钢结构高强度螺栓连接	每个安装段	10.6.6	10.6.7
			钢结构涂装	整座灯桥	10.6.8	10.6.9
7	轨行式吊机走行轨道	地基与基础		每股道 100m	10.7.1～10.7.5	10.7.6
		走行轨道		每股道 100m	10.8.1、10.8.2	
8	检查坑	开挖		每个坑	10.9.1、10.9.2	10.9.3、10.9.4
		坑体	模板与支架	每个安装段	10.10.1	10.10.2、10.10.3
			钢筋	每个安装段	10.10.4	10.10.5
			混凝土	每个浇筑段	10.10.6	10.10.7、10.10.8
9	滑坡仓、漏斗仓	地基与基础		每个	10.11.1	10.11.2
		仓体	模板与支架	每个安装段	10.12.1	10.12.2、10.12.3
			钢筋	每个安装段	10.12.4	10.12.5
			混凝土	每个浇筑段	10.12.6、10.12.7	10.12.8～10.12.11

注："检验项目条文号"中的条文参见《铁路站工程施工质量验收标准》(TB 10423—2003)中的内容。

第八节 运输通信工程

一、一般规定

(1)铁路运输通信工程施工现场质量管理应有相应的施工技术标准、健全的质量管理体系和施工质量检验制度。

铁路运输专用通信施工现场质量管理检查记录应由施工单位在施工前按表 5－1 的规定填写，总监理工程师进行检查，并做出检查结论。

(2)铁路运输通信工程应按下列规定进行施工质量控制：

1)工程采用的主要材料、构配件和设备，施工单位应对其外观、规格、型号和质量证明文件等进行验收，并经监理工程师检查认可；风涉及结构安全和使用功能的，施工单位应进行检验，监理单位应按规定进行见证取样检测或平行检验。新材料、新设备、新器材及进口设备和器材的进场验收，除符合本标准规定外，尚需提供安装、使用、维修、试验及合同规定的有关文件、检测报告等。

2)各工序应按施工技术标准进行质量控制，每道工序完成后，施工单位应进行检查，并形成记录。

3)工序之间应进行交接检验，上道工序应满足下道工序的施工条件和技术要求，相关专业工序之间的交接检验应经监理工程师检查认可，未经检查或经检查不合格的不得进行下道工序施工。

(3)铁路运输通信工程施工质量应按下列要求进行验收：

1)工程施工质量应符合本标准和相关专业验收标准的有关规定。

2)工程施工质量应符合工程勘察、设计文件要求。

3)参加工程施工质量验收的各方人员应具备规定的资格。各种检查记录的签证人员应报建设单位确认、备案。

4)工程施工质量的验收均应在施工单位自行检查评定合格的基础上进行。

5)隐蔽工程在隐蔽前应由施工单位通知监理单位进行验收，并应形成验收文件。

6)涉及结构安全的试块、试件和现场检测项目，监理单位应按规定进行平行检验、见证取样检测或见证检验。

7)检验批的质量应按主控项目和一般项目进行验收。

8)对涉及结构安全和使用功能的分部职责中应进行抽检测。

9)承提见证取样检测及有关结构安全检测的单位应具有相应的资质。

10)单位工程的观感质量应由验收人员通过现场检查共同确认。

二、工程施工质量验收的划分

(1)铁路运输通信工程质量验收应划分为单位工程、分部工程、分项工程和检验批。

(2)单位工程应按一个完整工程、系统或一个相当规模的施工范围划分，并按下列原则确定：

1)光电缆线路：一个调度区段为一个单位工程。

2)光纤用户接入网及中间站电源：一个接入网区段为一个单位工程。

3)铁路运输调度通信：一个调度区段为一个单位工程。

4)列车无线调度通信：一个调度区段为一个单位工程。

5)区段通信：一个调度区段为一个单位工程。

6)站场通信：一个站场为一个单位工程。

7)车站客运信息系统：一个车站为一个单位工程。

8)数据接入终端业务：一个数据段为一个单位工程。

9)中间站环境及电源监控系统：一个监控段为一个单位工程。

(3)分部工程应按一个完整部位或主要结构及施工阶段划分。

(4)分项工程应按工序、工程、设备等划分。

(5)检验批应根据施工及质量控制和验收需要划分。

(6)铁路运输通信工程的单位工程、分部工程、分项工程、检验批划分和检验项目应符合表5－13的规定。

表 5—13 单位工程、分部工程、分项工程、检验批划分和检验项目

序号	单位工程	分部工程	分项工程期	检验批（最大批量）	检验批检验项目条文号	
					主控项目	一般项目
1	光电缆线路	建筑安装	线路建筑安装	一个站间	4.2.1～4.2.9	4.2.10～4.2.13
			电缆接续及引入	一个站间	4.3.1～4.3.5	4.3.6～4.3.8
			光缆接续及引入	一个站间	4.4.1～4.4.7	4.4.8～4.4.10
		光电缆电气特性	电缆线路电气特性检测	一个音频段	4.5.1～4.5.3	
			光缆线路特性检测	一个中断段	4.6.1～4.6.4	
2	光纤用户接入网及中间站电源	用户接入网设备安装	设备安装	一个站	5.2.1～5.2.2	5.2.3～5.2.4
			设备配线	一个站	5.3.1～5.3.6	5.3.7～5.3.10
		用户接入网系统检测	业务节点接口检测	一个站	5.4.1～5.4.3	
			用户网络接口检测	一个站	5.5.1～5.5.5	
			系统功能试验	一个系统	5.6.1～5.6.3	
			系统性能检测	一个系统	5.7.1～5.7.8	
			网管功能试验	一个系统	5.8.1～5.8.2	
		中间站电源	设备安装与配线	一个站	5.9.1～5.9.4	5.9.5～5.9.8
			接地	一个站	5.10.1～5.10.2	5.10.3～5.10.4
			电源与接地系统检测	一个站	5.11.1～5.11.4	
3	铁路运输调度通信	设备安装	设备安装	一个站	6.2.1～6.2.2	6.2.3～6.2.4
			设备配线	一个站	6.3.1～6.3.5	6.3.6～6.3.8
		系统检测	功能试验	一个系统	6.4.1～6.4.4	
			性能测试	一个系统	6.5.1～6.5.5	6.5.7～6.5.14
			集中维护管理功能试验	一个系统	6.6.1～6.6.5	
4	列车无线调度通信	铁塔和天馈线	铁塔基础	一座	7.2.1～7.2.3	7.2.4～7.2.6
			铁塔安装	一座	7.3.1～7.3.4	7.3.5～7.3.7
			天馈线	一处	7.4.1～7.4.7	7.4.8～7.4.12
		漏泄同轴电缆	漏泄同轴电缆	一个敷设段	7.5.1～7.5.9	7.5.10～7.5.13
		列车无线调试设备	无线设备	一个调度区段、一个车站	7.6.1～7.6.6	7.6.7～7.6.10
			中断器及区间中继台	一处	7.7.1～7.7.5	7.7.6～7.7.7
		系统检测	无线信道传输性能	一个区间	7.8.1～7.8.4	
			有线信道传输性能	一个调度区段	7.9.1～7.9.2	
			系统功能试验	一个调度区段	7.10.1～7.10.5	
5	区段通信	设备安装	设备安装	一个调度区段、一个区间	8.2.1～8.2.4	8.2.5～8.2.6
			设备配线	一个区间	8.3.1～8.3.2	8.3.3～8.3.4
		系统检测	通道检测	一个区间	8.4.1～8.4.5	
			系统检测	一个调度区段	8.5.1～8.5.4	

续上表

序号	单位工程	分部工程	分项工程期	检验批（最大批量）	检验批检验项目条文号	
					主控项目	一般项目
6	站场通信	有线通信	光电缆线路	一个站场	9.2.1～9.2.5	
			设备安装	一个站场	9.3.1～9.3.3	9.3.4～9.3.7
			设备配线	一个站场	9.4.1～9.4.4	9.4.5～9.4.6
			系统检测	一个站场	9.5.1～9.5.7	9.5.8～9.5.9
		无线通信	铁塔与天线	一个站场	9.6.1～9.6.3	9.6.4～9.6.6
			设备安装及配线	一个站场	9.7.1	9.7.2
			系统检测	一个站场	9.8.1～9.8.6	
		电源与接地	电源	一个站场	9.9.1～9.9.4	9.9.5～9.9.6
			防雷与接地	一个站场	9.10.1～9.10.3	9.10.4～9.10.5
7	车站客运信息系统	车站综合布线系统	管线安装	一个车站	10.2.1～10.2.9	10.2.10～10.2.7
			光电缆特性测试	一个车站	10.3.1～10.3.6	
			系统接口设备安装	一个车站	10.4.1～10.4.2	10.4.3～10.4.6
		电视监控系统	设备安装与配线	一个车站	10.5.1～10.5.9	10.5.10～10.5.13
			系统检测	一个系统	10.6.1～10.6.5	10.6.6
		客运广播系统	设备安装与配线	一个车站	10.7.1～10.7.5	10.7.6～10.7.7
			系统检测	一个系统	10.8.1～10.8.7	10.8.8～10.8.9
		通告及引导显示系统	设备安装与配线	一个车站	10.9.1～10.9.5	10.9.6
			系统检测	一个系统	10.10.1～10.10.4	
		时钟系统	设备安装与配线	一个车站	10.11.1～10.11.5	10.11.6～10.11.7
			系统检测	一个系统	10.12.1～10.12.4	
8	数据接入终端业务	数据传输通道	数据传输通道	一个数据段	11.2.1～11.2.5	11.2.6～11.2.7
		数据传输设备安装	设备安装	一个站	11.3.1～11.3.4	11.3.5～11.3.6
			设备配线路	一个站	11.4.1～11.4.3	11.4.4～11.4.6
		系统检测	系统检测	一个数据段	11.5.1～11.5.3	
9	中间站环境及电源监控系统	设备安装	中间站监控设备安装	一个站	12.2.1～12.2.5	12.2.6～12.2.7
			监控中心设备安装	一个监控段	12.3.1～12.3.4	12.3.5～12.3.6
			系统布线与接地	一个监控段	12.4.1～12.4.4	12.4.5～12.4.10
		系统检测	系统测试	一个监控段	12.5.1～12.5.5	
			系统功能试验	一个监控段	12.6.1～12.6.8	

注：“检验批检验项目条文号”中的条文参见《铁路运输通信工程施工质量验收标准》(TB 10418—2003)中的内容。

第九节 信号工程

一、一般规定

(1)铁路信号工程施工现场质量管理应有相应的施工技术标准、健全的质量管理体系和施工质量检验制度。

施工现场质量管理检查记录应由施工单位在施工前按表5－1的规定填写，总监理工程师进行检查，并做出检查结论。

(2)铁路信号工程应按下列规定进行施工质量控制：

1)工程采用的主要材料、构配件和设备进场，施工单位应对其外观、规格、型号和质量证明文件进行进场验收，并经监理工程师认可；凡涉及安全和使用功能的，施工单位应进行检验，监理单位应按规定进行平行检验或见证取样检测。依法定程序批准进入市场的新设备、新器材进场验收，除应符合本标准规定外，尚需提供安装、使用、维修和试验要求等技术文件。进口设备和器材进场验收，除应符合本标准规定外，尚应提供商检证明及合同规定的有关文件、检测报告等。

2)各工序应按施工技术标准进行质量控制，每道工序完成后，施工单位应进行检查，并形成记录。

3)工序之间应进行交接检验，上道工序应满足下道工序的施工条件和技术要求，相关专业工序之间的交接检验应经监理工程师检查认可，未经检查或经检查不合格的不得进行下道工序施工。

(3)铁路信号工程施工质量应按下列要求进行验收：

1)工程施工质量应符合本标准的规定。

2)工程施工质量应符合工程勘测、设计文件要求。

3)参加工程施工质量验收的各方人员应具备规定的资格。各种检查记录的签证人员应报建设单位确认、备案。

4)工程施工质量的验收均应在施工单位自行检查评定合格的基础上进行。

5)隐蔽工程在隐蔽前应由施工单位通知监理单位进行验收，并应形成验收文件。

6)涉及结构安全的试块、试件和现场检测项目，监理单位应按规定进行平行检验、见证取样检测或见证检验。

7)检验批的质量应按主控项目和一般项目进行验收。

8)对涉及结构安全和使用功能的分部职责中应进行抽检测。

9)承提见证取样检测及有关结构安全检测的单位应具有相应的资质。

10)单位工程的观感质量应由验收人员通过现场检查共同确认。

二、工程施工质量验收的划分

(1)铁路信号工程质量验收应划分为单位工程、分部工程、分项工程和检验批。

(2)单位工程按铁路信号工程的独立设施、具有相当规模的施工范围划分，并按下列原则确定：

1)车站信号、驼峰信号以一个车站(场)为一个单位工程。

2)区间信号以一个区间与相关站为一个单位工程。

3)调度集中(CTC)以一个调度台管辖的范围为一个单位工程。

4)运输调度指挥管理信息系统(DMIS)以一个子系统为一个单位工程。

5)信号微机监测系统以一个系统为一个单位工程，未形成系统的可按一个站(场)为一个单位工程。

(3)分部工程应按一个完整部位或主要结构及施工阶段划分。

(4)分项工程应按工序、工程、设备等划分。

(5)检验批应根据施工及质量控制和验收需要划分。

(6)铁路信号工程的单位工程、分部工程、分项工程、检验批划分和检验项目应符合表5—14和表5—15的规定。

表5—14　信号工程单位工程和分部工程划分

单位工程类别	分部工程名称	单位工程类别	分部工程名称
车站信号	地面固定信号机	驼峰信号	轨道电路
	转撤装置		电(光)缆线路
	轨道电路		室内设备
	电(光)缆线路		机车信号设备
	室内设备		驼峰信号设备
	机车信号设备		其他信号设备
	其他信号设备		联锁试验
	联锁试验	调度集中(CTC)	电(光)缆线路
区间信号	地面固定信号机		室内设备
	轨道电路		联锁试验
	电(光)缆线路	运输调度指挥管理信息系统(DMIS)	电(光)缆线路
	室内设备		室内设备
	机车信号设备		联锁试验
	其他信号设备	信号微机监测系统	电(光)缆线路
	联锁试验		室内设备
驼峰信号	地面固定信号机		联锁试验
	转撤装置		

表5—15　分部工程、分项工程、检验批划分和检验项目

分部工程名称	分项工程	检验批	检验批检验项目条文号	
			主控项目	一般项目
地面固定信号机	高柱色灯信号机	每10架信号机	4.2.1～4.2.9	4.2.10～4.2.14
	矮型色灯信号机	每10架信号机	4.3.1～4.3.6	4.3.7～4.3.10
	信号标志牌	每10个标志牌	4.4.1	4.4.2
转辙装置	安装装置	每10组道岔范围	5.2.1～5.2.5	5.2.6～5.2.8
	电锁器及道岔握柄	每10组道岔范围	5.3.1～5.3.6	5.3.7～5.3.10
	转换锁闭器和导管装置	每10组道岔范围	5.4.1～5.4.5	5.4.6～5.4.9
	转辙机	每10组道岔范围	5.5.1～5.5.5	5.5.6～5.5.7
	道岔表示器和联锁脱轨器	每10组道岔范围	5.6.1～5.6.6	5.6.7～5.6.8
	分动外锁闭转辙装置	每10组道岔范围	5.7.1～5.7.5	5.7.6～5.7.8

续上表

分部工程名称	分项工程	检验批	检验批检验项目条文号	
			主控项目	一般项目
轨道电路	轨道电路轨旁设备	每10区段	6.2.1～6.2.4	6.2.5
	钢轨绝缘	每10对	6.3.1～6.3.9	6.3.10～6.3.12
	钢轨引接线	每10区段	6.4.1～6.4.3	6.4.4～6.4.6
	钢轨接续线	每一股道、每一咽喉、每一闭塞分区、每一进站信号机接近区段	6.5.1～6.5.5	6.5.6～6.5.8
	道岔跳线	每10组道岔范围	6.6.1～6.6.3	6.6.4～6.6.6
电(光)缆线路	电缆线路敷设	20组及以下道岔的车站(驼峰场)为1站(场),21组以上道岔的车站为1个咽喉,区间为半个区间	7.2.1～7.2.8	7.2.9
	电缆防护	20组及以下道岔的车站(驼峰场)为1站(场),21组以上道岔的车站为1个咽喉,区间为半个区间	7.3.1～7.3.12	
	电缆接续	20组及以下道岔的车站(驼峰场)为1站(场),21组以上道岔的车站为1个咽喉,区间为半个区间	7.4.1～7.4.7	7.4.8～7.4.9
	电缆线路	20组及以下道岔的车站(驼峰场)为1站(场),21组以上道岔的车站为1个咽喉,区间为半个区间	符合《铁路运输通信工程施工质量验收标准》(TB 10418)中的4.2、4.4、4.6节的有关规定	
	箱盒安装	每10个	7.6.1～7.6.5	7.6.6～7.6.9
室内设备	控制设备	每台	8.2.1～8.2.2	8.2.3～8.2.5
	人工解锁按钮盘	每台	8.3.1～8.3.2	8.3.3
	机柜(架)	每个机械室	8.4.1～8.4.4	8.4.5～8.4.7
	分线盘(柜)	每个机械室	8.5.1～8.5.3	8.5.4～8.5.5
	电缆间	每个机械室	8.6.1～8.6.2	8.6.3～8.6.4
	电源设备	每个机械室	8.7.1～8.7.5	8.7.6～8.7.8
机车信号设备与超防设备	车载设备	每套	9.2.1～9.2.4	9.2.5～9.2.6
	地面设备	每套	9.3.1～9.3.4	9.3.5
驼峰信号专用设备	动力设备	每套	10.2.1～10.2.5	10.2.6
	管道	每套	10.3.1～10.3.3	10.3.4～10.3.7
	车辆减速器装置	每套	10.4.1～10.4.5	10.4.6～10.4.7
	测速、测长、测重装置及车轮传感器	每套	10.5.1～10.5.4	10.5.5～10.5.6
	车辆限界检查器	每套	10.6.1～10.6.2	10.6.3～10.6.4

续上表

<table>
<tr><th rowspan="2">分部工程名称</th><th rowspan="2">分项工程</th><th rowspan="2">检验批</th><th colspan="2">检验批检验项目条文号</th></tr>
<tr><th>主控项目</th><th>一般项目</th></tr>
<tr><td rowspan="7">其他信号设备</td><td>防雷及接地装置</td><td>每10处</td><td>11.1.1～11.1.8</td><td>11.1.9～11.1.10</td></tr>
<tr><td>电气化区段信号设备的防护</td><td>每10处</td><td>11.2.1～11.2.4</td><td>11.2.5</td></tr>
<tr><td>计轴室外设备安装</td><td>每套</td><td>11.3.1～11.3.2</td><td>11.3.3～11.3.4</td></tr>
<tr><td>道口信号</td><td>每1处道口</td><td>11.4.1～11.4.6</td><td>11.4.7</td></tr>
<tr><td>机务同意按钮盘</td><td>1个站(场)</td><td>11.5.1～11.5.3</td><td></td></tr>
<tr><td>发车表示器</td><td>1个站(场)</td><td>11.6.1～11.6.3</td><td>11.6.4～11.6.6</td></tr>
<tr><td>室外信号设备硬面化</td><td>每10处</td><td>11.7.1～11.7.2</td><td>11.7.3～11.7.5</td></tr>
<tr><td rowspan="3">联锁试验</td><td>室内单项试验</td><td>1个系统</td><td>12.2.1～12.2.2</td><td></td></tr>
<tr><td>室外单项试验</td><td>1个系统</td><td>12.3.1～12.3.12</td><td></td></tr>
<tr><td>综合试验</td><td>1个系统</td><td>12.4.1～12.4.5</td><td></td></tr>
</table>

注："检验批检验项目条文号"中的条文参见《铁路信号工程施工质量验收标准》(TB 10419—2003)中的内容。

第十节 电力工程

一、一般规定

(1)铁路电力工程施工现场质量管理应有相应的施工技术标准、健全的质量管理体系和施工质量检验制度。

施工现场质量管理检查记录应由施工单位在施工前按表5—1的规定填写，总监理工程师进行检查，并做出检查结论。

(2)铁路电力工程应按下列规定进行施工质量控制：

1)工程采用的主要材料、构配件和设备，施工单位应对其外观、规格、型号和质量证明文件等进行验收，并经监理工程师检查认可；凡涉及结构安全和使用功能的，施工单位应进行检验，监理单位应按规定进行平等检验或见证取样检测。新材料、新设备、新器材及进口设备和器材的进场验收，除符合本标准规定外，尚需提供安装、使用、维修试验及合同规定的有关文件、检测报告等。

2)各工序应按施工技术标准进行质量控制，每道工序完成后，施工单位应进行检查，并形成记录。

3)工序之间应进行交接检验，上道工序应满足下道工序的施工条件和技术要求。相关专业工序之间的交接检验应经监理工程师(建设单位技术负责人)检查认可，未经检查或经检查不合格的不得进行下道工序施工。

(3)铁路电力工程施工质量应按下列要求进行验收：

1)电力工程施工质量应符合本标准和相关专业验收标准的有关规定。

2)电力工程施工质量应符合工程勘察、设计文件要求。

3)参加工程施工质量验收的各方人员应具备规定的资格。各种检查记录的签证人员应报建设单位确认、备案。

4)工程施工质量的验收均应在施工单位自行检查评定合格的基础上进行。

5)隐蔽工程在隐蔽前应由施工单位通知监理单位进行验收,并应形成验收文件。

6)涉及结构安全的试块、试件和现场检测项目,监理单位应按规定进行平行检验、见证取样检测或见证检验。

7)检验批的质量应按主控项目和一般项目进行验收。

8)对涉及结构安全和使用功能的分部职责中应进行抽检测。

9)承担见证取样检测及有关结构安全检测的单位应具有相应的资质。

10)单位工程的观感质量应由验收人员通过现场检查共同确认。

二、工程施工质量验收的划分

(1)电力工程施工质量验收应划分为单位工程、分部工程、分项工程和检验批。

(2)单位工程应按一个完整工程或一个相当规模施工范围划分,并按下列原则确定:

1)每座变、配电所为一个单位工程。

2)不大于一个供电臂的区间电力工程为一个单位工程。

3)一个站、场的电力工程为一个单位工程。

4)一条电源线路为一个单位工程。

5)一套独立的电力远动系统为一个单位工程。

(3)分部工程应按一个完整部位或主要结构及施工阶段划分。

(4)分项工程应按工序、工程、设备等划分。

(5)检验批应根据施工及质量控制和验收需要划分。

(6)电力工程的单位工程、分部工程、分项工程、检验批划分和检验项目应符合表5—16的规定。

表5—16　电力工程单位、分部工程、分项工程、检验批划分和检验项目

单位工程	分部工程	分项工程	检验批	检验项目条文号	
				主控项目	一般项目
变、配电所安装工程	变、配电所基础、构架及遮栏	基础	一座变、配电所	4.2.1～4.2.7	4.2.8～4.2.11
		构架及遮栏		4.3.1～4.3.8	4.3.9～4.3.13
	主、配电所变配电装置	电力变压器	一吧	5.2.1～5.2.7	5.2.8～5.2.15
		互感器	一组	5.3.1～5.3.5	5.3.6～5.3.7
		高压断路器		5.4.1～5.4.11	5.4.12～5.4.15
		隔离开关、负荷开关及高压熔断器		5.5.1～5.5.7	5.5.8～5.5.11
		避雷器		5.6.1～5.6.5	5.6.6～5.6.8
		电容器、电抗器	一套	5.7.1～5.7.9	5.7.10～5.7.12
		配电盘(柜)及二次回路		5.8.1～5.8.7	5.8.8～5.8.15
		母线装置	一座变、配电所	5.9.1～5.9.5	5.9.6～5.9.13
		电源装置		5.10.1～5.10.6	5.10.7～5.10.10
		箱式变电装置	一套	5.11.1～5.11.4	5.11.5～5.11.6

续上表

单位工程	分部工程	分项工程	检验批	检验项目条文号	
				主控项目	一般项目
变、配电所安装工程	电缆线路	直埋电缆敷设	电力电缆一条；控制电缆一个单元	12.2.1～12.2.6	12.2.7～12.2.14
		厂房、电缆沟内电缆敷设		12.3.1～12.3.7	12.3.8～12.3.13
		电缆头制作与安装	一条电缆上的电缆头	13.7.1～12.7.6	12.7.7～12.7.11
	变、配电所综合自动化系统	配电盘(柜)及二次回路	一座变、配电所	5.8.1～5.8.7	5.8.8～5.8.15
		综合自动化系统安装		6.2.1～6.2.6	
		综合自动化系统调试		6.3.1～6.3.9	
	变、配电所受电启动及送电开通	受电启动及送电开通	一座变、配电所	7.2.1～7.2.5	
	接地装置	接地装置的敷设	一处	19.2.1～19.2.7	19.2.8～19.2.13
		接地干线敷设	一处	19.3.1～19.3.2	19.3.3～19.3.5
		避雷针(线、带、网)的接地	一处	19.4.1～19.4.2	19.4.3～19.4.5
区间电力工程	杆塔基础	基坑开挖及回填	十处	8.2.1～8.2.2	8.2.3～8.2.6
		基础及基础埋设		8.3.1～8.3.6	8.3.7～8.3.13
	杆塔组立	杆塔组立	十个杆位	9.2.1～9.2.4	9.2.5～9.2.7
		横提组装		9.3.1～9.3.3	9.3.4～9.3.7
		绝缘子安装		9.4.1～9.4.3	9.4.4～9.4.6
		拉线安装		9.5.1～9.5.3	9.5.4～9.5.9
	导线架设	导线连接	三个耐张段	10.2.1～10.2.8	10.2.9～10.2.10
		导线架设		10.3.1～10.3.4	10.3.5～10.3.9
		架空绝缘线架设	一个变电台或一个变电所的低压出线	10.4.1～10.4.3	10.4.4～10.4.6
		杆上设备安装	一个区间(站、场)	10.5.1～10.5.4	10.5.5～10.5.14
	接户线	接户线	高压接户线以一处；低压接户线以一个变电台或一个变电所的低压出线上的接户线	11.2.1～11.2.5	11.2.6～11.2.10
	电缆线路	直埋电缆的敷设	电力电缆一条；控制电缆一个单元	12.2.1～12.2.6	12.2.7～12.2.14
		厂房、电缆沟内电缆的敷设		12.3.1～12.3.7	12.3.8～12.3.13
		管道内电缆敷设		12.4.1～12.4.5	12.4.6～12.4.10
		隧道内电缆敷设		12.5.1～12.5.5	12.5.6～12.5.8
		桥梁上电缆敷设		12.6.1～12.6.5	12.6.6～12.6.7
		电缆头制作与安装	一条电缆上的电缆头	12.7.1～12.7.6	12.7.7～12.7.11
	室内外配管配线	配管线路	一座变、配电所，一个车站，一座桥(隧道)	13.2.1～13.2.4	13.2.5～13.2.13
		配线布放		13.3.1～13.3.8	13.3.9～13.3.14
		配电箱(板)		13.4.1～13.4.2	13.4.3～13.4.5

续上表

单位工程	分部工程	分项工程	检验批	检验项目条文号	
				主控项目	一般项目
区间电力工程	室外照明	室外及站场照明	一座变、配电所，一个车站，一座桥(隧道)	14.2.1～14.2.6	14.2.7～14.2.12
		桥隧及特殊场所照明		14.3.1～14.3.3	14.3.4～14.3.7
	接地装置	接地装置的敷设	一处	19.2.1～19.2.7	19.2.8～19.2.13
		接地干线敷设	一处	19.3.1～19.3.2	19.3.3～19.3.5
		避雷针(线、带、网)的接地	一处	19.4.1～19.4.2	19.4.3～19.4.5
站场电力工程	杆塔基础	杆塔基坑开挖及回填	十处	8.2.1～8.2.2	8.2.3～8.2.6
		基础及基础埋设		8.3.1～8.3.6	8.3.7～8.3.13
	杆塔组立	杆塔组立	十个杆位	9.2.1～9.2.4	9.2.5～9.2.7
		横担组装		9.3.1～9.3.3	9.3.4～9.3.7
		绝缘子安装		9.4.1～9.4.3	9.4.4～9.4.6
		拉线安装		9.5.1～9.5.3	9.5.4～9.5.9
	导线架设	导线连接	三个耐张段	10.2.1～10.2.8	10.2.9～10.2.10
		导线架设		10.3.1～10.3.4	10.3.5～10.3.9
		架空绝缘线路架设	一个变电台或一个变电所的低压出线	10.4.1～10.4.3	10.4.4～10.4.6
		杆上设备	一个区间(站、场)	10.5.1～10.5.4	10.5.5～10.5.14
	接户线	接户线	高压接户线一处；低压接户线以一个变电台或一个变是所的低压出线上的接户线	11.2.1～11.2.5	11.2.6～11.2.10
	电缆线路	直埋电缆敷设	电力电缆一条；控制电缆一个单元	12.2.1～12.2.6	12.2.7～12.2.14
		电缆沟内电缆敷设		12.3.1～12.3.7	12.3.8～12.3.13
		管道内电缆敷设		12.4.1～12.4.5	12.4.6～12.4.10
		隧道内电缆敷设		12.5.1～12.5.5	12.5.6～12.5.8
		桥梁上电缆敷设		12.6.1～12.6.5	12.6.6～12.6.7
		电缆头制作与安装	一条电缆上的电缆头	12.7.1～12.7.6	12.7.7～12.7.11
	室内外配管配线	配管线路	一座变、配电所，一个车站，一座桥(隧道)	13.2.1～13.2.4	13.2.5～13.2.13
		配线布放		13.3.1～13.3.8	13.3.9～13.3.14
		配电箱(板)		13.4.1～13.4.2	13.4.3～13.4.5
	室外照明	室外及站场照明	一座变、配电所，一个车站，一座桥(隧道)	14.2.1～14.2.6	14.2.7～14.2.12
		桥隧及特殊场所照明		14.3.1～14.3.3	14.3.4～14.3.7
	车间动力	低压电器安装	一个车间	15.2.1～15.2.4	15.2.5～15.2.8
		感应电动机安装		15.3.1～15.3.2	15.3.3～15.3.4
		防爆电气设备安装		15.4.1～15.4.2	15.4.3～15.4.7
		动力配电箱(柜)安装		15.5.1～15.5.3	15.5.4～15.5.5
		起重机电气装置安装	一套	15.6.1～15.6.7	15.6.8～15.6.14

续上表

单位工程	分部工程	分项工程	检验批	检验项目条文号	
				主控项目	一般项目
站场电力工程	接地装置	接地装置的敷设	一处	19.2.1～19.2.7	19.2.8～19.2.13
		接地干线敷设	一处	19.3.1～19.3.2	19.3.3～19.3.5
		避雷针(线、带、网)的接地	一处	19.4.1～19.4.2	19.4.3～19.4.5
电源线路	杆塔基础	基坑开挖及回填	十处	8.2.1～8.2.2	8.2.3～8.2.6
		基础及基础埋设		8.3.1～8.3.6	8.3.7～8.3.13
	杆塔组立	杆塔组立	十个杆位	9.2.1～9.2.4	9.2.5～9.2.7
		横担组装		9.3.1～9.3.3	9.3.4～9.3.7
		绝缘子安装		9.4.1～9.4.3	9.4.4～9.4.6
		拉线安装		9.5.1～9.5.3	9.5.4～9.5.9
	导线架设	导线连接	三个耐张段	10.2.1～10.2.8	10.2.9～10.2.10
		导线架设		10.3.1～10.3.4	10.3.5～10.3.9
		架空绝缘线路架设	一个变电台或一个变电所的低压出线	10.4.1～10.4.3	10.4.4～10.4.6
		杆上设备安装	一个区间(站、场)	10.5.1～10.5.4	10.5.5～10.5.14
电源线路工程	电缆线路	直埋电缆敷设	电力电缆一条；控制电缆一个单元	12.2.1～12.2.6	12.2.7～12.2.14
		电缆沟内电缆敷设		12.3.1～12.3.7	12.3.8～12.3.13
		管道内电缆敷设		12.4.1～12.4.5	12.4.6～12.4.10
		隧道内电缆敷设		12.5.1～12.5.5	12.5.6～12.5.8
		桥梁上电缆敷设		12.6.1～12.6.5	12.6.6～12.6.7
		电缆头制作与安装	一条电缆上的电缆头	12.7.1～12.7.6	12.7.7～12.7.11
	接地装置	接地装置的敷设	一处	19.2.1～19.2.7	19.2.8～19.2.13
		接地干线敷设	一处	19.3.1～19.3.2	19.3.3～19.3.5
		避雷针(线、带、网)的接地	一处	19.4.1～19.4.2	19.4.3～19.4.5
电力运动系统安装工程	远动电源装置	远动电源装置安装	一套	16.2.1～16.2.6	16.2.7～16.2.8
		远动电源装置配线		16.3.1～16.3.4	16.3.5～16.3.6
		远动电源装置调试		16.4.1～16.4.2	
	远动装置	远动装置安装	一套	17.2.1～17.2.8	17.2.9～17.2.12
		远动装置配线		17.3.1～17.3.5	17.3.6～17.3.10
	远动系统调试	控制端、被控端调试和通道调试	一套	18.2.1～18.2.5	
		远动系统调试		18.3.1～18.3.8	
	接地装置	接地装置的敷设	一处	19.2.1～19.2.7	19.2.8～19.2.13
		接地干线敷设	一处	19.3.1～19.3.2	19.3.3～19.3.5
		避雷针(线、带、网)的接地	一处	19.4.1～19.4.2	19.4.3～19.4.5

注："检验项目条文号"中的条文参见《铁路电力工程施工质量验收标准》(TB 10420—2003)中的内容。

第十一节　电力牵引供电工程

一、一般规定

(1)铁路电力牵引供电工程施工现场质量管理应有相应的施工技术标准、健全的质量管理体系和施工质量检验制度。

施工现场质量管理检查记录应由施工单位在施工前按表5－1的规定填写,总监理工程师进行检查,并做出检查结论。

(2)电力牵引供电工程应按下列规定进行施工质量控制:

1)工程采用的主要材料、构配件和设备,施工单位应对其外观、规格、型号和质量证明文件等进行验收;凡涉及安全和使用功能的,施工单位应进行检验,监理单位应按规定进行平等检验或见证取样检测。新材料、新设备、新器材及进口设备和器材的进场验收,除符合本标准规定外,尚需提供安装、使用、维修试验及合同规定的有关文件、检测报告等。

2)各工序应按施工技术标准进行质量控制,每道工序完成后,施工单位应进行检查,并形成记录。

3)工序之间应进行交接检验,上道工序应满足下道工序的施工条件和技术要求。相关专业工序之间的交接检验应经监理工程师检查认可,未经检查或经检查不合格的不得进行下道工序施工。

(3)电力牵引供电工程施工质量应按下列要求进行验收:

1)工程施工质量应符合本标准和相关专业验收标准的有关规定。

2)工程施工质量应符合工程勘察、设计文件要求。

3)参加工程施工质量验收的各方人员应具备规定的资格。各种检查记录的签证人员应报建设单位确认、备案。

4)工程施工质量的验收均应在施工单位自行检查评定合格的基础上进行。

5)隐蔽工程在隐蔽前应由施工单位通知监理单位进行验收,并应形成验收文件。

6)涉及结构安全的试块、试件和现场检测项目,监理单位应按规定进行平行检验、见证取样检测或见证检验。

7)检验批的质量应按主控项目和一般项目进行验收。

8)对涉及结构安全和使用功能的分部职责中应进行抽检测。

9)承提见证取样检测及有关结构安全检测的单位应具有相应的资质。

10)单位工程的观感质量应由验收人员通过现场检查共同确认。

(4)电气设备上计量仪表应检定合格,当投入试运行时,应在有效期内。

(5)新建电气化铁路需要对电力牵引供电工程进行供电臂末端接地短路等一系列功能试验时,应由建设单位组织铁路运输部门机、辆、车、工、电及设计、施工单位进行。

二、工程施工质量验收的划分

(1)电力牵引供电工程施工质量验收应划分为单位工程、分部工程、分项工程和检验批。

(2)单位工程应按一个完整工程或一个相当规模施工范围划分,并按下列原则确定:

1)一处变电所、分区所、开闭所、自耦变压器所为一个单位工程。

2)一个站、场或一个区间的接触网工程为一个单位工程。

3)一个供电段为一个单位工程。

4)一个调度所控制范围内的独立远动系统为一个单位工程。

(3)分部工程应按一个完整部位或主要结构及施工阶段划分。

(4)分项工程应按工序、工程、设备等划分。

(5)检验批应根据施工及质量控制和验收需要划分。

(6)电力牵引供电工程的单位工程、分部工程、分项工程、检验批划分和检验项目应符合表5—17的规定。

表5—17　单位工程、分部工程、分项工程、检验批划分和检验项目

单位工程	分部工程	分项工程	检验批	检验批检验项目条文号	
				主控项目	一般项目
牵引变电所、分区所、开闭所、自耦变压器所	基础及构架	基础	一个所	4.2.1～4.2.5	4.2.6～4.2.7
		构架	一个所	4.3.1～4.3.10	4.3.11～4.3.12
	遮栏及栅栏	遮栏及栅栏	一个所	4.4.1～4.4.4	4.4.5～4.4.7
	防雷、接地及回流线	避雷针、避雷器	一个所	4.5.1～4.5.10	4.5.11～4.5.12
		接地及回流线	一个所	4.6.1～4.6.8	4.6.9～4.6.14
	油浸变压器、油浸电抗器及互感器	油浸变压器、油浸电抗器	一个所	4.7.1～4.7.5	4.7.6～4.7.12
		互感器	一个所	4.8.1～4.8.4	4.8.5～4.8.6
	牵引供电用高压电器	组合电器	一个所	4.9.1～4.9.12	4.9.13～4.9.14
		断路器及操动机构	一个所	4.10.1～4.10.14	4.10.15～4.10.19
		隔离开关、负荷开关及高压熔断器	一个所	4.11.1～4.11.3	4.11.4～4.11.7
		空心电抗器及并联电容器	一个所	4.12.1～4.12.5	4.12.6～4.12.8
	母线及绝缘子	母线及绝缘子	一个所	4.13.1～4.13.3	4.13.4～4.13.6
	电力及控制电缆	电力电缆及控制电缆	一个所	4.14.1～4.14.4	4.14.5～4.14.10
	直流电源、盘柜二次接线	盘柜及二次回路接线	一个所	4.15.1～4.15.4	4.15.5～4.15.9
		直流系统	一个所	4.16.1～4.16.9	4.16.10～4.16.13
	综合自动化	综合自动化	一个所	4.17.1～4.17.6	4.17.7～4.17.13
	变电所启动及送电开通	启动试运行及送电开通	一个所	4.18.1～4.18.5	
接触网	基础及埋入杆	基础	3～5个锚段、一个站(场)	5.2.1～5.2.4	5.2.5～5.2.11
		桥钢柱、拉线锚栓及隧道埋入杆	3～5个锚段、一个站(场)	5.3.1～5.3.5	5..6～5.3.10
	支柱、地线及拉线	混凝土支柱	3～5个锚段、一个站(场)	5.4.1～5.4.7	5.4.8～5.4.9
		钢柱	3～5个锚段、一个站(场)	5.5.1～5.5.4	5.5.5

续上表

单位工程	分部工程	分项工程	检验批	检验批检验项目条文号	
				主控项目	一般项目
接触网	支柱、地线及拉线	基础帽	3～5个锚段、一个站(场)	5.6.1	5.6.2
		地线、接地极	3～5个锚段、一个站(场)	5.7.1～5.7.2	5.7.3～5.7.4
		拉线	3～5个锚段、一个站(场)	5.8.1～5.8.5	5.8.6～5.8.8
	支持结构	软横跨	3～5个锚段、一个站(场)	5.9.1～5.9.4	5.9.5～5.9.6
		硬横梁	3～5个锚段、一个站(场)	5.10.1～5.10.2	
		支柱装配	3～5个锚段、一个站(场)	5.11.1～5.11.5	5.11.6
		隧道内悬挂及跨线建筑物	3～5个锚段、一个站(场)	5.12.1～5.12.3	5.12.4～5.12.5
		上承桥支柱装配	3～5个锚段、一个站(场)	5.13.1	5.13.2
		定位器及定位装置	3～5个锚段、一个站(场)	5.14.1～5.14.3	5.14.4～5.14.5
	承力索及接触线架设	承力索架设	3～5个锚段、一个站(场)	5.15.1～5.15.4	5.15.5
		接触线架设	3～5个锚段、一个站(场)	5.16.1～5.16.4	5.16.5
	接触悬挂	中心锚结	3～5个锚段、一个站(场)	5.17.1～5.17.3	5.17.4～5.17.5
		吊弦及吊索	3～5个锚段、一个站(场)	5.18.1～5.18.6	5.18.7～5.18.8
		接触悬挂	3～5个锚段、一个站(场)	5.19.1～5.19.8	
		补偿装置	3～5个锚段、一个站(场)	5.20.1	5.20.2
	设备	电连接线	3～5个锚段、一个站(场)	5.21.1～5.21.4	5.21.5
		线岔	3～5个锚段、一个站(场)	5.22.1～5.22.4	
		隔离开关及负荷开关	3～5个锚段、一个站(场)	5.23.1～5.23.6	5.23.7～5.23.8

续上表

单位工程	分部工程	分项工程	检验批	检验批检验项目条文号	
				主控项目	一般项目
接触网	设备	避雷器	3～5个锚段、一个站(场)	5.24.1～5.24.4	5.24.5～5.24.7
		吸流变压器	3～5个锚段、一个站(场)	5.25.1～5.25.3	5.25.4
		分段、分相绝缘器	3～5个锚段、一个站(场)	5.26.1～5.26.6	5.26.7
	附加导线	附加导线	3～5个锚段、一个站(场)	5.27.1～5.27.9	
		吸上线	3～5个锚段、一个站(场)	5.28.1～5.28.4	
	号码、标志、限界门	标志牌、支柱号码	3～5个锚段、一个站(场)	5.29.1～5.29.2	5.29.3～5.29.7
		支柱防护、限界门	3～5个锚段、一个站(场)	5.30.1～5.30.2	5.30.3～5.30.4
	冷滑试验及送电开通	冷滑试验及送电开通	全階	5.31.1～5.31.4	
供电段	基础	基础	一个段	6.2.1～6.2.4	6.2.5～6.2.6
	设备安装	真空感应干燥装置	一个段	6.3.1～6.3.4	6.3.5～6.3.9
		高压试验成套设备	一个段	6.4.1～6.4.3	6.4.4～6.4.7
		绕线机	一个段	6.5.1～6.5.3	6.5.4～6.5.5
		直空浸漆装置	一个段	6.6.1～6.6.3	6.6.4～6.6.6
		绝缘梯车远红外烘箱	一个段	6.7.1～6.7.2	6.7.3～6.7.5
供电段	远动装置	远动电源装置安装	一个所	7.2.1～7.2.5	7.2.6
		设备安装、接地及电缆敷设	一个所	7.3.1～7.3.5	7.3.6～7.3.9
	远动系统测试	被控端(RTU)测试	一个所	7.4.1～7.4.6	
		控制端测试	一套系统	7.5.1～7.5.5	
		远动系统调试	一套系统	7.6.1～7.6.5	7.6.6～7.6.7

注："检验批检验项目条文号"中的条文参见《铁路电力牵引供电工程施工质量验收标准》(TB 10421—2003)中的内容。

第六章　工程施工质量通病及防治

工程质量通病是指工程中经常发生的、普遍存在的一些工程质量问题。由于其量大面广，因此对工程建设危害很大。

在工程施工中。质量通病发生原因是多方面的，除了思想上的麻痹大意以及企业管理不善外，一个重要原因是近几年基础建设工作发展迅猛，施工技术力量相对薄弱，施工人员对如何消除工程质量通病缺乏必要的理论知识和实践经验。本章主要是从铁路工程主要工序质量通病的现象、产生原因、预防措施、治理方法等各个方面出发来认识工程质量通病的产生，从而确保工程质量，实现全面创优。

第一节　路基工程施工质量通病及防治

一、路基施工时填土路堤沉降量过大

1. 原因

(1)填料的鉴定与选择。施工准备阶段对取土场的填料进行取样试验时，取样的方法不当，不能真实地反映取土场的实际情况，或者取土的范围超出了取样试验的范围而又未及时补作试验并根据试验结果及时调整路基填筑施工的工艺参数。

(2)没有根据填料的不同类型选择不同的试验段进行填筑前的摊铺压实工艺试验、确定主要工艺参数，而是用一种填料的摊铺压实工艺参数代替全部，简化了施工工艺，以致造成填料压实密度不足。

(3)地基处理不当。路基填土的压密下沉包括填土本身的压密下沉和在填料土体重力作用下地基的压密下沉。地基在路基填筑前，如果没有进行认真的施工调查，没有针对不同地质和水文状况，按照设计文件和规定的要求制定出相应的措施，那么在路基填筑后，地基的沉降将造成路基产生较大的沉降。

(4)路基填料压实密度不足。路基压实密度的平均压实系数达到 0.9，其工后下沉约 0.1%，或者可按经验公式 $S(\mathrm{mm})=h^2/30$ 估算工后沉降量，其中 h 为填土高度，以 m 计。压实系数为 0.85 时，下沉量约为 0.5%～1%。但是在施工过程中，施工方法选择不当、工艺不细、填料的含水量控制不当、压实机械的选择或操作上存在问题，都会造成路基压实密度达不到设计和规范规定的要求。

2. 防治方法

(1)严格控制填土厚度。根据试验段得出的最佳填土厚度，按照运输车辆的吨位，计算卸土间距，并设专人指挥，防止卸土量过大或卸车不均，造成填土层过厚。

(2)压实机械的性能应根据填料的性质和试验段的试验结果选用，禁止用拖拉机或推土机作为压实机械。

(3)路基摊铺压实应按四区段八流程作业方式作业。碾压时，各区段交接处应重叠压实，

纵向搭接长度不得小于 2m；纵向行与行之间的轮迹重叠压实不小于 0.3m，横向同层接头处重叠压实不小于 1m；上下两层填筑接头应错开不小于 3m。

(4)由于路基施工是在自然环境下实施的，填料的含水量在不断变化，因此，要根据环境的变化定时测定填料的含水量，当其结果与最佳含水量比较超出－3%～2%范围时，应洒水或晾晒，达到标准后再进行碾压。洒水或晾晒要经常翻动填料层。

(5)对取土场应根据取土范围及取土深度确定试验坑的布置，按土层分层取样试验。施工过程中，发现土层性质与试验结果不同时，应重新试验。试验结果未出来以前，不得取土填筑施工。

(6)路基基床以下及路基基床在填筑前均应选择试验段作摊铺压实试验，确定主要工艺参数，作为指导施工的依据；当填料性质发生变化时，应重新试验。

二、路基砌石裂缝

1.原因

(1)在护坡砌石施工时，不重视垫层施工质量，厚薄不均，在薄的地方，片石直接接触坡面土体，造成石块放置不稳、表面不平及砌筑后下沉；在砌筑石料时，不注意石块之间的挤紧及搭缝，造成石块日后容易松动。

(2)片石在浆砌前，来用水将石料表面的灰尘砂土冲洗干净，影响砂浆与片石之间的黏结，造成灰缝开裂。

(3)砂浆和与砌石速度不匹配，拌置的砂浆停置时间过长，更有甚者在砂浆开始发硬后再加水拌和使用，这时砂浆已经没有多大黏性了；还有的先将砂子和水泥干拌后放置一旁，到用时再加水拌和，此时水泥已与砂子中的水分发生硬化反应影响到了砂浆的质量；还有的不严格计量配制，人工拌和时拌制不均。

(4)不采用挤浆法砌筑，而是采用灌浆法施工，造成灰缝不饱满或空缝；在石料的使用上，不注意根据上下层灰缝相错量的要求进行选材使用，以致由于材料的尺寸不足而造成上下灰缝相错量不符合规定的要求，或者造成上下通缝。

(5)在新砌的砌体上抛掷片石，使刚黏结到一起的片石受到振动而分开，造成灰缝开裂、片石松动。

(6)不注意砌体的养生，砂浆在凝固前水分已经蒸发，造成灰缝砂浆强度不够，有的一敲即碎。

2.防治方法

(1)砌石所用石料应质地坚硬、不易风化，无裂纹、无水锈，其强度等级应≥MU30，在寒冷地区施工所用石料还应做冻融循环试验。片石的最小块径应大于 15cm，石块中部厚度不小于 15cm，而且使用的石料宜大、中、小搭配，这样在平砌时，有利于石缝互相咬紧，浆砌时可节省砂浆用量。大、中、小石块的比例可参照表 6－1。

表 6－1　大、中、小石块合适比例

片石种类	每块石料体积(m^3)	每块石料质量(kg)	占砌体的比例(%)
大号	0.02～0.06	50～150	65
中号	0.007～0.02	18～50	25
小号	0.001～0.007	3～18	10

(2)干砌片石护坡厚度在 30cm 及以下时，应使用一层石块，不能用两层薄石片堆垒。砌筑时，应将较大的石块放下层，并利用各种石块的天然形状，互相咬接紧密，使石缝互相挤紧。

石块与石块间的缝隙用小碎石填实，缝隙表层选择大小合适的小石块，用小锤敲击楔进挤紧，达到用手不能取出。砌筑片石护坡基础墙(包括干砌片石挡墙)填腹要摆砌，不能包馅，表层与干砌片石护坡一样砌筑。砌筑要求如图 6—1、图 6—2 所示。

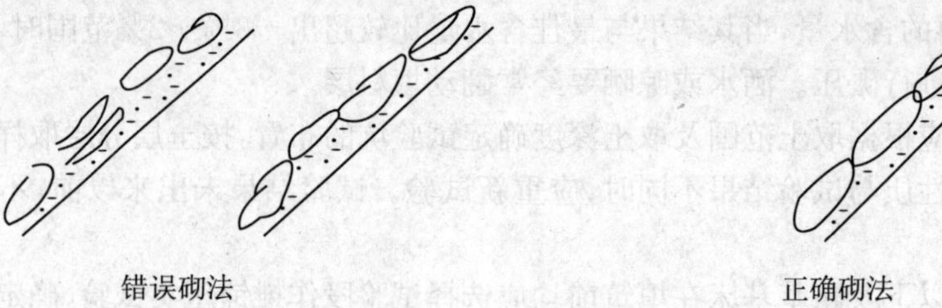

图 6—1　干砌片石护坡

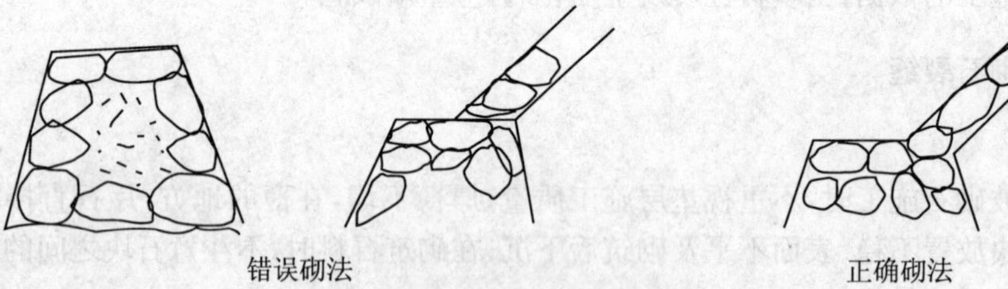

图 6—2　干砌片石护坡基础及挡墙

当用卵石砌筑护坡时，应用栽砌法砌筑，如图 6—3 所示；上下层应错开，使石与石之间咬紧，如图 6—4 所示。

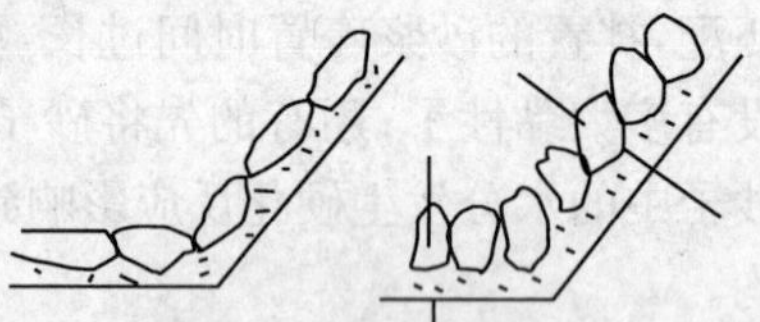

图 6—3　栽砌卵石

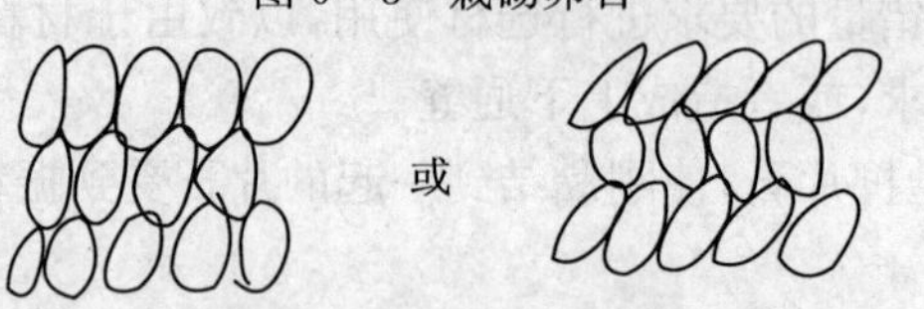

图 6—4　上下层错缝

(3)浆砌片石护坡，应采用挤浆法施工。首先应清除坡面浮土，对于坡面凹陷处，应用与砌体相同的材料砌补，不可回填土、石或干填片石。砌筑前石料应清洗干净，砌筑时先铺浆，石块大面朝下，用锤敲击使石块在灰浆中稳固。石缝灰浆应饱满，片石与片石之间应互相咬接，大的空隙可先铺灰浆，再将大小合适的石块用锤敲击挤入，不得有大灰缝、上下通缝。砌体周边应平顺整齐。

浆砌片石护坡应设置沉降缝和排水孔，其设计位置和尺寸应符合设计要求，排水孔下应填筑反滤层，砌石时应从每块的边角开始逐步向中间砌筑。

(4)砂浆应尽量使用机械按配合比计量拌制，使用人工拌制则应拌制均匀，并不得在土地上拌制。每次的拌和量应与砌石速度相匹配，保证在沙浆开始凝结前用完。

三、沙漠地区沙害

1. 原因

(1)沙漠地区修建路堤的填料是就地取材的粉砂或细砂，其粒度较均匀且磨圆度好，松散含水率低，当风速超过起沙风速(地面 4.0～4.5m/s，气象台风标风速为 5.6～6.5m/s)时，便会形成风沙流。风沙流对路基外层产生磨蚀，迎风面路基边坡出现风蚀槽痕，路基顶面被磨成浑圆状，在路基的背风面坡脚处产生积沙现象。

由于路基本身又是风沙流运行的障碍物，能导致风沙流运行速度的降低，沙粒沉落聚积于线路，造成积沙现象。当积沙超过一定程度或者沙丘体前移，积沙会掩埋线路，出现沙埋现象。

(2)施工期间，路基两侧的地表植未被注意保护而遭到破坏，使沙面外露，加速路基两侧土壤的沙化。

(3)未对成型路基及时加以防护。

2.防治方法

(1)沙漠地区修筑路基应尽量移挖作填，以避免因取沙而使地面植被遭到破坏。如需弃沙，弃沙堆应选择在避开主风向线路另一侧距路堑坡顶 10m 以外，并要采取防护措施。如需取沙填筑，取沙坑离路堤坡脚不应小于 5m。施工期间，应采取措施保证路基两侧 500m 范围内的地表植被和地表硬壳不被破坏，一旦破坏，应尽快在新露出的沙面上按设计要求加以覆盖。

(2)路基防护分为路基本体防护和路基两侧防护。路基本体防护是在路基成型后及时对路基进行防护，使路基处于稳定状态。防护材料一般采用耐干旱、须根发达且带土的草皮，其他如干草类(麦秸、蒲草)及碎石也可，但碎石最小粒径不得小于 1cm。路基本体防护的重要形式有三种：

草皮防护。草皮防护只宜作为施工初期的坡面临时防护。草皮防护的施工步骤为：材料准备→路基中线水平测量→按设计图纸检查各部尺寸→整修边坡→铺草皮→封闭缝隙→清理坡面。铺草皮按自下而上的顺序进行，第一块草皮在坡脚应埋入地面 8～10cm，草皮块之间应有 30cm 的搭接长度；若采用顺序铺设，草皮块缝应交错布置，草皮块之间的缝隙需用黏土封闭，以减少草皮下水分蒸发，如图 6－5 所示。

碎石防护。坡面平铺碎石厚度为 5～7cm，路肩为 10cm，碎石层厚度要均匀，如图 6－6 所示。

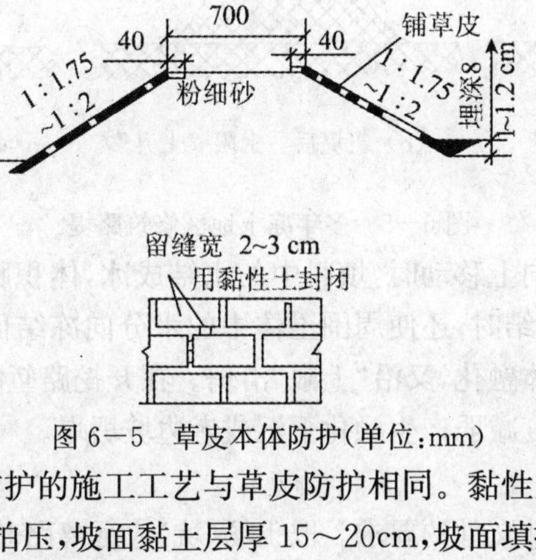

图 6－5　草皮本体防护(单位：mm)

黏性土防护。黏性土防护的施工工艺与草皮防护相同。黏性土的塑性指数应符合设计要求，施工时自下而上边填边拍压，坡面黏土层厚 15～20cm，坡面填拍后应撒种草籽。路基两侧防护包括防沙体系和工程防沙。防沙体系如图 6－7 所示。工程防沙措施主要有固沙、固阻沙、阻沙三种。

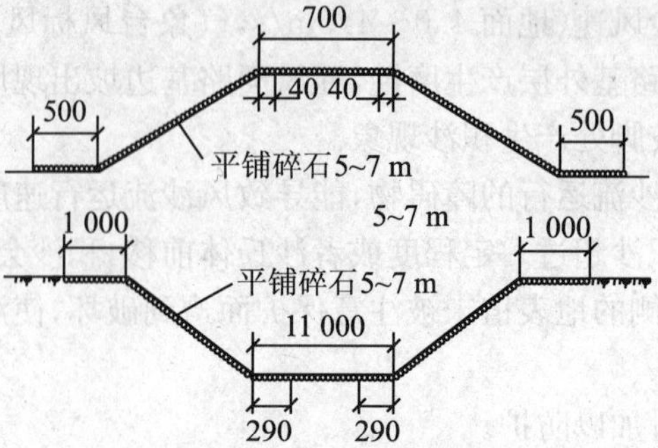

图 6—6 平铺碎石本体防护(单位:mm)

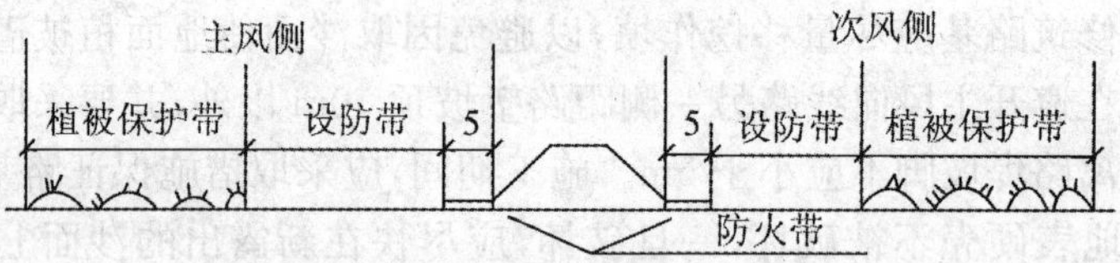

图 6—7 路基两侧防护体系

四、多年冻土地区路基的冻胀与融沉

1. 原因

(1)在严寒地区的多年冻土,其上覆盖着一层(一般厚约 3m)季节融冻层,在自然状态下,多年冻土与融冻层的交界面——多年冻土的"上限"基本上是处于稳定状态的。当开挖路堑或填筑路堤后,改变了多年冻土的边界条件,破坏了原来的热平衡,使"上限"产生移动。开挖路堑时,"上限"向下移动,修筑路堤时,"上限"向上移动,图 6—8 表示多年冻土地区修筑路堤"上限"的变化。

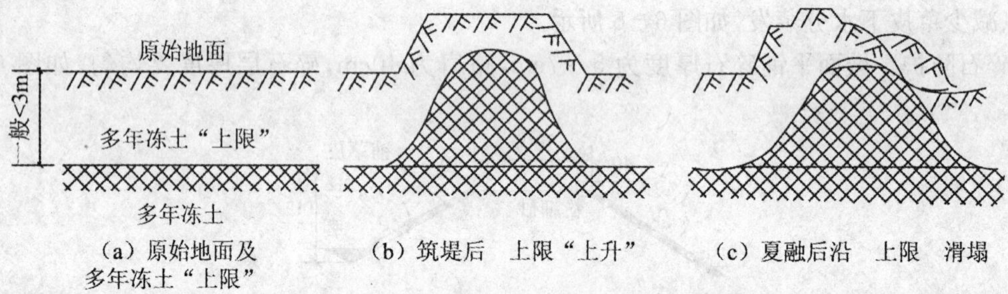

(a) 原始地面及多年冻土"上限"　(b) 筑堤后 上限"上升"　(c) 夏融后沿 上限 滑塌

图 6—8 多年冻土地区修筑路堤

(2)当修筑路堤"上限"向上移动时,填料中的水结成冰,体积膨胀,使路堤出现局部冻胀,抬起结构物。而且在土体冻结时,还使周围土体中的水分向冻结面转移,使土的冻胀量加大,在复融时,"上限"以上的土体融化,又沿"上限"滑坍。在开挖路堑时,由于"上限"下移,具有很高强度的冻土开始融化,强度减弱产生融化下沉或者边坡坍塌。

2. 防治方法

(1)路堤填料应符合设计文件的要求。取土场(坑)应远离路基坡脚(一般距路堤坡脚 20m 以外),以保证路堤范围内的多年冻土原始状态不被破坏。保温护道宜与路堤本体同时分层压实,当填料不同时,应先填路堤,再分层填筑护道。路堤摊铺压实工艺流程与压实质量标准同一般填土路堤施工要求。

(2)施工应尽量不破坏原来的地基热平衡条件,如严格保护多年冻土的路堤基底、路堤两侧天然护道范围内的植被，对路堤基底部分的植被空隙应从别处移取植被填补；施工机械应按规划的道路行走，不得破坏地基的冻土状态：修筑路堤保温护道或路堑保温护坡，以缓和“上限”上升或下移的速度。

(3)作好路基排水系统，防止地表水流入施工范围，对于流向结构物的地下水应进行拦截，防止地下水向结构物地基附近聚集。施工和生活中产生的废水、废油、废液应统筹规划，排至施工范围以外的指定地点。

(4)当路堑不得已在暖季施工时，应采取保护措施，如用麻袋、草袋等对开挖面加以覆盖。实践表明：清晨覆盖，傍晚掀开，其保护效果最好。

(5)选择适宜的施工季节。路堑宜在寒季施工，路堤宜在5～10月份施工。当基底需要换填时，基底开挖工程应在春融前完成。

(6)路堤填筑应按设计最大融沉量考虑路基施工加宽值，并适当考虑路堤沉落量和地基融沉量以调整、预留沉降量。

五、软土地区路基下沉或失稳

1. 原因

(1)在施工中由于对软土的性质认识不足或其他原因，对于下沉和位移的观测不力，从而对于填土的速度控制不好，以致造成局部或整体失稳。

软土属于高压缩土，压缩系数大(0.5～2.0MPa)，沉降量大；含水量高(34%～72%)，孔隙比大(1.0～1.9)，但透水性差(渗透系数为10^8～10^9cm/s)，路基基底固结、排水缓慢，沉降时间长，强度增长缓慢。

软土抗剪强度低，其快剪黏聚力在10kPa左右，快剪内摩擦角在0°～5°之间，在荷载作用下。容易产生局部或整体剪切破坏。

软土具有触变性，一旦受到扰动，土的强度明显下降，甚至呈流动状态。

(2)运营后持续产生路基下沉，远远超过预计沉落量，主要是由于基底处理方案不当，软土层又较厚，土体排水固结时间长，其强度的增长速度满足不了上部荷载的要求。

2. 防治方法

(1)在软土地区修筑路堤，必须对设计文件进行认真的现场校对与审核。根据现场实际情况，对设计方案提出修正意见，确保运营后的路基稳定；认真按设计文件的要求组织施工；在作施工组织设计时，尽早安排组织施工，以利于加强预压固结效果，使路堤在铺轨通车前具有足够的稳定性。

(2)基底处理必须保证工程质量满足设计和有关规范的要求，对于等于和大于临界高度的路基填土应严格控制填土速度，加强施工过程中的中线沉降和边桩水平位移的观测，尤其是填土将达到临界高度时，应加大观测频次，根据观测结果控制填土速度，防止路堤失稳。边桩水平位移每天不得大于10mm，路堤中心地面沉降量每尺不得大于20mm，方可进行填土施工。

(3)路基断面尺寸应考虑施工过程中的地基沉降和路堤顶面预留沉降而引起的路基断面加宽值。

第二节　既有线(站场)改扩建土方施工损坏运营设备质量通病产生的原因及防治

一、既有线(站场)改扩建时损坏运营设备的原因

(1)在既有线(站场)进行土石方施工,由于其地下管线较多,容易遇上地下电缆、管道,且易破坏其使用功能。

(2)产权单位对其所属管线在地下的走向、埋深往往与档案资料不符,尤其是有的站场经多次改扩建,在用的与废弃的电缆交混在一起。所以,在开工前尽管请产权单位进行了交底,有时也会损伤既有地下管线。

(3)对已经探明的地下管线未进行有效的防护或防护标志不明显。

二、既有线(站场)改扩建时损坏运营设备的防治方法

(1)在既有线上、站场内,特别是大型客、货运站场进行土石方工程施工,由于其地下管线较多,因此,在工程施工准备阶段要认真进行施工调查,分析施工对既有运营设备可能产生的影响。

(2)在工程施工开工之前,应请原设备的权属单位进行现场交底,明确既有设备的位置及走向。根据交底采用地下管线探侧仪及挖探沟的方法加以确认。

(3)掌握了地下管线的埋深和走向后,应根据施工情况加以防护,设置明显的防护标志,同时向相关的施工人员进行交底,并经常检查防护设施的完好程度及标志的完整性,直至施工终了。

(4)在施工中发现可疑的地下管线,应请有关人员确认其是否在用,不得自行处理。

第三节　轨道工程施工质量通病及防治

一、轨道工程道床断面尺寸不足

1. 原因

(1)道砟进场数量不足,无论是汽车运输还是火车运输,在装车时缺乏监管,在源头上就出现亏方,在道砟进场时,又缺少验方,最终表现为上道石砟数量不足、道床断面尺寸不能满足规范或设计文件的要求。

(2)路基局部地段预留沉降量过大,造成道床厚度不足,或者是路基沉降造成道砟数量不足,影响道床断面尺寸。

(3)道砟卸车不均,尤其是在增建第二线施工中利用既有线封锁要点卸车,由于时间紧、指挥不当造成卸车不均,整道时又不注意,也造成个别地段道床断面尺寸不能满足规定要求。

(4)在既有线改造中,对于既有线道床的几何尺寸及脏污程度调查不准,可利用石砟计算数量与实际相差太大,造成新补充石砟数量不足,以致改造后的线路道床断面尺寸不足。

2. 防治方法

(1)加强进场石砟数量的监控。在装车地点应派人监控,保证足量装车,在卸车地点应进

行验方，保证进场石砟数量不亏方，使进场石砟实际总量与计算总量相符。

(2)铺砟前，根据对路基复测的结果检查路基标高的误差，对不合格的地段应进行整修。

(3)在既有线改造中，对既有线道床的脏污程度和道床的断面尺寸进行认真的调查，使计算的补充石砟数量尽可能接近实际消耗量，并留有足够的余量。利用既有线封锁要点卸车时，应指派有经验的人员根据调查结果指挥卸车，尽量使所卸石砟数量均匀且满足需要。

二、有缝轨道轨缝不匀

1. 原因

(1)在铺轨时，未对轨温按照环境温度的变化认真进行测量，或者是未按计算轨缝值在两根钢轨接头间插入轨缝片。

(2)铺轨时，未对已铺轨节及时进行对中拨移并大致找平，以致在后来整道时，造成轨缝有的扩大、有的缩小。

(3)轨节铺设后，未及时补齐并拧紧接头螺栓及轨枕扣件，以致钢轨在环境温度影响下，向阻力小的一端伸缩。工程列车通过时，钢轨产生爬行力，但在轻重车方向上其量值不一样，因而钢轨的爬行量也不一样，致使轨缝不均。

2. 预防方法

(1)新铺轨节与已铺轨节连接好后，应及时拨正轨道中线，使中线偏差控制在 20mm 以内，前后高低大致找平。

(2)当钢轨接头螺栓及扣件拧紧后，钢轨与轨枕组成一个整体的轨道框架，在外力(包括温度力)作用下，其变形(横向和纵向)将受到道床的约束。因此，及时对道床捣固密实并保持道床饱满是防止轨缝变化的重要措施之一。

(3)钢轨接头螺栓应及时补齐拧紧。当通行工程列车时，第一趟列车通过后按规定扭矩复拧一次，3 天内每天复拧一次，初冬和入夏时再进行复拧，其扭矩应符合规定。

(4)木枕地段，由于道钉扣压力小，难以阻止钢轨在外力(包括温度力)作用下纵向移动。因此，及时安装适当的防爬设备，使钢轨与枕木连成整体，利用道床阻力防止钢轨移动，对保持轨缝的均匀是很重要的。

(5)铺轨时，应根据环境温度的变化，及时认真地测量铺轨时的轨温，据此计算预留轨缝值，在铺轨时按计算值填入轨缝片，或用轨缝控制装置控制轨缝。

(6)在任何地区铺轨时，应根据当地的最高，最低气温统计资料，计算最佳铺轨轨温，并应尽量安排在最佳轨温范围内铺轨。

三、无缝线路条件下施工质量通病

1. 原因

(1)在无缝线路上从事桥梁墩台改造或箱桥顶进施工，一般采用扣轨梁或便梁对线路进行加固，将扣轨梁(便梁)与钢轨连成一体，并对轨道的刚度进行加强，使其能够抵抗钢轨胀轨跑道的温度应力。但在挖开道床、更换轨枕，进行线路加固作业时，轨道框架的刚度由强变弱，这时如措施不当，很容易出现胀轨跑道。

(2)在桥涵墩台改造施工时，需抬高线路，在抬高线路时，轨下道床松动，纵向阻力受到破坏，同样使轨道与桥梁失去整体性，降低线路的稳定性，施工时如措施不当，也易造成事故。

(3)在轨下进行顶进桥涵作业时，线路受到一定的横向附加力，对线路的稳定极为不利，因此，施工时必须采取有效措施。

2. 防治方法

(1)位于伸缩区范围的轨下作业，由于该段线路伸缩变化大，在选择施工方法时，应采取两次应力放散，并加强施工地点两端各 150m 范围内的线路锁定及道床断面，或根据施工期间轨温的变化，必要时采取其他适当的加固措施。完工后，重新按设计锁定轨温对无缝线路进行锁定。

(2)无缝线路作业一般应安排在允许作业温度范围内进行，并采取相应措施对线路进行加强。如用木枕更换钢筋混凝土轨枕，线路刚度下降，当挖道床后，道床的各种阻力消失，因此，为加强线路刚度和道床阻力，施工前应将施工两端各 150m 范围内的线路采取防爬设备进行锁定并加宽道床，轨枕及接头扣件全面复紧一遍，且加固木枕穿入钢筋混凝土枕间，钢筋混凝土枕可不抽出，从而加强道床阻力及轨道刚度。

(3)当线路为曲线时，可根据轨温变化、线路状态、施工作业内容等因素，采用在线路两侧一定间隔用钢丝绳拉紧的办法，提高轨道横向阻力。

(4)当在轨下进行箱桥顶进或其他作业时，应根据作业时的轨温决定是否需要进行无缝线路的应力放散，然后在两端各 150m 范围内用防爬设备对线路进行锁定并加强道床断面。在施工地点最好采用便梁对线路进行加固，不得已时才采用扣轨梁加横抬梁的办法进行作业。两端线路加强设备直至项目完成、恢复该段无缝线路至原有状态并在道床稳定后，方可取消。若架空线路较长或松动道床范围较大，可改铺成普通线路，待轨下工程竣工后、其路基和道床稳定时，再恢复原有无缝线路技术条件，重新按设计锁定轨温锁定。

(5)当施工不得已必须安排在禁止作业的轨温范围时，应将无缝线路进行两次应力放散，并根据放散后的轨温条件，采取相应措施保证行车安全。

(6)在无缝线路轨下进行任何作业，都要调查作业地所在地区的气温变化情况，选择合适的季节进行。施工期间应进行轨温测定，当轨温处在该段无缝路的锁定轨温范围内时，其施工方法与普通线路相同，可根据作业时的轨温，按规范规定的要求与作业的内容采取相应的措施，确保行车安全。

(7)有必要时还可以修筑便线绕行施工段。

四、普通通岔转辙部分病害质量通病

1. 原因

(1)大方向不直顺，即该组道岔与前后线路的大方向不直顺，或是轨距偏大，或渡线两端岔心的坐标位置不正确，或是曲股线路的线间距不标准，特别是交叉渡线的 4 个单位道岔中，由于岔位不正确引起的这类病害比较多。

(2)框架尺寸偏大，递减距离及递减率不准确。

(3)尖轨在静止状态时拱腰旁弯，有飞边及毛刺。

(4)尖轨底靠近基本轨侧的刨槽深度和宽度不足，尖轨爬不上基本轨。

(5)基本轨有硬弯和吊板，作用边有飞边及毛刺。

(6)顶铁过长。

(7)耳铁的主螺栓孔及螺栓磨耗后有间隙，两根尖轨不能形成牢固的框架，板动尖轨时另一根不能完全跟过来，造成不密贴或轮缘槽小。

(8)根端夹板式的结构限制了尖轨的转动和弹性。

(9)曲下股基本轨的弯折点及弯折量不标准,第二、三弯折点之间的直线段不直顺或有反弯。

(10)尖轨尖端的直角错差允许 20mm,过大,如果一根尖轨不动,另一根就有 40mm 的串动量。

(11)更换尖轨时,往往不是成对更换,在长度、耳铁孔位置上都有误差。

(12)尖轨跟距不能满足 144mm 的要求,一般都小 1～3mm,(即跟内距 1295mm 偏大或外距 1588mm 偏小),造成跟距不能达到 1439mm、轮缘槽达不到 74mm 的标准,影响尖轨轮缘槽。

(13)滑床板长期不涂油,个别锈蚀严重,增加了尖轨在滑床台上的阻力。

(14)几道连接杆前后位置不对或长度不符合设计的标准尺寸,另外,连接杆在基本轨下伸长部分与基本轨间间隙太大,既不防跳又不能控制尖轨拱腰。

(15)滑床板在长期使用中,由于捣固不均匀、压力不平均等因素,个别的扭曲或拉出痕迹,增加了尖轨的阻力,阻碍和影响了竖切部分密贴。

(16)由于冻害、捣固、岔枕扭曲、长期碾轧,滑床板或基本轨产生永久性的变形,或是垂直磨耗,或是基本轨不落槽或与滑床台间隙过大。

(17)连接杆所使用的两个耳铁是同一侧的,不成对,所使用的两个孔不是同一位置的(一前一后或一后一前),这样在扳动尖轨时,连接杆在运行中所走的距离不相等,就会有一侧尖轨不易密贴。

(18)绝缘连接杆的衔接螺栓松动,绝缘质损坏,板动尖轨时其长度可变,也影响密贴。

(19)连接杆上边的扣板与连接板间的间隙大于耳铁的厚度,扣板与连接的孔中心不在一条垂直线上,影响尖轨密贴。

2. 防治方法

(1)拨正道岔直股的大方向,渡线两组道岔直向中心线应平行,交叉渡线四组道岔岔心的连接线应成矩形,这样可使道岔与前后线路大方向相一致。

(2)检查跟端夹板的撬起量是否标准、双头螺栓的粗径处是否有磨耗,不标准的需要更换。

(3)丈量两尖轨的长度是否相等,岔首、尖轨尖端及辙跟的直角错差不宜超过 5mm。

(4)全面检查曲股基本轨的弯折点及弯折量。

(5)检查耳铁的孔径长度和连接杆。一个连接杆的两个耳铁的两排孔的排列形式,应成“八”字形(站在辙跟处面向岔首),如果呈“V”形排列,则应互调位置。每移动一对孔,距离增减 4mm。如果是后配的耳铁,应注意分开左右侧。移动连接杆时,其总长度是前移增大,后移缩短。刚打完框架撤垫后,首先选用最短的尺度,不合适时再往前移动连接杆,耳铁孔径有磨耗应焊补或更换。

连接杆的长度应符合设计要求。绝缘连接杆中间的衔接螺栓应拧紧;扣铁与连板间的间隙应与耳铁的厚度相一致,不宜太松;扣板与连板的孔应在同一条轴线上,主螺栓穿上后不应有间隙。

(6)检查尖轨的顶铁。

(7)整修尖轨。尖轨本身不能有拱腰和旁弯,有了就要整直(用直轨器或专用工具),有飞边或毛刺就要打磨;尖轨底的创槽深度和宽度在爬上基本轨后都不应与基本轨底接触,爬不上基本轨的尖轨应更换。

(8)撤掉耳铁上的垫片,可利用耳铁上的 3 个孔调整两尖轨间的内侧距离,使竖切部分密

贴,经过正位、反位多项试验,使两尖轨与基本轨密贴。但撤片的条件是:

1)框架尺寸不好不能撤;

2)尖轨有病害不整修不能撤;

3)基本轨有病害、曲基本轨弯折量不好不能撤;

4)连接杆、耳铁、顶铁尺寸不符不能撤。

五、普通道岔导曲线形成反超高

1. 原因

(1)上导曲股枕下道床密实度不足,列车通过时动态沉落,岔枕埋在道床内,湿度大,暴露面自然干燥弯曲,呈凹性变形,使岔枕中部低洼,形成导曲线反超高。

(2)侧向导曲线半径小,无超高,列车通过时导曲线上股钢轨承受的荷载大,钢轨顶面低于下股,加之外侧铁垫板切入枕木,道岔沉陷出现空吊板,钢轨塑性变形,这些综合因素形成导曲线反超高。

(3)上导曲股钢轨的接头正对应下股导曲轨短轨小腰,由于列车通过时对接头产生冲击,出现低接头和下股短轨空吊板,下股短轨空吊板整修不及时,短轨出现拱腰,形成导曲线反超高。

2. 防治方法

(1)新铺设道岔,为防止岔枕中部早期出现低洼,应加强对导曲线上股和内直股两股钢轨的捣固,同时适当减少下导曲股的捣固镐数。

(2)对已发生弯曲变形的岔枕处导曲线反超高,可用木垫板将反水平处垫高 2～3mm,以后再逐根撤下垫板,用撬棍撬起岔枕捣固,在连降小雨后,利用岔枕潮湿易变形的特点及时整治,效果比较明显。

(3)岔枕中部已经出现低洼、不再具备撤板捣固条件的,在岔枕状态良好的情况下,采取抽换翻用岔枕的作法,将岔枕中部低洼置于相反方向,同时加强捣固。

第四节　桥梁工程施工质量通病及防治

一、桥梁工程现浇混凝土基础模板质量通病

1. 原因

(1)模板直接支撑在基坑土壁上,无坚固的后靠力。

(2)模板刚度不够,吊装变形。

(3)模板安装时,挂线垂直度有偏差。

(4)长度方向未拉直线进行校正。

(5)模板上口内侧未采取定尺支撑。

(6)模板未涂脱模剂,木模在混凝土浇筑前未充分浇水湿润。

(7)未设置对拉螺栓。

(8)模板平整度偏差较大,模板表面残渣未清除干净。

2. 防治方法

(1)混凝土垫层的标高及平整度必须符合要求。

(2)模板应进行设计,并有足够的强度和刚度。

(3)模板下口要支垫平稳,缝隙用砂浆抹平。

(4)斜支撑应坚实有力,不得直接支撑在土壁上,应设卧木,避免虚撑现象,上口要设对拉螺栓。

(5)模板在组装前应将残渣铲除干净,并涂上脱模剂,模板拼缝应符合质量要求。

(6)木模板在混凝土浇筑前,应充分浇水湿润。

(7)模板制作支立高度比设计高出 10~15cm,上口挂水平线。

二、桥梁工程现浇混凝土墩台帽(盖梁)模板质量通病

1. 原因

(1)模板未按基准线校直,支撑不牢。

(2)模板支架地基未作处理。支架设置在软硬不均地基上,混凝土浇筑过程中,底模受荷载后,造成支架及底模的不均匀下沉。

(3)侧模刚度差,未设置足够的对拉螺栓。

(4)侧模下口围模未撑紧,在混凝土侧压力作用下,侧模下口向外位移。底模不平未采取嵌缝措施。

(5)模板上口未设限位卡具,对拉螺栓紧固不均,斜撑角度过大(大于 60°),支撑不牢造成局部偏位。

(6)胸墙模板支撑不牢,在自重作用下,模板下垂。浇筑混凝土时,部分混凝土由胸墙模板下口翻出,又未在初凝时铲平,造成模板下部陷入混凝土内。

(7)墩台帽与立柱四周接口处缝隙未嵌实,底模板高出立柱顶面,造成漏浆及烂根现象。

2. 防治方法

(1)墩台帽盖梁侧模在安装前应事先定出纵横向的基准线、模板分中线;侧模按基准线安装定位,并设斜撑校正模板的直线及垂直度。

(2)墩台帽盖梁支架设置应经过设计计算,加固措施应根据地基状况及施工荷载确定,必要时进行预压,当支架基底工体处于软硬不均匀状态时,应考虑不均匀下沉,预留沉落量。

(3)墩台帽盖梁侧模不论是采用木模还是钢模,均应根据混凝土的侧压力,设计具有足够强度的模板结构,并应根据子结构状况设置必要的对拉螺栓,以确保侧模不变形。

(4)在侧模下口,应在底模上设置牢固的侧模底夹条,以确保侧模不向外移动,并对侧模与底模的接缝处进行嵌缝密实,防止漏浆。

(5)侧模上口应设置限位卡具或对拉螺栓;对拉螺栓在紧固时,应保持一致,同时所设置的斜撑角度不得大于 60°,并应牢固。确保模板上口线条顺直,不偏斜。

(6)桥台胸墙应设置独立的承托支架;该支架应能克服模板的自重下垂。在混凝土浇筑过程中,对于部分从模板下翻出的混凝土应在初凝前铲平,并把桥台面抹光,避免模板陷入台面内,确保顺利拆模和桥台表面的平整光洁。

(7)盖梁底模与立柱四周的接缝间隙,应嵌缝密实,防止漏浆。立柱的顶标高宜比盖梁底标高高出 1~2cm,这样可防止盖梁与立柱根部接缝处可能出现的烂根现象。

三、桥梁工程预制桩模板质量通病

1. 原因

(1)桩侧模支撑强度和刚度不足。

(2)桩上未涂隔离剂或涂隔离剂时间过长或被雨水冲掉。

(3)立模时，弹线有偏差。

(4)桩尖模板振捣时移位，桩顶模板不垂直于桩身。

2. 防治方法

(1)地坪表面平整度要在预制构件的允许偏差范围内，排水通畅。

(2)采用间隔浇桩法时，应先在地坪上弹出桩身外形尺寸线，以利支模。

(3)桩尖端应用专用钢帽套上。

(4)叠桩法制作时，其下层桩的混凝土强度需达 5MPa 后方可浇筑上层桩混凝土，并宜涂 2mm 厚度的纸筋石灰层作为上、下、左、右的隔离层。

(5)要防止侧模在混凝土振捣时往上浮动，必要时压重。

四、桥梁工程钢筋加工时下料尺寸不准

1. 原因

(1)钢筋加工配料时，没有准确计算长度，没有弯钩或弯起钢筋，也没有加弯曲长度和扣除弯曲的延伸长度。

(2)用手工弯曲时，扳距选择不当，角度没有控制。

2. 防治方法

(1)配料时不能直接按图纸尺寸下料，必须了解混凝土保护层、钢筋弯曲、弯钩等规定，再根据图中尺寸计算其下料长度，一般情况按下列方法计算：

直钢筋下料长度＝构件长度－保护层厚度＋弯钩增加长度

弯起钢筋下料长度＝直线长度＋斜段长度－弯曲调整值＋弯钩增加长度

箍筋下料长度＝箍筋长度＋箍筋调整值。

上述钢筋如需要搭接，还应增加钢筋搭接长度。

(2)对形状复杂的钢筋，要事先放好实样，再根据具体条件选择合适的操作参数进行弯配。

(3)钢筋下料前先进行调直。

(4)钢筋下料、弯制、安装使用同一把钢尺，并定期校验。

五、桥梁工程钢筋安装时同截面接头过多

1. 原因

(1)钢筋配料时忽略了钢筋接头错开。

(2)受原材料长度的限制，单根钢筋接头过多，使骨架钢筋接头错不开。

(3)分不清钢筋的接头处在受拉区还是受压区。

2. 防治方法

(1)根据原材长度、下料长度、数量作钢筋接头分布设计，画图标出接头位置，计算接头数量，符合设计要求时才能下料。

(2)掌握对钢筋接头的限制。闪光对焊接头在受弯杆件的受拉区，不得超过 50%，在轴心受拉构件中不得超过 25%，在受压区可不受限制；电弧焊接的接头可不受限制，但应错开；绑扎接头在构件的受拉区不得超过 25%，在受压区不得超过 50%；分不清钢筋受拉或受压区时，接头设置均应按受拉区的规定设置。

(3)分清同一截面的涵义。两钢筋接头相距在 30d 以内，或两焊接接头相距在 50cm 以

内，或两绑扎接头的中距在绑扎长度以内均视为同一截面，并不得小于 50cm。

(4)钢筋接头应避开钢筋弯曲处，距弯点不小于 $10d$。一根钢筋同一截面只能有一个接头。

六、桥梁工程钢筋骨架变形

1.原因

(1)未设定位钢筋，对骨架未用点焊固定。

(2)绑扎前未划钢筋对位线。

(3)在绑扎过程中未设临时固定架或定位措施。

(4)绑扎操作工艺不对，绑扎螺纹松弛。

2.防治方法

(1)绑扎钢筋骨架，特别是大型箱涵、梁柱，绑扎前应先制定绑扎程序，增加必要的定位钢筋，如承托架、吊架等。

(2)划出纵横钢筋位置线，按线绑扎固定。

(3)搭设临时支架，在绑扎过程中先把钢筋固定在支架上，为防止竖筋歪斜错位，也可先点焊定型。

(4)在垂直构件中，为防止钢筋下滑可采用缠扣，在箍筋转角处可采用兜扣、反十字扣。采用一面顺扣时，相临绑扎点应改变方向，交叉绑扎，以提高骨架网片的整体性。

(5)搭接接头处的箍筋应先绑扎好搭接接头，然后再与箍筋绑扎，不得将搭接接头与箍筋一次绑扎。

(6)绑扎重要部位应采用较粗号绑扎铁丝。钢筋绑扎时应避免交叉作业。

七、桥梁工程混凝土振捣不足或漏振

1.原因

(1)混凝土一次浇筑厚度过大，未水平分层或分层不清，而振捣不足。

(2)振捣间距过大，在振捣器振捣不到的地方形成漏振。

(3)在预留孔、预埋件及钢筋过密处浇筑、振捣方式不当。

2.防治方法

(1)对于壁较薄、高度较大的结构或构件和钢筋及预埋管道多的部位，均以 ϕ30mm 和 ϕ50mm 两种规格的振捣棒为主，同时，在模板上安置功率为 1.5kW 的附着式振捣器(可吊挂在模板背面安装的备管上)，每次振捣时间控制在 4～10s；对于锚固区等钢筋密集处，除用振捣棒充分振捣外，还须配以人工插捣及橡皮锤敲击等辅助手段。

(2)注意掌握振捣间距：插入式振捣器的插入点间距，不得超过其作用半径的 1.5 倍(方格形排列)或 1.75 倍(交错形排列)；平板振捣器应分段振捣，相邻两段间应搭接振捣 5cm 左右；附着式振捣器安装间距为 1.0～1.5m。

(3)注意掌握插入式振捣器的操作方法：快插、慢拔，上下抽动 5～10cm。

(4)分层浇筑时，振捣棒插入已振完下层混凝土 5cm 左右较适宜，可基本消除分层接缝；掌握好振捣时间，观察混凝土表面是否不再下降、不再出现汽泡，表面是否呈水平面、是否泛出水泥浆，如果所观察各项均发生，表示混凝土已振实。振捣时间一般可掌握为每插点 20～30s(该时间随混凝土的坍落度变小而增大)。

八、桥梁工程混凝土浇筑间断时间超过初凝时间

1. 原因

(1)在浇筑过程中发生停电、机械设备故障。

(2)计划集料数量不够，运输车辆道路堵塞。

(3)没有掌握混凝土的初凝时间，工序、工艺安排不合理。

(4)水泥初凝的时间不能满足施工工艺的要求。

2. 防治方法

(1)浇筑前检查原材料数量是否满足施工需要，施工工艺能否满足混凝土初凝时间的限制。

(2)检查机械设备是否处于良好状态。浇筑混凝土要备有两路以上电源，机械设备要有备用。

(3)可适当加入缓凝剂，延长混凝土的初凝时间，满足施工工艺的要求。

(4)可选用初凝时间较长的水泥。

九、产生桥梁工程围护基坑失稳

1. 原因

(1)没有贯彻“边开挖边支撑”的原则，支撑不及时，支撑力不够。

(2)支撑结构不合理，在不适宜使用挡土板的场合使用了挡土板，或虽采用了钢板桩围护，由于钢板桩的型号偏小、入土深度不足而使钢板桩产生较大的位移。

(3)降水效果欠佳，围护有裂缝而导致漏水、漏泥砂，影响围护结构的稳定。

(4)外力影响围护结构的稳定。

2. 防治方法

(1)基坑应根据不同土质、不同深度采用不同的围护方法。采用钢板桩围护，可参照表6－2。

表 6－2　钢板桩入土深度参考表

基坑开挖深度	钢板桩入土深度	槽钢型号
3～4.5m	＞0.4H	＞[25
4.5～6.0m	0.5～0.7H	＞[3 或锁口钢板桩

注：H 为基坑开挖深度。

(2)当基坑采用挡土板作为围护措施时，在挖土深度不超过 1.2m 时，就应进行第一道支撑，以后挖土和支撑交替进行，每次撑板高度一般不宜超过 0.6m，若土质松软或下雨时更应及时支撑。

(3)采用钢板桩围护时的首次挖土深度不得超过 2m，在距地面 0.6～0.8m 处设头道支撑，以后每隔 1m 左右设一道支撑。

(4)摸清基坑附近的管线情况，特别在影响范围内的上、下水管，污水、雨水管道更应采取防止渗漏的措施。

(5)搞好降水措施，确保基坑开挖期间的土体稳定。

十、桥梁工程回填土不均匀沉陷

1. 原因

(1)回填时，基坑中积水未排除；回填物中含有淤泥、杂质(树根、杂草、垃圾等)，杂物腐烂

后形成空隙。

(2)基坑未按分层夯实的原则进行回填。

(3)回填土时,土方的含水量过高,分层夯实未达到密实度要求。

(4)回填土时,冻土块较多,产生大量空隙。

(5)基坑围护措施拆除过快,使基坑壁出现塌方,又未进行处理。

(6)基坑采用放坡施工时,坡面上未修整成阶梯形或阶梯形宽度不够,使压实设备无法对接触面进行压实,造成空隙。

2. 防治方法

(1)回填土前先把基坑的积水排除,挖除基坑底部的淤泥并清理杂物。

(2)选择含水量适中的亚黏土或砂质黏土作为回填材料。

(3)填土应分层铺筑、分层夯实或压实,每层松铺厚度不宜超过 30cm,且在构筑物的两侧同时、同步进行。

(4)回填土的土块应敲碎,土块颗粒不能大于 10cm。

(5)设有支撑的基坑在回填土时,应随土方填筑高度分次自下而上拆除,严禁一次拆除后填土作业,因塌方原因造成填土高度过大时,要挖除塌方的土,使填土符合要求。用钢板桩作为基坑围护时,应先回填土、后拔除钢板桩,对拔除后出现的空隙宜用砂填实。基坑填土应作密实度试验和检验。

十一、桥梁工程桥台缺口填土下沉

1. 原因

(1)台后填土分层过厚,机械碾压遍数不够,碾压不到边,斜坡不挖台阶。

(2)汽车拉土直接倾倒在台后缺口或桥台一侧,不摊平。

(3)台后填土不进行最佳密实度试验和质量检验。

(4)利用并挖基坑土填筑,土的质量不合格。

2. 防治方法

(1)台后填土应按路基填筑的程序进行,必要时进行加强。为保证台后缺口质量,应做到填筑的宽度大一点、分层的厚度薄一点、碾压的遍数多一点。

(2)台后应填渗水土,并进行最佳密实度试验,派专人进行质量控制。

(3)禁止卡车在桥台一侧直接卸土或用推土机送土到桥台,即使用推土机送土也应推送到距桥台一定距离,一般情况下距离应不小于 5m,避免对桥台产生过大压力。

(4)桥台如设堆坡,应在桥台两侧同时、同步进行回填,使桥台受力均衡。

(5)禁止在桥台处做临时堆插或让大型机械过多行走,避免增加侧向压力。

十二、桥梁工程围堰渗漏水

1. 原因

(1)围堰基底未清理彻底,留有石块、树根、建筑垃圾、淤泥等杂物,在水流不断的冲刷下,水在这些杂物的空隙中不断渗入,造成围堰渗水。

(2)使用了不适当的土作为围堰材料,使水从土的空隙中渗入。

(3)填筑围堰的土不密实,使水从空隙中渗入,引起渗水。

(4)围堰的结构形式选择不当,在水压力作用下,围堰出现滑动或变形造成渗水。

(5)有桩围堰的拉条与桩身连接处未设置止水垫片,在拉条周围漏水。

2.防治方法

(1)围堰填筑前应清除堰底的树根、石块、淤泥等杂物,最好要清理到暴露出原状土层。

(2)清理后在堰基表面先填筑一层松散的黏土或粉质黏土,使土袋与基底结合紧密。土袋可用草袋或化纤编织袋,袋内装土量一般为袋容量的1/2,袋口用麻线或细铁丝缝合,填筑时从上游开始至下游合龙。土袋上下层之间应填一层土,内外层搭接应错开,搭接长度为土袋1/3～1/2,铺筑整齐、密实并进行夯实。

(3)在设置桩围堰时除上述措施外,还应作到间隔进行,不能一次填到顶,让填入的泥土逐层沉实。在流速较急、水又较深时宜留一缺口,让堰身的水位随潮汐涨落,堰身填筑的部分土体经水浸泡沉实后,方可进行合龙封口,避免引起堰身倾到。围堰合龙后不宜马上抽水,待围堰稳定检查合格后方可进行。

(4)围堰的设计应根据堰高、水深、水速进行计算确定,确保围堰自身稳定是避免渗水的重要保证。

(5)有桩围堰上所设的拉条四周填土要密实,钢板桩的锁口要紧密,如果发生锁口开裂,在缝隙处应加设隔水材料(如土工布等)或用木板填塞,避免土从缝隙中流失。

十三、桥梁工程沉桩达不到设计要求

1.原因

(1)地质资料对持力层的标高起伏描述不准,使设计的桩尖标高与实际持力层有较大出入,当进人持力层过多时,超过了沉桩机械能力或桩身混凝土强度。

(2)桩型设计或施工工艺不当,锤型选择不合理,沉桩过程中桩顶、桩身或桩尖破损,被迫停打。

(3)插桩倾斜产生偏打,因而产生较大的横向振动,引起沉桩困难,甚至与邻桩相撞。

(4)长桩的设计细长比过大,沉桩时引起桩的纵向弯曲。

(5)沉桩过程中存在长时间中断停歇或桩尖停在硬夹层中进行接桩。

(6)忽略地基特性,桩距过密或沉桩顺序不当,使地基的密度增大过多。

2.防治方法

(1)进行桩位探测,清除地下障碍物。

(2)设计应根据地质状况选用相适应的桩型和合适的细长比,施工选用适当锤型。

(3)确定合理的打桩工艺和顺序。利用砂土松弛效应,对砂性土地基可采取放慢沉桩进度或间断施工,以减小桩的贯入总阻力;对黏性土地基也宜放慢施工进度,采用中心开花沉桩方法,以减小超静定孔隙水压力。

十四、桥梁工程沉井排水下沉时井身偏斜

1.原因

(1)沉井内挖土的范围及深度不对称。

(2)沉井底碰到较大障碍物。

(3)沉井重量不对称。

(4)沉井周围地面单侧长期停置大型挖土设备或堆土。

(5)沉井土层厚度或土层软硬程度不均匀。

(6)井点降水效果不过称，单侧井点效果不好甚至失效。

2. 防治方法

(1)沉井内正常挖土要对称、均匀进行，纠偏时按技术交底的要求进行。

(2)沉井下沉前要事先探明土层的地质情况，并制定相应的对策措施。

(3)沉井下沉施工中要及时纠偏，防止大幅度突沉(特别在倾斜状态下)。

(4)地面超载布置对称，大型挖土设备或堆土不要长期停置在单侧，井旁尽可能不堆土或对称堆土。

十五、桥梁工程沉井排水下沉时超沉

1. 原因

(1)沉井终沉阶段产生突沉。

(2)在软弱土层中，沉井下沉到位时预留抛高值过少，在封底完成后井位产生超沉。

(3)在有井点降水的砂性土层中，沉井到位后井点出现故障时间较长，使井壁摩阻力大幅度减少，井位下沉过多。

(4)在软弱土层中沉井到位后，因故较长时期未进行封底，致使井位产生附加沉降量过多。

(5)测量错误。

2. 防治方法

(1)采取各种措施防止沉井突沉。

(2)沉井下沉到位时的抛高值应按土层性质、施工技术规范并结合挖土下沉状况确定，但不能过小。

(3)沉井到位后井点降水设施要保证正常运转。

(4)沉井到位后应及时进行封底施工。

(5)沉井即将到位前，加强测量控制，全面考虑各种因素后确定标高值。

十六、桥梁工程预应力梁张拉后形成梁体侧弯

1. 原因

(1)后张法施工时，预应力预留孔道偏向梁体一侧。

(2)多根预应力筋张拉时未按规定的顺序进行。

(3)先张法施工时，张拉没有从梁体左右两边同时进行。

2. 防治方法

(1)预应力预留管道严格按设计图纸要求布没，并有牢固定位措施，防止在混凝土浇筑过程中挤压偏位；在审查设计图纸时，如发现应力布设欠妥，应及时向设计单位反映，适当调整平弯位置及张拉顺序。

(2)预应力张拉时应对称进行，防止产生侧向弯矩以消除和减小侧弯；张拉时应有专人观察梁体变形情况；第一片梁张拉后应进行全面测量、检查、分析，验证施工工艺是否符合设计要求。

先张法放张预应力主筋时，应先放上部预应力筋；放松下部预应力筋时，应从中间开始，然后由内向外、左右两边同时进行。

十七、桥梁工程浮运安全度不足

1.原因

(1)浮运船只排水量过小。

(2)浮运构件重心过高。如在船只上搭设满足盖梁高程的高支架,再在高支架上搁置构件,此时就产生了过高的重心位置。

(3)船只的锚键设计数量不够、平面夹角过小、距离过近或锚键重量过轻有跑锚现象。

2.防治方法

(1)正确估算浮运重量与压舱量,合理配置船只的吨位。

(2)在排水量与压舱量计算时,必须同时验算船只的稳定性。

(3)增设锚键结构。

(4)临时在船只两侧绑扎木排或坞式箱体等浮物,增加船只排水量。扩大船只平面面积,增加船只的稳定性。

(5)增强锚键或增设八字锚。

十八、桥梁工程箱涵顶进时下沉

1.原因

(1)地基土软弱,承载力小。

(2)挖土过程中对下部土体有扰动。

(3)底板下存在超挖现象。

(4)底板底面不平整,箱涵底板前端刮土。

2.防治方法

(1)在较差的土体上向前移动,底板前沿宜做成船头坡,避免将下部土体刮起推走。

(2)在底板前部预设压桩孔或导向坡,工作底板可预设上坡。

(3)对箱涵底板下软弱土层进行换填,预先加固。

(4)在施工中,减少对箱涵或土体的振动。

(5)挖土欠挖,吃土顶进。

(6)降低地下水位。

(7)减小箱涵顶板前端横抬梁支承反力。

十九、桥梁工程箱涵顶进时箱涵起动或全部入土阶段顶不动

1.原因

(1)千斤顶有泄漏。千斤顶老化,标识顶力与实际顶力有误差。

(2)箱涵在骨板上的摩擦力大于顶力。

(3)入土以后箱体与土壤接触面的阻力大于顶力。

(4)计算顶力有误,设置顶镐少。

2.防治方法

(1)滑板与润滑层、隔离层要确保施工工艺标准,保证材料施工质量,箱体制作时要保护隔离层不损坏。

(2)顶进设备要确保运转良好,提供足够的顶力,计算顶力时要乘以适当的安全系数。

(3)计算阻力与设备的顶力要经过检算,顶力必须大于阻力。

(4)增加顶力,即增加千斤顶数量或者提高油压。

(5)减少阻力,即在滑板上用气垫、注入润滑油或在土中接触面注入黏土浆等。

二十、桥梁工程顶进过程时箱涵偏离轴线

1.原因

(1)千斤顶布置不当,千斤顶左右出油快慢不同,其合力位置不在轴线上。

(2)箱涵形状不规则时合力位置要考虑与阻力相适应。

(3)顶进过程中遇到左右土质软硬不均。

(4)左右挖土不对称,形成左右阻力不等,千斤顶的作用力与箱涵的阻力左右不平衡。

2.防治方法

(1)加强测量控制,随时掌握箱涵顶进的轴线高程变化。

(2)根据偏移大小及原因分析尽早纠偏。

二十一、斜拉桥承台和塔座产生表面裂缝

1.原因

(1)双柱式塔柱随着柱身的不断增高,承台两端压力增大,承台中部受反弯矩作用,上部混凝土受拉开裂。

(2)塔座棱线两侧有两个夹角较小的临空面,混凝土在该处的水分易散失,且因塔座形状接近复斗形,棱线处往往是一些缺少骨料的砂浆,抗裂性差。

(3)养护不及时,塔座水分散失过快;大体积承台混凝土水化热高,内外层温差大,表面混凝土受拉开裂。

2.防治方法

(1)大体积承台混凝土应降低体内水化热和内外温差,主要措施有:选择水化热较低的水泥品种,降低配合比中的水泥含量;在大体积混凝土中掺入适量块石及粉煤灰等掺和料以减少水化热;在大体积混凝土内部散热降温,如布置冷却管道通循环水降温;混凝土表面保温保湿,如承台表面可采用蓄水保温等加强养护的措施。

(2)设计棱台式塔座时应考虑棱线薄弱部分的混凝土抗裂措施,对构成小角度相交部分,应在内部布置抗裂钢筋或钢丝网。

(3)设计应考虑大体积承台两端与中部不均匀下沉时中部混凝土抗裂措施。

(4)加强混凝土各层面温度的监测与调节。

二十二、桥墩台施工放样精度不够

1.原因

(1)测量仪器精度不够、误差较大,桩移位或用错桩。

(2)测量方法不对,对施工放样未进行复核。

2.防治方法

(1)应对测量仪器定期进行校验,确保仪器误差在规范允许的范围内;施工控制测量要绘制控制桩平面图,作出明显标识,并在施工的过程中检查控制桩是否发生位移、丢失、淹埋,需要时及时补桩。

(2)墩台身施工放样前应先对线路中心线进行复测,复测无误后再放大样控制桩。

(3)施工放样一般采用电磁波测距仪、全站仪进行测量,放样完成后必须用另外一种测量方法校核。

(4)大江大河上的桥梁墩台应采用控制网方法。

第五节 隧道工程施工质量通病及防治

一、隧道工程洞身超、欠挖

1.原因

(1)施工技术管理检查、复核制度执行不严,特别是测量放线误差。目前,多数隧道控制开挖断面的测量方法采用支距法和极坐标法,由人工在岩面上画线,这就存在误差,更有甚者,在放样时人为放大轮廓尺寸。

(2)钻孔精度。钻孔时的开孔位置,应根据地质条件和机具设备由钻爆设计确定,但实际操作时只能凭钻者的经验和操作技术,易出现超、欠挖。

(3)爆破技术。一是凿岩机体构造的影响。用凿岩机钻眼时,由于构造的原因,凿岩机机体与周边岩壁之间必须有一定的作业空间,为了避免欠挖,则钻杆必须有一个外插角,实际开挖成的轮廓线呈锯齿形,锯齿凹入岩壁部分即构成超挖。二是爆破方法与参数。实践证明爆破方法不同超挖量亦不同,普通爆破比光面、预裂爆破法超挖量大很多,如果参数不合理、缺乏小直径药卷或超爆雷管段数过少等都会使超挖量加大。

(4)地质条件变化及其他。遇有围岩与炮孔方向夹角较小的竖向或水平成层的层理或节理时,因夹制作用不同,会引起钻杆外插角变化,水平成层围岩形成门框形断面,而在框角处超挖最多,竖向倾斜岩层则易在两拱脚形成超、欠挖,节理发育的围岩,更容易形成局部超挖。

根据开挖循环调查统计:钻孔精度对超、欠挖影响最大,占44.2%,爆破技术占20.3%,施工管理占17.6%,测量放线占7.6%,地质变化占6.1%。

2.防治方法

(1)首先要改变“宁超勿欠”的观点,树立“少欠少超”的观点,避免开挖轮廓线的无谓扩大,而使超挖得以减少;切实加强施工管理,建立健全测量、钻爆、开挖质量检查制度,控制好测量放线精度,在保证中线与标高准确的前提下,通过正确的方法来保证轮廓线位置的准确,即采用激光指向但控制隧道掘进方向,提高中线和标高精度,提高轮廓线的放线精度;使用能满足施工技术要求的测量放线仪器、断面检测仪器。

(2)提高钻孔技术水平,严格控制开孔位置、外插角和底孔位置。钻孔技术对隧道超欠挖的影响主要体现在周边,孔的外插角 θ、开口位置 e 和钻孔的深度 L,它们与超、欠挖高度 h 的关系为:$h=e+L\tan(\theta/2)$。从式中可知;θ 与 L 增大,h 增大;当 e 为负值时,随 e 的减小,h 也减小,在一般情况下,L 采用3.5m左右,但注意深孔爆破一次装药量也不宜过大,否则对周边围岩损伤也较大。从实际施工经验看控制 θ 比较困难,而控制 e 是可行的,只要有意识把 e 变为负值,对减少超挖是有效的。图6—9为 $e<0$ 时的开口误差示意图。

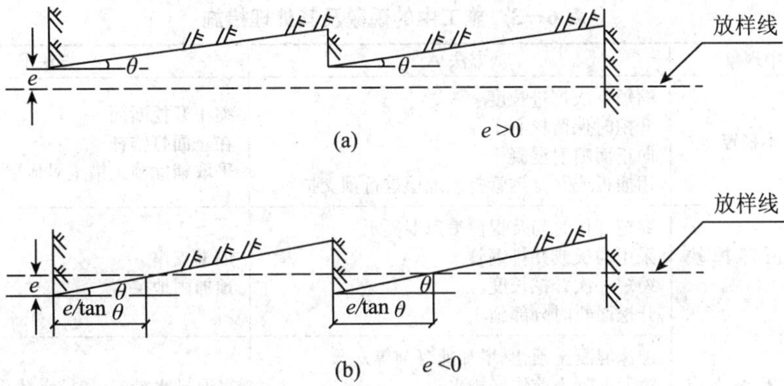

图 6—9　周边孔开口误差示意图

(3)解决好爆破技术参数的合理匹配。实践证明,爆破方法中控制爆破比普通爆破好,爆破方式有全断面一次爆破、台阶法爆破、导洞先行扩大爆破和预留光面爆破等。通常地质条件允许时,全断面一次性爆破(包括台阶法)有利于减少爆破重复振动、减少工序转换,便于快速施工。采用合理爆破器材(雷管和炸药)、方法,可减少由于爆破发生的振动和应力波对围岩的破坏作用,从而减少超、欠挖。实践证明"等差"雷管爆破效果最好,振动最小,装药方法以小药包连续装药对控制超挖效果最好,还应有能满足施工技术要求的钻孔机械以及爆破器材。

(4)地质条件。这是确定爆破参数的基本依据,它是随掘进而不断变化的,因此,在现场施工中,应根据具体情况调整钻孔方位和角度,或适当调整周边孔的参数。即紧跟开挖面对围岩进行观测描述,对围岩节理裂隙状态进行预测,据此调整参数和施工方法,或采用局部内移炮眼、局部空洞不装药、加密炮眼、局部调整起爆顺序等辅助措施。

(5)严格施工管理。应做到五个必须:必须采用控制爆破,通过工程类比和现场实际,优化爆破参数;必须严格钻孔精度,重点控制周边孔眼的外插角及炮眼分布均匀;必须严格爆破作业质量;必须做到及时检测及反馈;必须强施工管理,经常加强对施工人员素质和责任的教育。

二、隧道工程新奥法施工常见质量通病

新奥法施工的基本原则,是根据围岩性质使其产生允许的、适量的变形,但又不使其松动塌落。在设计,施工过程中,若对围岩性质判断不准、勘测不明,或喷射混凝土、打锚杆、立钢支撑时间和方法有误,围岩松动就会超过预计,此时,应根据观察和量测结果找出原因,进行改正。但是很多场合不能明确原因,因此,只能针对所发生的现象采取措施。根据实践经验,将新奥法中经常出现一些异常现象及应采取的措施列于表 6—3 中,其中 A 指进行比较简单的改变就可解决问题的措施,B 指进行改变支护方法等比较大的变动才能解决问题的措施。当然,表中只列出大致的对策标准,优先用哪种措施,要视各个隧道的围岩条件、施工方法、变形状态综合判断。

表 6—3 施工中的现象及其处理措施

项目	施工中现象	方法 A	方法 B
开挖面及其附近	下面变得不稳定	缩短一次掘进长度 开挖时保留核心土 向正面喷射混凝土 用插板或并排钢管打入地层进行预支护	缩小开挖断面 在正面打锚杆 采取辅助施工措施对地层进行预加固
	开挖面顶部掉块增大	缩短开挖时间及提前喷射混凝土 采用插板或并排钢管 缩短一次开挖长度 开挖面暂时分部施工	加钢支撑 预加固地层
	开挖面出现涌水或者涌水量增加。	加速混凝土硬化(增加速凝剂等) 喷射混凝土前作好排水 加挂密网格的钢筋网 设排水片	采取排水措施(如排水钻孔、井点降水等) 预加固围岩
	地基承载力不足,下沉增大	注意开挖,不要损害地基围岩 加厚底脚处混凝土,增加支承面积	增加锚杆 缩短台阶长度,及早闭合支护环 用喷射混凝土作临时底拱 预加固地层
	产生底鼓	及早喷射底拱混凝土	在底拱处打锚杆 缩短台阶长度,及早闭合支护环
喷混凝土	喷射混凝土层脱离甚至塌落	开挖后尽快喷射混凝土 加钢筋网 解除涌水压力 加厚喷层	打锚杆或增加锚杆
	喷射混凝土层中应力增大,产生裂缝和剪切破坏	加钢筋网 在喷射混凝土层中增设纵向伸缩缝	增加锚杆(用比原来长的锚杆) 加入钢支撑
锚杆	锚杆轴力增大,垫板松弛或锚杆断裂		增强锚杆(加长) 采用承载力大的锚杆 为增大锚扦的变形能力,在锚杆垫板间夹入弹簧垫圈等
钢支撑	钢支撑中应力增大,产生屈服	松开接头处螺栓,凿开喷射混凝土层,使之可自由伸缩	增强锚杆 采用可伸缩的钢支撑,在喷射混凝土层中设纵向伸缩缝
变形监测	净空位移量增大,位移速度变快	缩短从开挖到支护的时间 提前打锚杆 缩短台阶、底拱一次开挖的长度 当喷射混凝土开裂时,设纵向伸缩缝	增强锚杆 缩短台阶长度,提前闭合支护环 在锚杆垫板间夹入弹簧圈等 采用超短台阶法,或在上半断面建造临时底拱

三、隧道工程衬砌腐蚀

1. 原因

造成腐蚀的原因是多方面的,有水蚀、烟蚀、冻蚀、骨料溶胀等。

2. 防治方法

(1)主要措施是治水,设置防蚀层,结构自身防蚀,施工缝、伸缩缝防蚀等。衬砌腐蚀,水是主要的致害介质,所以防蚀必须先治水,治水应以排为主,排、堵、截并用。

(2)采用各种耐蚀材料敷设在混凝土衬砌的表面作为防蚀层是最常用的方法。防蚀层可设在衬砌的外表面,也可以设在衬砌的内面,但尽量使防水层与防蚀层合一,必须分层敷设时,应先在衬砌表层做好内贴防水层,然后敷设防蚀层。

(3)防蚀层可采用特种水泥砂浆或混凝土,也可采用沥青砂浆或沥青混凝土,当衬砌的外表需做防蚀层时,可喷涂各种防蚀涂料。在防水、防蚀、电绝缘要求较高的部位,可采用砂石材、沥青浸渍砖、铸石、耐酸陶板等,但成本较高。

(4)结构层防蚀是指腐蚀病害较为集中的地段,特别是水中 SO_4^{2-} 含量较高、渗水压较大的地段,除采取排水、降低水压外,同时用抗侵蚀材料做衬砌,使防水、防蚀与结构合一。

(5)当隧道衬砌的沉降缝、伸缩缝需作防蚀时,一般可在该处衬砌背后做排水盲沟把水排走,如果采取防水措施,可用油膏和胶油嵌缝,缝口再用氯丁橡胶黏合剂粘贴氯丁胶板。

四、隧道工程衬砌混凝土渗漏

(1)设计原因:衬砌结构、防排水体系不完善,措施不足。设计未能根据隧道所处的位置、水文地质、水质等情况合理考虑混凝土强度,抗渗、抗裂、抗腐蚀及耐久性问题;合理设置各类"缝"及其构造;合理确定钢筋保护层厚度;确定附加防水层的设计等。

(2)施工原因:把设计变为现实,施工是关键,但由于在施工工艺、施工操作、关键工序、施工组织管理上做得不到位,加之要求不严、管理不细、检查督促没跟上等都有可能造成衬砌混凝土渗漏的发生。如初期支护喷射混凝土背后不密实、有空洞;初期支护与二次衬砌空隙;施工过程中防水板个别破损;二次衬砌混凝土质量不高,导致破坏了衬砌混凝土结构自防水的完整性,等等。

(3)所用材料、物资不符合技术要求,没有把住进料关。

五、防治隧道工程衬砌混凝土渗漏

(1)按设计做好隧道有关排水沟、槽的施工,做到通而不堵。

洞内侧沟。测沟位置应在开挖边墙基脚时一次挖好,以免做好边墙后再进行爆破,影响施工质量;边墙衬砌完成后,在铺底前先将水沟做好。全断面开挖底部布眼应包括水沟断面,水沟应根据隧道中线放样,保证沟壁外缘平顺,沟高度应根据轨顶标高确定,即水沟施工应按线路纵坡先将混凝土铺沟底,然后立模灌注两侧沟壁混凝土。

衬砌背后排水设施,如暗沟、暗管、盲沟应配合衬砌同时施工。有排水设施的地段需压浆时,沟管四周施工更应密实。衬砌完成后,应将背后的排水设施作出明显标志,钻孔和压浆时都应避开排水设施位置,严防浆液流入沟管堵塞水流。严寒地区的排水设施一定要按设计施工。

(2)衬砌的防水。

混凝土材料必须按相关规定中影响变形的因素所去选料、进料;混凝土的配合比应具有最佳级配的集料,并使其块硬、早强。衬砌采用混凝土整体灌注,尽可能做到不间歇施工并加强捣固工作,确保混凝土密实。衬砌采用防水混凝土,一般地区混凝土抗渗标号不应低于 B_4,严寒地区不宜低于 B_6。

隧道内超挖尽量减少,超挖部分采用与衬砌同强度的混凝土灌注回填。地下水有侵蚀性时,应采用抗侵蚀性的特种水泥或掺加抗侵蚀性的附加剂。必要时压注水泥浆液或化学液浆进行防水。

(3)衬砌各种缝隙的防水。混凝土衬砌中的施工缝、伸缩缝、沉降缝对隧道漏水有重要影响,必须认真处理。

施工缝是衬砌混凝土间歇灌注造成的。为避免施工缝,一般是在浇筑第二层混凝土前用钢丝刷将底刷毛,或在第一层浇筑后 4~12h 内,用高压水将混凝土表面冲洗干净。在浇筑时,应先刷水泥浆两遍，再铺设1cm厚砂浆(用原混凝土配合比，除去粗集料)，过0.5h以后即可继续浇筑第二层混凝土。

沉降缝(变形缝)是方了防止不均匀沉陷引起衬砌的开裂而设置的，因此在地质条件有变化处、明洞与隧道衬砌连接处，均应设置沉降缝。沉降缝的防水材料主要有沥青木板、沥青麻筋、沥青、橡胶带及塑料等。常采用沥青木板，将沥青木板塞在两段衬砌之间，在两段衬砌的接缝处外表挖一宽12cm、深6cm的沟槽，用防水胶油、防水油膏及水泥灰浆等填堵而成，外表抹水泥砂浆(水灰比0.35∶1)。沥青木板治沉降缝，施工方便，材料来源容易，但防水性能差，适用于仅有少量地下水层。防水性能质量可靠的是橡胶带，可承受较大相对变形，但价格较贵，仅用于防水要求较严格的部位。涌水较大且有水压时，采用止水的橡胶带或塑料带嵌入沉降缝内，设置的方法一般采用L形工作缝，如图6—10所示；涌水地段一般采用薄钢板或镀锌铁皮工作缝，如图6—11所示。

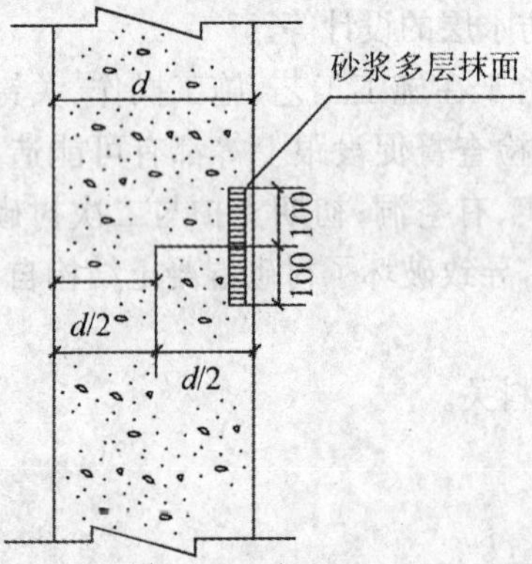

图6—10　L形工作缝(单位：mm)

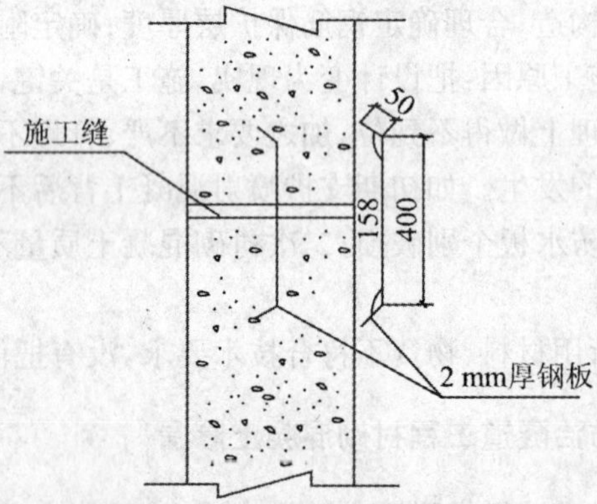

图6—11　薄钢板工作缝(单位：mm)

伸缩缝：在温暖和寒冷地区，一般可以不设伸缩缝。严寒地区，隧道内设置的伸缩缝必须具有良好的不透水、不开裂的作用，且要保证温度变化时衬砌伸缩变形的适应性，并应按设计要求做。

(4)防水层的施工关键就是不能损坏防水层，否则就不能起到防水的作用。因此施工前应对穿出基层的金属构件，如钢筋头、锚杆头等切除并用砂浆抹平，对不能切除的金属构件如锚索头等，必须喷射混凝土并做到平滑、圆顺。防水层施作时阴阳角应做成圆弧或45°折角，转角处，阴阳角和特殊部位应加强处理。防水层与墙体结构形成一体的黏结强度不宜低于墙体混凝土的抗拉强度，通常要求界面的黏结强度≥2MPa。防水板应在初期支撑基本稳定并经验收合格后铺设，应设临时挡板防机械损伤和电火花灼伤防水板，而且防水板的铺设应超前内衬混凝土施工。在铺贴外防水层时应特别注意缝与边的处理。

(5)混凝土及防水层材料的选用，混凝土材料应合理选用低等级、低水化热品种的水泥，防水混凝土使用的水泥等级不应低于32.5MPa；选用优质粉煤灰，可增加混凝土的和易性，但必须合理确定掺量，使用的粉煤灰不小于二级，掺量不宜大于20%，选择添加优质的外加剂(如膨胀剂、减水剂、抗渗剂等)；选用干净、符合规格的骨料。所用防水材料必须是经过鉴定并在实践中检验为行之有效的材料。外防水材料应有足够延展性，能适应混凝土结构的收缩变形，并具有良好防渗漏性能，抗微生物和耐腐蚀，而且对环境无污染，对施工人员无伤害。

第六节　站场房屋施工质量通病及防治

一、房屋产生测量放线位置或方向错误

1. 原因

(1)房屋位置定位的依据不准确或不充分。

(2)没有编制良好的切实可行的测量放线方案,或者是在执行相应方案时不严格。

(3)没有坚持认真的复核制度。

2. 防治方法

(1)必须认真熟悉房屋建筑总平面图,并与站场总平面图进行对照,掌握好基线的位置及相关要素。

(2)与线路、桥梁、给排水、电力、通信、信号、设备等专业人员进行必要的联系,从另一方面核对房屋位置和方向的正确性。

(3)在老站场内进行新建房屋的放线过程中,除依据基线外,还要有 1~2 个与既有建筑物有相对关系的数据;如总图上没有时,要求设计单位提供,并进一步核对。当无站场基线时,与既有建筑物关系的正确性就更为重要。

(4)在新站场的放线过程中,房屋的布置常常是按使用要求分成若干片区,因此,在依据基线的同时,要十分清楚了解及掌握片区内各新建房屋之间的关系及特殊之处。若只是单独的一栋房屋时,注意和线路专业的配合;在与线路无关的空旷区内放线时,则要注意各建筑物之间的关系及与站场道路等可参照设施的关系,不可盲目放线施工。

(5)编制分区域的切实可行的测量放线方案,并向有关单位报批;放线中坚持良好的复核制度,及早发现,及时纠正。

(6)当出现位置或方向错误,在不侵入限界、不影响使用或者采取一定的措施就可满足使用的情况下,只好将错就错,引以为戒,否则只有拆除重新放线及施工。

二、站场房屋施工时基坑抄平处理不当

1. 原因

(1)基坑内水准标高控制方法不正确。

(2)基坑面积较大,基槽长度较长,而水准标高基准点设置数量不足,致使前后视线不等长,距离差过大。

(3)基坑内四周引测的水平标高点未闭合,局部控制桩移位。

2. 防治方法

(1)当基坑深度较浅(≤5m)且边坡土质稳定时,在基坑将要挖到基底设计标高时,用水准仪测量并在坑内四周槽壁上设一些小木桩,使其顶面到坑底设计标高为一固定值,作为控制高程的依据。

(2)当基坑深度较大(>5m)时,在基坑四周护坡,护壁柱或其他平直的支护设施上涂若干条 100mm 宽的显著颜色竖向油漆带,在其上标出±0.000 以下的整米水平线。

第七节　铁路通信工程施工量通病及防治

一、铁路通信工程路基边坡挖电缆沟造成塌方或下沉

1. 原因

(1)电缆沟开挖坡度过陡，容易造成积水及被冲刷。

(2)屯缆沟回填没按规定进行夯实，造成雨后积水下沉。

(3)电缆沟没有及时回填，长期暴露，在外力作用下造成坍塌。

2. 防治方法

(1)电缆沟开挖、埋缆及回填应连续进行，尽快完成。

(2)电缆沟回填应分层夯实，并采取措施防止沟内进水。

(3)在坡度过陡地段开挖时，应采取必要的支撑措施。

二、铁路通信工程电缆气压维护未达到标准

1. 原因

(1)电缆本身有砂眼，或因外力因素形成电缆损伤。

(2)电缆接头或气门嘴封焊不良，有漏气点。

(3)电缆气闭接头堵塞不良而漏气。

(4)电缆转接箱或自动充气设备的气闭性能达不到标准。

2. 防治方法

(1)电缆在敷设前作好充气试验，发现问题及时处理。

(2)电缆转接箱和自动充气装置在使用前应单独检查气闭性能，如不达标，一般采用更换密封圈的措施；对漏气严重的设备，应通知供货厂家整修或更换。

(3)加强技术工人的培训，提高电缆接续和封焊技术，提高电缆气闭的灌注质量。

(4)对施工周期较长的长途电缆，应安排专人定期巡检径路，用同一块气压表进行测试，并认真作好记录。

(5)查漏和气压维护是一项技术性较强的系统工作，应由责任心强和业务水平高的工人承担，并积累完整真实的气压测试资料，为搞好气压维护提供可信的依据。

(6)电缆气压维护不能达到标准时，可根据气压测试资料绘出气压曲线图，观察、分析，找出漏气点，重新封焊排除故障。这样反复进行，直至排除全部故障点、气压维护达到标准。

三、铁路信号工程电缆沟开挖易挖断既有使用的信号电缆影响行车安全

1. 原因分析

挖电缆沟目前仍以人力挖掘为主，但由于站内作业条件限制和土质的复杂性，近年来开始对站内干线电缆采用带盖混凝土电缆槽明敷、浅埋防挖的施工方法。随着铁路建设的大发展，车站信号经过多年的新建、改造、大修，站内各种电缆如蜘蛛网一般，无法分清是使用的还是无用的，因此施工难度加大，易挖断电缆，影响行车安全。

2. 防治方法

(1)为保证铁路行车安全，确保铁路信号工程电缆沟开挖安全，特别是车站信号工程多次进行技术改造，施工组织者在组织挖电缆沟时，应由工程技术人员对信号工区、通信、电力各单位分别进行现场实际调查，掌握各种设备的分布情况，特别是与地下电缆邻近的有关设备的尺寸应一一在图上注明，并注明多处横向开挖的位置，确定纵向电缆的走向。工程技术人员应将调查结果绘制“车站既有地下电缆径路图”及新工程的电缆径路图进行现场技术交底，说明径路地带地下障碍物的调查情况及处理方法，挖电缆沟安全注意事项及防护方法。在径路上用石灰水划出直线以确保电缆沟成直线。

(2)建立挖断电缆的应急抢修措施。

(3)电缆沟开挖应派人至行车室值班，加强室内外的有效联系。

(4)备用塑料布以防道床污染。

第七章 施工安全质量控制

第一节 脚手架安全控制

一、一般脚手架安全控制要点

(1)脚手架搭设之前,应根据工程的特点和施工工艺要求确定搭设(包括拆除)施工方案。

(2)脚手架地基与基础施工,必须根据脚手架搭设高度、搭设场地土质情况与现行国家标准有关规定进行。当基础下有设备基础、管沟时,在脚手架使用过程中不应开挖,否则必须采取加固措施。

(3)脚手架主节点处必须设置一根横向水平杆,用直角扣件扣接在纵向水平杆上且严禁拆除。主节点处两个直角扣件的中心距不应大于150mm。在双排脚手架中,横向水平杆靠墙一端的外伸长度不应大于杆长的0.4倍,且不应大于500mm。

(4)脚手架必须设置纵、横向扫地杆。纵向扫地杆应采用直角扣件固定在距底座上皮不大于200mm处的立杆上,横向扫地杆亦应采用直角扣件固定在紧靠纵向扫地杆下方的立杆上。当立杆基础不在同一高度上时,必须将高处的纵向扫地杆向低处延长两跨与立杆固定,高低差不应大于1m。靠边坡上方的立杆轴线到边坡的距离不应小于500mm。

(5)高度在24m以下的单、双排脚手架,均必须在外侧立面的两端各设置一道剪刀撑,并应由底至顶连续设置,中间各道剪刀撑之间的净距不应大于15m。24m以上的双排脚手架应在外侧立面整个长度和高度上连续设置剪刀撑。剪刀撑、横向斜撑搭设应随立杆、纵向和横向水平杆等同步搭设,各底层斜杆下端均必须支承在垫块或垫板上。

(6)高度在24m以下的单、双排脚手架,宜采用刚性连墙件与建筑物可靠连结,亦可采用拉筋和顶撑配合使用的附墙连接方式,严禁使用仅有拉筋的柔性连墙件。24m以上的双排脚手架,必须采用刚性连墙件与建筑物可靠连结,连墙件必须采用可承受拉力和压力的构造。50m以下(含50m)脚手架连墙件一般应按3步3跨进行布置,50m以上的脚手架连墙件一般应按2步3跨进行布置。

二、一般脚手架检查与验收程序

(1)脚手架的检查与验收应由项目经理组织,项目施工、技术、安全、作业班组等有关人员参加,按照技术规范、施工方案、技术交底等有关技术文件,对脚手架进行分段验收,在确认符合要求后,方可投入使用。

(2)脚手架及其地基基础应在下列阶段进行检查和验收:

1)基础完工后及脚手架搭设前。

2)作业层上施加荷载前。

3)每搭设完10～13m高度后。

4)达到设计高度后。

5)遇有 6 级及以上大风与大雨后。

6)寒冷地区土层解冻后。

7)停用超过一个月的。

(3)脚手架定期检查的主要内容：

1)杆件的设置和连结,连墙件、支撑、门洞桁架等的构造是否符合要求。

2)地基是否有积水,底座是否松动,立杆是否悬空。

3)扣件螺栓是否有松动。

4)高度在 24m 以上的脚手架,其立杆的沉降与垂直度的偏差是否符合技术规范的要求。

5)架体的安全防护措施是否符合要求。

6)是否有超载使用的现象。

三、附着式升降脚手架(整体提升脚手架或爬架)作业的安全控制要点

(1)附着式升降脚手架(整体提升脚手架或爬架)作业要针对提升工艺和施工现场的作业条件编制专项施工方案,专项施工方案要包括设计、施工、检查、维护和管理等全部内容。

(2)附着式升降脚手架(整体提升脚手架或爬架)安装搭设必须严格按照设计要求和规定程序进行,安装后经验收并进行荷载试验,确认符合设计要求后,方可正式使用。

(3)在进行提升和下降作业时,架上作业人员和材料的数量不得超过设计规定并尽可能的减小。

(4)升降作业前必须仔细检查附着连接和提升设备的状态是否良好,如发现异常时,应及时查找原因并采取措施加以解决。

(5)升降作业时应统一指挥、协调动作。

(6)在安装、升降、拆除附着式升降脚手架(整体提升脚手架或爬架)时,应划定安全警戒范围并安排专人进行监护。

第二节　洞口、临边防护控制

一、洞口作业的安全防护基本规定

(1)各种楼板与墙的洞口,按其大小和性质应分别设置牢固的盖板、防护栏杆、安全网或其他防坠落的防护设施。

(2)坑槽、桩孔的上口、柱形、条形等基础的上口以及天窗等处,都要作为洞口采取符合规范的防护措施。

(3)楼梯口应设置防护栏杆,楼梯边应设防护栏杆,或者用正式工程的楼梯扶手代替临时防护栏杆。

(4)电梯井口除设置固定的栅门外,还应在电梯井内每隔两层(不大于 10m)设一道安全平网进行防护。

(5)在建工程的地面人口处和施工现场人员流动密集的通道上方,应设置防护棚,防止因落物产生物体打击事故。

(6)施工现场大的坑槽、陡坡等处,除需设置防护设施与安全警示标牌外,夜间还应设红灯

示警。

二、洞口的防护设施要求

(1)楼板、屋面和平台等面上短边尺寸小于 25cm 但大于 2.5cm 的孔口,必须用坚实的盖板盖严,盖板要有防止挪动移位的固定措施。

(2)楼板面等处边长为 25～50cm 的洞口、安装预制构件时的洞口以及缺件临时形成的洞口,可用竹、木等作盖板,盖住洞口,盖板要保持四周搁置均衡,并有固定其位置不发生挪动移位的措施。

(3)边长为 50～150cm 的洞口,必须设置一层用扣件扣接钢管而形成的网格,并在其上满铺竹笆或脚手板。也可采用贯穿于混凝土板内的钢筋构成防护网格,钢筋网格间距不得大于 20cm。

(4)边长在 150cm 以上的洞口,四周设防护栏杆,洞口下张设安全平网。

(5)垃圾井道和烟道,应随楼层的砌筑或安装而消除洞口,或按照预留洞口的作法进行防护。

(6)位于车辆行驶通道旁的洞口、深沟与管道坑、槽,所加盖板应能承受不小于当地额定卡车后轮有效承载力 2 倍的荷载。

(7)墙面等处的竖向洞口,凡落地的洞口应加装开关式:固定式或工具式防护门,门栅网格的间距不应大于 15cm,也可采用防护栏杆,下设挡脚板。

(8)下边沿至楼板或底面低于 80cm 的窗台等竖向洞口,如侧边落差大于 2m 时,应加设 1.2m 高的临时护栏。

(9)对邻近的人与物有坠落危险的其他竖向的孔、洞口,均应予以加盖或加以防护,并固定牢靠,防止挪动移位。

三、临边作业安全防护基本规定

(1)在进行临边作业时,必须设置安全警示标志。

(2)基坑周边、尚未安装栏杆或栏板的阳台周边、无外脚手架防护的楼面与屋面周边、分层施工的楼梯与楼梯段边、龙门架、井架、施工电梯或外脚手架等通向建筑物的通道的两侧边、框架结构建筑的楼层周边、斜道两侧边、料台与挑平台周边、雨篷与挑檐边、水箱与水塔周边等处必须设置防护栏杆、挡脚板,并挂安全立网进行封闭。

(3)临边外侧靠近街道时,除设防护栏杆、挡脚板、封挂安全立网外,立面还应采取荆笆等硬封闭措施,防止施工中落物伤人。

四、防护栏杆的设置要求

(1)防护栏杆应由上、下两道横杆及栏杆柱组成,上杆离地高度为 1.0～1.2m,下杆离地高度为 0.5～0.6m。除经设计计算外,横杆长度大于 2m 时,必须加设栏杆柱。

(2)当栏杆在基坑四周固定时,可采用钢管打人地面 50～70cm 深,钢管离基坑边口的距离不应小于 50cm;当基坑周边采用板桩时,钢管可打在板桩外侧。

(3)当栏杆在混凝土楼面、屋面或墙面固定时,可用预埋件与钢管或钢筋焊牢。

(4)当栏杆在砖或砌块等砌体上固定时,可预先砌入带预埋铁的混凝土块,再通过预埋铁与钢管或钢筋焊牢。

(5)栏杆柱的固定及其与横杆的连接,其整体构造应使防护栏杆在上杆任何处都能经受任何方向 1000N 的外力。

(6)防护栏杆必须自上而下用安全立网封闭,或在栏杆下边设置高度不低于 18cm 的挡脚板或 40cm 的挡脚笆,板与笆下边距离底面的空隙不应大于 10mm。

第三节　模板工程安全控制

一、模板设计

模板工程施工前,应根据工程设计图纸、现场条件、混凝土结构施工验收规范以及有关的模板技术规范进行模板设计。模板设计主要包括模板面、支承系统及连接配件等的设计。

二、模板工程施工前的安全审查验证

模板工程施工前,要对模板的设计资料进行审查验证,审查验证的项目主要包括:

(1)模板结构设计计算书的荷载取值是否符合工程实际,计算方法是否正确,审核手续是否齐全。

(2)模板设计图(包括结构构件大样及支撑体系、连接件等)设计是否安全合理,图纸是否齐全。

(3)模板设计中的各项安全措施是否齐全。

三、现浇混凝土工程模板支撑系统的选材及安装要求

(1)支撑系统的选材及安装应按照设计要求进行,基土上的支撑点应牢固平整,支撑在安装过程中应考虑必要的临时固定措施,以保证其稳定性。

(2)支撑系统的立柱材料可选用钢管、门形架、木杆,其材质和规格应符合设计和安全要求。

(3)立柱底部支承结构必须具有支承上层荷载的能力。为合理传递荷载,立柱底部应设置木垫板,禁止使用砖及脆性材料铺垫。当立柱支承在地基上时,应验算地基土的承载力。

(4)为保证立柱的整体稳定,在安装立柱的同时,应加设水平拉结和剪刀撑。

(5)立柱的间距应经计算确定,按照施工方案要求进行施工。若采用多层支模,上下层立柱要保持垂直,并应在同一垂直线上。

四、影响模板钢管支架整体稳定性的主要因素

主要因素有立杆间距、水平杆的步距、立杆的接长、连墙件的连接、扣件的紧固程度。

五、保证模板安装施工安全的基本要求

(1)模板工程作业高度在 2m 及 2m 以上时,要有安全可靠的操作架子或操作平台,并按照高处作业安全技术规范的要求进行防护。

(2)操作架子上、平台上不宜堆放模板。必须短时间堆放时,一定要码放平稳,数量必须控制在架子或平台的允许荷载范围内。

(3)冬期施工,对于操作地点和人行通道上的冰雪应事先清除。雨期施工,高耸结构的模

板作业，要安装避雷装置，沿海地区要考虑抗风和加固措施。

(4)5 级以上大风天气，不宜进行大块模板拼装和吊装作业。

(5)在架空输电线路下方进行模板施工，如果不能停电作业，应采取相应的隔离防护措施。

(6)夜间施工，必须要有足够的照明。

六、保证模板拆除施工安全的基本要求

(1)现浇混凝土结构模板及其支架拆除时的混凝土强度应符合设计要求。当设计无要求时，应符合下列规定：

1)承重模板，包括梁、板等水平结构构件的底模，应在与结构同条件养护的试块强度达到规定要求时，方可进行拆除。

2)后张预应力混凝土结构或构件模板的拆除，侧模应在预应力张拉前拆除，其混凝土强度达到侧模拆除条件即可。进行预应力张拉，必须待混凝土强度达到设计规定值后方可进行，底模必须在预应力张拉完毕后方能进行拆除。

3)在拆模过程中，如发现结构混凝土强度实际并未达到要求，有影响结构安全的质量问题时，应暂停拆模，经妥善处理在实际强度达到要求后，方可继续拆除。

4)已拆除模板及其支架的混凝土结构，应在混凝土强度达到设计的混凝土强度标准值后，才允许承受全部设计的使用荷载。

5)拆除芯模或预留孔的内模时，应在混凝土强度能保证不发生塌陷和裂缝时，方可进行拆除。

(2)拆模之前必须要办理拆模申请手续，在同条件养护试块强度记录达到规定要求时，技术负责人方可批准拆模。

(3)各类模板拆除的顺序和方法，应根据模板设计的要求进行。如果模板设计无具体要求时，可按先支的后拆，后支的先拆，先拆非承重的模板，后拆承重的模板及支架。

(4)模板不能采取猛撬以致大片塌落的方法进行拆除。

(5)拆模作业区应设安全警戒线，以防有人误入。拆除的模板必须随时清理。

(6)用起重机吊运拆除模板时，模板应堆码整齐并捆牢后，才可进行吊运。

第四节 施工用电安全控制

一、一般规定

(1)建筑施工现场临时用电设备在 5 台及以上或设备总容量在 50kW 及以上者，应编制用电组织设计；临时用电设备在 5 台以下和设备总容量在 50kW 以下者，应制定安全用和电气防火措施。

(2)变压器中性点直接接地伪低压电网临时用电工程，必须采用 TN－S 接零保护系统。

(3)当施工现场与外电线路共用同一供电系统时，电气设备的接地、接零保护应与原系统保持一致，不得一部分设备作保护接零，另一部分设备作保护接地。

二、配电箱的设置

(1)施工用电配电系统应设置部配电箱(配电柜)、分配电箱、开关箱，并按照“总－分－开”

顺序作分级设置，形成“三级配电”模式。

(2)施工用电配电系统各配电箱、开关箱的安装位置要合理。总配电箱(配电柜)要尽量靠近变压器或外电电源处，以便于电源的引入。分配电箱应尽量安装在用电设备或负荷相对集中区域的中心地带，确保三相负荷保持平衡。开关箱安装的位置应视现场情况和工况尽量靠近其控制的用电设备。

(3)为保证临时用电配电系统三相负荷平衡，施工现场的动力用电和照明用电应形成两个用电回路，动力配电箱与照明配电箱应该分别设置。

(4)施工现场所有用电设备必须有各自专用的开关箱。

(5)各级配电箱的箱体和内部设置必须符合安全规定，开关电器应标明用途，箱体应统一编号。停止使用的配电箱应切断电源，箱门上锁。固定式配电箱应设围栏，并有防雨防砸措施。

三、电器装置的选择与装配

(1)施工用电回路和设备必须加装两级漏电保护器，总配电箱(配电柜)中应加装总漏电保护器，作为初级漏电保护，末级漏电保护器必须装配在开关箱内。

(2)施工用电配电系统各配电箱、开关箱中应装配隔离开关、熔断器或断路器。隔离开关、熔断器或断路器应依次设置于电源的进线端。

(3)开关箱中装配的隔离开关只可用于直接控制现场照明电路和容量不大于3.0kW的动力电路。容量大于3.0kW动力电路的开关箱中应采用断路器控制，用于频繁送断电操作的开关箱中应附设接触器或其他类型启动控制装置，用于启动电器设备的操作。

(4)施工用电配电系统各配电箱、开关箱中的电器装置其额定值和动作整定值要做到相互匹配，确保能够实现分段分段动作。

(5)在开关箱中作为末级保护的漏电保护器，其额定漏电动作电流不应大于30mA，额定漏电动作时间不应大于0.1s。在潮湿、有腐蚀性介质的场所中，漏电保护器要选用防溅型的产品，其额定漏电动作电流不应大于15mA，额定漏电动作时间不应大于0.1s。

四、施工现场照明安全用电要求

(1)在坑、洞、井内作业，夜间施工或厂房、道路、仓库、办公室、食堂、宿舍、料具堆放场所及自然采光差的场所，应设一般照明、局部照明或混合照明。一般场所宜选用额定电压为220V的照明器。

(2)隧道、人防工程、高温、有导电灰尘、比较潮湿或灯具离地面高度低于2.5m等场所的照明，电源电压不得大于36V。

(3)潮湿和易触及带电体场所的照明，电源电压不得大于24V。

(4)特别潮湿场所、导电良好的地面、锅炉或金属容器内的照明，电源电压不得大于12V。

(5)照明变压器必须使用双绕组型安全隔离变压器，严禁使用自耦变压器。

(6)室外220V灯具距地面不得低于3m，室内220V灯具距地面不得低于2.5m。

(7)碘钨灯及钠、铊、铟等金属卤化物灯具的安装高度宜在3m以上，灯线应固定在接线柱上，不得靠近灯具表面。

(8)对夜间影响飞机或车辆通行的在建工程及机械设备，必须设置醒目的红色信号灯，其电源应设在施工现场总电源开关的前侧，并应设置外电线路停止供电时的应急自备电源。

第五节 垂直运输机械安全控制

一、物料提升机的安全控制要点

(1)物料提升机在安装与拆除作业前,必须要针对其类型特点,说明书的技术要求,结合施工现场的实际情况制定详细的施工方案,划定安全警戒区域并设监护人员,排除作业障碍。

(2)物料提升机的基础应按照图纸要求进行施工。高架提升机的基础应进行设计计算,低架提升机在无设计要求时,可按素土夯实后,浇筑300mm(C20混凝土)厚条形基础。

(3)物料提升机的吊篮安全停靠装置、断绳保护装置、超高限位装置、过路保护装置、拖地保护装置、信号联络装置、警报装置、进料门及高架提升机的超载限制器、下极限限位器、缓冲器等安全装置必须齐全、灵敏、可靠。

(4)为保证物料提升机整体稳定采用缆风绳时,高度在20m以下可设1组(不少于4根),高度在30m以下不少于2组,超过30m时不应采用缆风绳锚固方法,应采用连墙杆等刚性措施。

(5)物料提升机的架体外侧应沿全高用安全立网进行防护。在建工程各层与提升机连接处应搭设卸料通道,通道两侧应按临边防护规定设置安全防护栏杆及挡脚板。

(6)各层通道口处都应设置常闭型的防护门。地面进料口处应搭设防护棚,防护棚的尺寸应视架体的宽度和高度而定,防护棚两侧应封挂安全立网。

(7)物料提升机组装后应按规定进行验收,合格后方可投入使用。

二、外用电梯的安全控制要点

(1)外用电梯在安装和拆卸之前必须要针对其类型特点、说明书的技术要求,结合施工现场的实际情况制定详细的施工方案。

(2)外用电梯的安装和拆卸作业必须由取得相应资质的专业队伍进行,安装完毕经验收合格,取得政府相关主管部门核发的准用证后方可投入使用。

(3)外用电梯的制动器、限速器、门联锁装置、上下限位装置、断绳保护装置、缓冲装置等安全装置必须齐全、灵敏、可靠。

(4)外用电梯底笼周围2.5m范围内必须设置牢固的安全防护栏杆,进出口处的上部应根据电梯高度搭设足够尺寸和强度的防护棚。

(5)外用电梯与各层站过桥和运输通道,除应在两侧设置安全防护栏杆、挡脚板并用安全立网封闭外,进出口处尚应设置常闭型的防护门。

(6)多层施工、交叉作业使用电梯时,要明确联络信号。

(7)外用电梯梯笼乘人、载物时,应使载荷均匀分布,防止偏重,严禁超载使用。

(8)电梯在大雨、大雾和6级及6级以上大风天气时,应停止使用,并将梯笼降到底层,切断电源。暴风雨过后,应对电梯各有关安全装置进行一次全面检查。

三、塔式起重机安全控制要点

(1)塔吊在安装和拆卸之前必须要针对其类型特点,说明书的技术要求,结合作业条件制定详细的施工方案。

(2)塔吊的安装和拆卸作业必须由取得相应资质的专业队伍进行，安装完毕经验收合格，取得政府相关主管部门核发的准用证后方可投入使用。

(3)行走式塔吊的路基和轨道的铺设，必须要严格按照其说明书的规定进行；固定式塔吊的基础施工应按设计图纸进行，其设计计算和施工详图应作为塔吊专项施工方案内容之一。

(4)塔吊的力矩限制器、超高限位器、变幅和行走限位器、吊钩保险、卷筒保险、爬梯护圈等安全装置必须齐全、灵敏、可靠。

(5)施工现场多塔作业时，塔机间应应保持安全距离，以免作业过程中发生碰撞。

(6)当遇 6 级及 6 级以上大风等恶劣天气时，应停止作业，将吊钩升起，夹好轨钳。当风力达 10 级以上时，吊钩要落下勾住轨道，并在塔身结构上设置缆风绳加以固定。

第六节　高空作业安全控制

一、高处作业的定义

高处作业是指凡在坠落高度基准面 2m 以上(含 2m)有可能坠落的高处进行的作业。

二、高处企业的分级

根据国家标准规定，建筑施工高处作业分为四个等级：

(1)高处作业高度在 2～5m 时，划定为一级高处作业，其坠落半径为 2m。

(2)高处作业高度在 5～15m 时，划定为二级高处作业，其坠落半径为 3m。

(3)高处作业高度在 15～30m 时，划定为三级高处作业，其坠落半径为 4m。

(4)高处作业高度大于 30m 时，划定为四级高处作业，其坠落半径为 5m。

三、高处作业的基本安全要求

(1)施工单位应为从事高处作业的人员提供合格的安全帽、安全带、防滑鞋等必备的个人安全防护用具、用品。从事高处作业的人员应按规定正确佩戴和使用。

(2)在进行高处作业前，应认真检查所使用的安全设施是否安全可靠，脚手架、平台、梯子、防护栏杆、挡脚板、安全网等设置应符合安全技术标准要求。

(3)高处作业危险部位应悬挂安全警示标牌。夜间施工时，应保证足够的照明并在危险部位设红灯示警。

(4)从事高处作业的人员不得攀爬脚手架或栏杆上下，所使用的工具、材料等严禁投掷。

(5)高处作业，上下应高联系信号呀或通信装置，并指定专人负责联络。

(6)在雨雪天从事高处作业，应采取防滑措施。在 6 级及 6 级以上强风和雷电、暴雨、大雾等恶劣气候条件下，不得进行露天高处作业。

四、攀登与悬空作业安全控制要点

(1)攀登作业使用的梯子、高凳、脚手架和结构上的登高梯道等工具和设施，在使用前应进行全面的检查，符合安全要求的方可使用。

(2)现场作业人员应在规定的通道内行走，不允许在阳台间或非正规通道处进行登高、跨越，不允许在超重机臂架、脚手架杆件或其他施工设备上进行攀登上下。

(3)对在高空需要固定、联结、施焊的工作,应预先搭设操作架或操作平台,作业时采取必要的安全防护措施。

(4)在高空安装管道时,管道上不允许人员站立和行走。

(5)在绑扎钢筋及钢筋骨架安装作业时,施工人员不允许站在钢筋骨架上和沿骨架攀登上下。

(6)在进行框架、过梁、雨篷、小平台混凝土浇筑作业时,施工人员不允许站在模板上或模板支撑杆上操作。

五、操作平台作业安全控制要点

(1)移动式操作平台台面不得超过 $10m^2$,高度不得超过 5m,台面脚手板要铺满钉牢,台面四周设置防护栏杆。平台移动时,作业人员必须下到地面,不允许带人移动平台。

(2)悬挑式操作平台的设计应符合相应的结构设计规范要求,周围安装防护栏杆。悬挑式操作平台安装时不能与外围护脚手架进行拉结,应与建筑结构进行拉结。

(3)操作平台上要严格控制荷载,应在平台上标明操作人员和物料的总重量,使用过程中不允许超过设计的容许荷载。

六、交叉作业安全控制要点

(1)交叉作业人员不允许在同一垂直方向上操作,要做到上部与下部作业人员的位置错开,使下部作业人员的位置处在上部落物的可能坠落半径范围以外,当不能满足要求时,应设置安全隔离层进行防护。

(2)在拆除模板、脚手架等作业时,作业点下方不得有其他作业人员,防止落物伤人。拆下的模板等堆放时,不能过于靠近楼层边沿,应与楼层边沿留出不小于 1m 的安全距离,码放高度也不宜超过 1m。

(3)结构施工自二层起,凡人员进出的通道口都应搭设符合规范要求的防护棚,高度超过 24m 的交叉作业,通道口应设双层防护棚进行防护。

七、高处作业安全防护设施验收的主要项目

(1)所有临边、洞口等种类技术措施的设置情况。

(2)技术措施所用的配件、材料和工具的规格和材质。

(3)技术措施的节点构造及其与建筑物的固定情况。

(4)扣件和连接件的紧固程度。

(5)安全防护设施的用品及设备的性能与质量是否合格的验证。

第七节　拆除工程安全控制

一、拆除工程施工准备

(1)开工前应全面了解拆除工程的图纸和资料,进行现场勘察,根据工程特点、构造情况、工程量等编制专项施工方案。

(2)拆除工程必须制定生产安全事故应急预案,根据拆除工程施工现场作业环境,制定相

应的消防安全措施。

(3)拆除施工前,应做好影响拆除工程安全施工的各种管线的切断、迁移工作。当外侧有架空线路或电缆线路时,应与有关部门联系,采取措施,确认安全后方可施工。

(4)当拆除工程对周围相邻建筑安全可能产生危险时,必须采取相应的保护措施,对建筑内的人员进行撤离安置。

(5)施工区域应设置硬质封闭围挡及醒目的安全警示标志,非施工人员不得进入施工区。当临街的被拆除建筑与交通道路的安全距离不能满足要求进,必须采取相应的安全隔离措施。

(6)在拆除工程作业中,发现不明物体,应停止施工,采取相应的应急措施,保护现场,及时向有关部门报告。

二、人工拆除作业安全控制要点

(1)施工程序应从上至下,按板、非承重墙、梁、承重墙、术顺序集资进行,或依照先非承重结构后承重结构的原则进行拆除。

(2)拆除施工应逐层拆除分段进行,不得垂直交叉作业,作业面的孔洞应封闭。

(3)建筑楼板上严禁多人聚集或集中堆放材料,作业人员应站在稳定的结构或脚手架上操作,被拆除的构件应有安全的放置场所。

(4)拆除建筑的栏杆、楼杆、楼析等构件,应与建筑结构整体拆除进度相配合。建筑的承重梁、柱、应在其所承载的全部构件拆除后,再进行拆除。

(5)人工拆除建筑墙体时,不得采用掏掘或推倒的方法,拆除梁或悬挑构件时,应采取有效的塌落控制措施,方可切断两端的支撑。

(6)拆除原用于有毒有害、可燃气体的管道及容器时,必须查清其残留物的种类、化学性质及残留量,采取相应措施后,方可进行拆除作业。

三、机械拆除作业安全控制要点

(1)施工时,应按照专项施工方案设计选定的机械设备及吊装方案进行施工。

(2)供机械设备使用的场地必须保证足够的承载力,作业中机械不得同时回转、行走。

(3)拆除程序应从上至下、逐层、逐段进行,应先拆除非承重结构,再拆除承重结构。

(4)对只进行部分拆除的建筑,必须先療保留部分加固,再进行分离拆除。

(5)当进行高处拆除作业时,对较大尺寸的构件或沉重的材料,必须使用起重机具及时吊下。

(6)在拆除钢屋架是时,必须采用绳索将其拴牢,待起重机吊稳后,方可进行气焊割作业。吊运过程中,应采用铺助措施使被吊物处于稳定状态。

(7)在施工过程中,必须由专门人员负责随时监测被拆除建筑的结构状态,发现有不稳定状态的趋势时,立即停止作业,采取有效措施,消除隐患。

四、爆破拆除作业安全控制要点

(1)爆破拆除工程设计必须按级别经当地有关部门审核,做出安全评估和审查批准后方可实施。

(2)爆破拆除单位必须持有所在地法定部门核发的“爆炸物品使用许可证”,承担相应等级的爆破拆除工程。

(3)爆破器材必须向工程所在地法定部门申请“爆炸物品使用许可证”,到指定的供应规定路线运输,派志人押送。

(4)爆破拆除的预拆除施工应确保建筑安全和稳定。

(5)爆破器材临时保管地点,必须向所在地法部门申请领取“爆破物品运输许可证”,按照规定路线运输,派专人押送。

(6)爆破拆除的预拆除施工应确保建筑安全和稳定。

(7)爆破拆除建筑施工时,应对爆破部位进行覆盖和遮挡防护。

(8)爆破拆除工程的设计和施工,必须按照《爆破安全规程》(GB 6722－2004)有关爆破实施操作的规定进行。

五、静力破碎安全控制要点

(1)采用具有腐蚀性的静力破碎剂作业时,灌浆人员必须戴防护手套和防护眼镜。

(2)孔内注入破碎课剂后,作业人员应保持安全距离,严禁在注孔区域行走。

(3)静力破碎剂严禁与其他材料混放。

(4)在相邻的两孔之间,严禁钻孔与注入破碎剂同步进行施工。

(5)静力破碎时,发生异常情况,必须停止作业,查清原因并采取相应措施确保安全后,方可继续施工。

第八节 基坑支护安全控制

一、应采取支护措施的基坑(槽)

(1)基坑深度较大,且不具备自然放坡施工条件。

(2)地基土质松软,并有地下水或丰盛的上层滞水。

(3)机坑开挖会危及邻近建、构筑物、道路及地下管线的安全与使用。

二、基坑(槽)支护的主要方式

简单水平支撑;钢板桩;水泥土桩;钢筋混凝土排桩;土钉;锚杆;地下连续墙;逆作拱墙;原状土放坡;桩、增加支撑系统;上述两种或两种以上方式的合理组合等。

三、基坑工程的监测

基坑工程监测包括支护结构监测和周围环境监测。

1. 支护结构的监测

(1)对围护墙侧压力、弯曲应力和变形的监测。

(2)对支撑(锚杆)轴力、弯曲应力的监测。

(3)对腰梁(围檩)轴力、弯曲应力的监测。

(4)对立柱沉降、抬起的监测等。

2. 周围环境监测包括

(1)坑外地形的变形和地下水位的监测。

(2)临近建筑物、道路的沉降和倾斜监测。

(3)地下管线的沉降和位移监测等。

四、地下水的控制方法

地下水的控制方法主要有集水明排、真空井点降水、喷射井点降水、管井降水、截水和回灌等。

五、基坑发生坍塌以前的主要迹象

(1)周围地面出现裂缝,并不断扩展。

(2)支撑系统发出挤压等异常响声。

(3)环梁或排桩、挡墙的水平位移较大,并持续发展。

(4)支护系统出现局部失稳。

(5)大量水土不断涌入基坑。

(6)相当数量的锚杆螺母松动,甚至有的槽钢松脱等。

六、基坑支护破坏的主要形式

(1)由于支护的强度、刚度和稳定性不足引起的破坏。

(2)由支护埋置深度不足,导致基坑隆起而引起的破坏。

(3)由止水帷幕处理不好,导致管涌等而引起的破坏。

(4)由人工降低地下水位处理不好而引起的破坏等。

七、基坑支护的安全控制要点

(1)基坑支护与降水、土方开挖必须编制专项施工方案,并附具安全验算结果,经施工单位技术负责人、总监理工程师签字后实施。

(2)基坑支护必须具有足够的强度、刚度和稳定性。

(3)基坑支护(包括支撑等)的实际水平位移和竖向位移,必须控制在设计允许范围内。

(4)控制好基坑支护与降水、止水帷幕等的施工质量,并确保位置正确。

(5)控制好基坑支护、降水与开挖的顺序。

(6)要控制好管涌、流砂、坑底隆起、坑外地下水位的变化和地表的沉陷等。

(7)控制好坑外建筑物、道路和管线等的沉降、位移。

八、基坑施工应急处理措施

(1)在基坑开挖过程中,一旦出现渗水或漏水情况时,应根据水量的大小,采用坑底设沟排水、引流修补、密实混凝土封堵、压密注浆、高压喷射注浆等方法及时进行处理。

(2)水泥土墙等重力式支护结构如果位移超过设计估计值时,应予以高度重视,做好位移监测,掌握发展趋势;如位移持续发展,超过设计值较多时,则应采用水泥土墙背后卸载、加快垫层施工及加大垫层厚度和加设支撑等方法,及时进行处理。

(3)悬臂式支护结构发生位移时,应采取加设支撑或锚杆、支护墙背卸土等方法及时进行处理;如悬臂式支护结构发生深层滑动时,应及时浇筑垫层,必要时也可加厚垫层,以形成下部水平支撑。

(4)支撑式支护结构如发生墙背土体沉陷时,应采取增设坑内降水设备降低地下水、进行坑底加固、垫层随挖随浇、加厚垫层或采用配筋垫层、设置坑底支撑等方法，及时进行处理。

(5)对轻微的流砂现象，在基坑开挖后可采用加快垫层浇筑或加厚垫层的方法“压注”流砂；对较严重的流砂，应增加坑内降水措施。

(6)如发生管涌，可在支护墙前再打设一排钢板桩，在钢板桩与支护墙间进行注浆处理。

(7)对临近建筑物沉降的控制一般可采用跟踪注浆的方法。对沉降很大，而压密注浆又不能控制的建筑，如果基础是钢筋混凝土的，则可考虑静力锚杆压桩的方法。

(8)对基坑周围管线保护的应急措施，一般包括打设封闭桩或开挖隔离沟、管线架空两种方法。

第九节 施工机具安全控制

一、木工机具的安全控制要点

(1)木工机具安装完毕经验收合格后方可投入使用。

(2)不得使用合用一台电机的多功能木工机具。

(3)平刨的护手装置、传动防护罩、接零保护、漏电保护等装置必须齐全有效，严禁拆除安全护手装置进行刨削，严禁戴手套进行操作。

(4)圆盘锯的锯片防护罩、传动防护罩、挡网或棘爪、分料器、接零保护、漏电保护等装置必须齐全用效。

二、钢筋加工机械的安全控制要点

(1)钢筋加工机械安装完毕，经验收合格后方可投入使用。

(2)钢筋加工机械明露的机械传动部位应有防护罩，机械的接零保护、漏电保护等装置必须齐全有效。

(3)钢筋冷拉场地应设置警戒区，设置防护栏杆和安全警示标志。

(4)钢筋冷拉作业应有明显的限位指示标记，卷扬机钢丝绳应经封闭式导向滑轮与被拉钢筋方向成直角。

三、手持电动工具的安全控制要点

(1)使用Ⅰ类手持电动工具的外壳应做接零保护，并加装漏电保护装置。露天、潮湿场所或在金属构架上操作，严禁使用Ⅰ类手持电动工具。

(2)手持电动工具自带的软电缆不允许任意拆除或接长，插头不得任意拆除更换。

(3)手持电动工具中运动的危险部件，必须按有关规定装设防护罩。

(4)在危险场所和高度危险场所，必须采用Ⅱ类工具，在狭窄场所(锅炉、金属容器、地沟、管道内等)宜采用Ⅲ类工具。

四、电焊机的安全控制要点

(1)电焊机安装完毕经验收合格后方可投入使用。

(2)露天使用的电焊机应设置在地势较高平整的地方，并有防雨措施。

(3)电焊机的接零保护、漏电保护和二次侧空载降压保护等装置必须齐全有效。

(4)电焊机一次侧电源线应穿管保护，长度一般不超过 5m，焊把线长度一般不应超过 30m，并不应有接头，一二次侧接线端柱外应有防护罩。

(5)电焊机施焊现场 10m 范围内不得堆放易燃、易爆物品。

五、搅拌机的安全控制要点

(1)搅拌机安装完毕经验收合格后方可投入使用。

(2)搅拌作业场地应有良好的排水条件，固定式搅拌机应有可靠的基础，移动式搅拌机应在平坦坚硬的地坪上用方木或撑架架牢，并保持平稳。

(3)露天使用的搅拌机应搭设防雨棚。

(4)搅拌机传动部位的防护罩、料斗的保险挂钩、操作手柄保险装置及接零保护、漏电保护等装置必须齐全有效。

(5)搅拌机的制动器、离合器应灵敏可靠。

(6)搅拌机料斗升起时，严禁在其下方工作或穿行。

六、潜水泵的安全控制要点

(1)潜水泵接零保护、漏电保护等装置应齐全有效。

(2)潜水泵的电源线应采用防水型橡胶电缆，并不得有接头。

(3)潜水泵在水中应直立放置，泵体不得陷入污泥或露出水面。潜水泵在放入水中或提出水面时应提拉系绳，禁止拉拽电缆。

七、打桩机械的安全控制要点

(1)打桩机应定期进行检测，安装验收合格后方可投入使用。

(2)打桩机的各种安全装置应齐全有效。

(3)施工前应针对作业条件和桩机类型编写专项施工方案。

(4)打桩施工场地应按坡度不大于 1%，地耐力不小于 83kPa 的要求进行平整压实，或按桩机的说明书要求进行。

(5)桩机周围应有明显的安全警示标志或围栏，严禁闲人进入。

(6)高压线下两侧 10m 以内不得安装打桩机械。

(7)雷电天气无避雷装置的桩机应停止作业，遇有大雨、雪、雾和 6 级及 6 级以上强风等恶劣气候时，应停止作业；当风速超过 7 级时，应将桩机顺风向停置，并增加缆风绳。

第八章　工程竣工验收

工程项目的竣工验收是建设全过程的最后一道程序，也是质检工作的尾声。它是建设投资成果转入生产或使用的标志，也是全面考横投资效益、检验设计和施工质量的重要环节。在项目竣工之前，均应由质量检查员牵头，及时组织竣工验收。

工程竣工验收的范围包括新建、扩建、改建的基本建设项目和技术改造项目；对住宅小区的验收还应验收土地使用情况，单项工程、市政、绿化及公用设施配套设施项目等。符合验收标准的必须及时组织验收，交付使用，并办理固定资产移交手续。

第一节　工程竣工验收

一、工程竣工验收的依据

工程竣工验收的依据是：上级主管部门批准的设计任务书、初步设计、技术设计文件、施工图纸和说明书、设备技术说明书、招投标文件及有关建设文件、图纸会审记录、设计修改签证和技术核保单、国家现行及部颁的施工技术规范及工程质量检验评定标准、协作配合协议以及施工单位提供的有关质量保证文件和技术资料、建筑安装工程统计规定等；施工承包合同，有关施工协议及洽商；工程档案资料；系国外引进的新技术或成套设备项目，还应按照签订的合同和国外提供的设计文件进行验收。

工程项目的规模、工艺流程、工艺管线、生产设备、土地使用、建筑结构、建筑面积、内外装修、质量标准等，必须与上述文件、合同所规定的内容一致。

二、工程竣工验收标准

1. 土建工程验收标准

凡生产性工程、辅助公用设施及生活设施按照设计图纸、技术说明书、验收规范进行验收，工程质量符合各项要求，在工程内容上按规定全部施工完毕，不留尾巴。即对生产性工程要求室内全部做完，室外明沟勒脚、踏步斜道全部做，内外粉刷完毕，建筑物、构筑物周围 2m 以内场地平整、障碍物清除、道路及下水道畅通。对生活设施和职工住宅除以上要求外，还要求水通、电通、道路通。

2. 安装工程验收标准

按照设计要求的施工项目内容、技术质量要求及验收规范的规定，各道工序全部保质保量施工完毕，不留尾巴。即工艺、燃料、热力等管道已做好清洗、试压、吹扫、油漆、保温等工作，各项没备、电气、空调、仪表、通讯等工程项目全部安装结束，经过单机、联动无负荷及投料试车，全部符合安装技术的质量要求，具备形成设计能力的条件。

3. 人防工程验收标准

凡有人防工程或结合建设的人防工程的竣工验收，必须符合人防工程的有关规定，并要求按工程等级安装好防护密闭门，室外通道在人防密闭门外的部位增设防护门进、排风等孔口，设备安装完毕。目前没有设备的，做好基础和预埋件，具备有设备以后即能安装的条件，应做到内部装饰完工，内部照明设备安装完毕，并可通电，工程无漏水，回填土结束，通道畅通等。

三、工程竣工验收的程序

工程竣工验收的程序如图 8—1 所示。

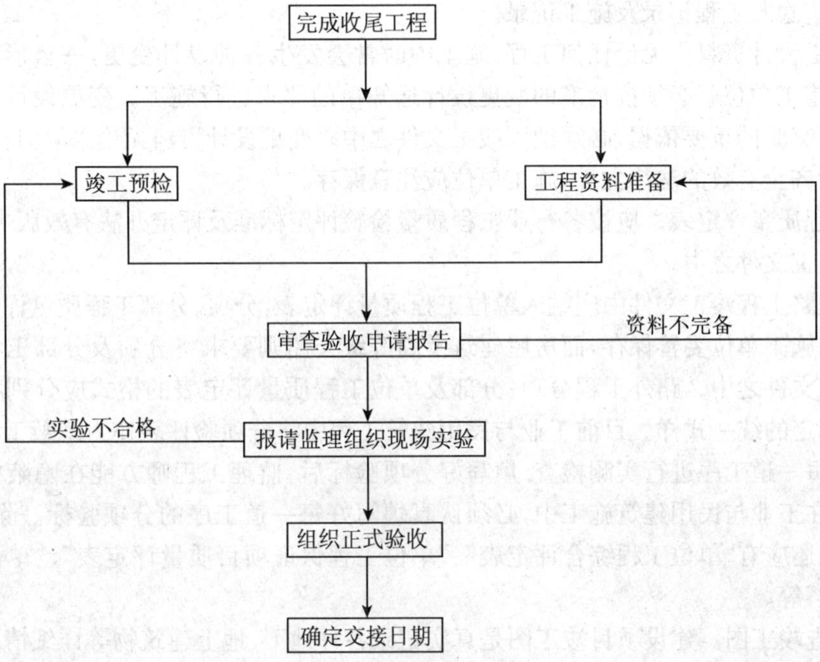

图 8—1　工程竣工验收的程序

四、工程竣工验收的资料内容

工程项目竣工验收的资料主要有：工程项目开工报告、竣工报告；图纸会审记录和技术交底记录；变更设计资料；技术变更核实单；水准点位置、定位测量记录、沉降及位移观测记录；材料、设备、构配件的质量合格证明资料、试验、检验报告；隐蔽工程验收记录、施工日志；工程质量事故调查及处理报告；桥梁静载、动载试验资料；隧道眼界检查资料；钢结构探伤探测资料；竣工图；分项、分部工程和单位工程质量检验评定资料；建设单位和主管部门有关质量问题的各种文件、会议纪要；工程竣工验收资料等。

第二节　竣工资料

一、竣工资料的审核

(1)材料、设备、构配件的质量合格证明材料。应包含与工程部位施工日期相吻合的材料或成品的质量证明文件和检验报告。质量证书及检验报告应由施工单位物资部门订货时，在其合同书中注明应随提(送)货同时将质量证书或检验报告送交购货单位物资部门(水泥 28 天标准强度实测检验单可在其水泥出厂 28 天后补送)。这些证明材料必须如实反映实际情况，不得擅自修改、伪造和事后补作。对某些重要材料，还应附有关资质证明材料、质量及性能的复印件。例如焊条，必须有经厂方检验合格的合格证。

(2)试验检验资料。各种材料的试验检验资料，必须根据规范要求制作试件或取样，进行规定数量的试验。若施工单位对某种材料的试验缺乏相应的设备，可送具有权威性、法定性的有关试验机构进行检验。试验检验结论只有符合设计要求后才能用于工程施工。另外还要求填写数据准确，时间、地点及检测频率符合规范要求，签字手续齐全。

(3)核查隐蔽工程记录及施工记录。

(4)变更设计资料。无论任何工程，施工中时常会发生各种设计变更，一旦形成了变更设计通知单，施工单位就必须按批准的变更设计通知单的要求进行施工。变更设计通知单作为施工及工程交验的重要依据，必须纳入竣工文件之中。变更设计资料无论采取何种形式，均应是签章手续齐全有效的法律文件，施工单位应注意保存。

(5)工程质量评定表。应按各行业工程质量检验评定标准及评定办法有效版本执行，评定资料纳入竣工文件之中。

目前铁路工程竣工文件中应纳入单位工程质量评定表，分项、分部工程质量评定表则作为检查资料由施工单位妥善保存，而房屋建筑及高等级公路则要求将分项及分部工程验评表全部纳入竣工文件之中。路外工程分项、分部及单位工程质量评定表的格式应分别符合各行业主管部门规定的统一式样。目前工业与民用建筑工程中将分项验评表作为隐蔽工程检查记录的附件，对每一道工序进行实测检查.填写好分项验标后，监理工程师方能在隐蔽检查记录中签名，因此在工业与民用建筑施工中，必须认真填写好每一道工序的分项验标。除此之外，房屋建筑工程还应有“单位工程综合评定表”、”单位工程保证项目质量评定表”、“单位工程观感质量评定表”等。

(6)审查竣工图。建设项目竣工图是真实记录各种地下、地上建筑物等详细情况的技术文件，是对工程进行交工验收、维护、扩建、改建的依据，也是使用单位长期保存的技术资料。竣工图应按建筑制图标准及各行业制图标准执行。一般采用 A3(297mm×420mm)图幅，而铁路平面、纵断面图采用 A5 图幅(高度 420mm，长度 20m 以内)，原则上应与设计图保持一致。图纸按原设计图习惯装订成册或卷，最后折叠成 297mm×210mm 大小装盒。

凡进部档案馆的竣工图规定为一套，必须是具有法律效用的蜡底图纸。在交验时，将蜡纸底图及蓝晒图交接管单位(铁路局、工厂)，由其负责整理进馆，待档案馆微缩后，蜡纸底图仍退回原有关接管单位部门保管利用。进部档案文件的范围遵照铁道部(81)第 53 号文规定如下：

铁路干线、支线、特大桥、大桥、长大隧道、枢纽、编组站、口岸站、新型通信信号(我国以前没有的，下同)和大中型工厂工程的交接验收总报告和工程技术总结。

竣工图：包括铁路干线、支线线路平面图、纵断面图、曲线表、坡度表；特大桥、大桥(100m 以上长度的)平、侧、立面图，桥址平面图，梁部和墩台结构图(如梁部、墩台、桥面系等是采用标准图，只在目录中注明标准图号和编制单位，不必附图)；长大隧道(1.5km 和三线以上的)工程的横、纵断平面图和主要结构图；枢纽、编组站和口岸站工程的线路平面图，给水、电力、通信、信号等平面布置图；新型通信信号工程竣工图；电气化铁路工程的接触网和变电所的平面布置图；大中型铁路工厂工程的总平面布置图，全厂各种管线布置图，主要车间工艺布置及结构图。

铁路竣工图绘制的主要要求(其他工程参照办理)：

铁路用地总平面图：线路中线要注明施工里程和连续里程。图内应绘出征用土地范围和界线，标出左右侧距中线距离并注明市、县、乡（镇）、村的分界线，标注地亩名称（如水田、旱地、果园、菜地、荒山等）和数量。距线路较远的用地，可标明距离，缩近绘制或另绘用地平面图。要有铁路用地及拆除建筑物的补偿清册及有关协议等，图上及“基交－6”“基交－7”表上必须盖收款单位和地方政府图章。

铁路竣工图：包括线路实施平面图、线路实施纵断面图、线路实施平面缩图（1∶20000～1∶100000）、线路实施纵断面缩图（纵1∶2000、横1∶20000～1∶100000）。图上所注里程均以连续里程表示。各要素尺寸按竣工测量成果标注在描绘线路实施平面竣工图时，应在线路中线两侧路基施工范围内（即路堑坡顶线或路堤脚线以内的带状图形中）删去原设计图中的等高线、湖泊、水塘、民房村宅、晒谷场及其他拆除了的建筑物和设施。原设计图中若有既有公路与铁路相交，则在绘制竣工图时，应考虑铁路建成后公路如何穿越铁路，是平交还是立交，在何处交，是公跨铁还是铁跨公。平面图中的曲线要素应与竣工贯通测量中的曲线表相一致。线路实施纵断面竣工图应表示实际的桥、涵、隧的位置、类型和长度，对纵断面图表示各项数据的栏目表中将原图中的“设计”二字改为“竣工”，如“设计坡度”、“路肩设计高程”均应改为“竣工坡度”及“路肩竣工高程”，并在栏目中在“路肩竣工高程”之上加列一项“线路轨面竣工高程”。

路基竣工图：应包括一般路基竣工横断面图和个别设计路基竣工横断面图，个别设计的路基及其防护工程，改河、改移公路及平交道，均单独绘制竣工图。

桥梁竣工图：应包括桥址地形平面图（设计文件无此图的桥梁工点，尽量联系设计院予以提供）、全桥总布置图（立面及平面）、梁部及墩台基础结构图（梁部、墩台、桥面系，如采用标准图，只注明标准图号，不必附图）、基础钻探地质图、特殊结构图及其他附属建筑物和设备竣工图。特大桥及特殊结构桥，宜根据情况加附墩台位置详细地质剖面图。桥下河床地面线应按竣工地面线绘制，各梁缝标注竣工梁缝。桥址地形平面图中，两侧桥台后的带状路基范围地形等高线，水塘、民宅等建筑物一律删去。

隧道竣工图：应包括隧道平面图，纵断面图（地质纵断面图在内），开挖及衬砌断面图，洞门、整体道床、新奥法施工中的锚杆布置、挂网平面图，隧道防水、排水、运营通风照明及辅助坑道图。隧道开挖和衬砌断面数量根据地质和断面变化情况确定，在允许超挖以内，一般可只绘相同地段的代表断面，但不得长于50m。在塌方、超挖较大及溶洞等处，应视情况增绘代表断面，并不得少于3个。断面图要标绘开挖线，衬砌内外轮廓线，围岩地质、地下水等情况，并应注明衬砌回填、塌方、溶洞等的处理和排水措施。辅助导坑应有平面、纵断面、代表断面、洞门、衬砌、支护及与正洞关系图，并按实际情况注明竣工后的回填、封闭位置。

车站（站场）竣工图：应包括车站平面图（线路、股道、房屋、通站道路和排水系统等，并应能反映各股道的轨面标高及纵坡情况）、路基横断面图和客货运及其他设备竣工图。枢纽、区段站要绘制站场平面图，图内应包括房屋建筑、线路股道、编组场及其他建筑物和设备的平面布置（坐标）图。

房屋竣工图：一般参照标准图施工的房屋按每个车站或区间内位置绘制平面布置图，并列表说明编号、名称结构、建筑面积、采用标准图号等有关内容。凡有设计图的房屋建筑工程均要绘制对应的竣工图。近年房屋保管单位采用单幢房屋建档的制度，因此在一个车站内，即使有多幢房屋均采取同一设计图，也要按每幢房屋提供一套完整的土建、电力、照明、给排水系统的竣工图。操作时可将房屋基础部分及基础以上分别绘制。根据各幢房屋所处不同的地质条件和埋置深度，绘制各幢房屋基础、平剖面竣工图，再与基础以上的土建、水电安装部分的竣工图组合即可。个别设计的房屋，除平面布置图外，还应有建筑结构图。

给排水竣工图:包括管路平纵断面图,管路布置图,给排水房屋及机械配置图,水源地质图,集水设备平、断面图,给水排水设备平、断面图,水源堤坝平断面图和有关设备结构图,并列表说明工程数量和各项设备名称与使用定型图号等。

通信、信号、电力、动力、接触网、机务、车辆设备等的竣工图,均应参照设计图并结合施工实际进行描绘。

竣工测量建筑物尺寸在技术规范允许误差范围之内的,按设计尺寸标示。

竣工图绘制的其他要求:规定进部档案馆的铁路竣工图应重新绘蜡纸底图;不进部档案馆的竣工图,当同时满足以下条件时,可用原设计图加以修改和补充,加贴竣工图标后作为竣工图。

凡按图施工没有变动的,则由施工单位在原施工图上加盖"竣工图"标志后即作为竣工图。

凡在施工中虽变动较少,仅有一般性设计变更,但能将原施工图加以修改补充作为竣工图的,可不重新绘制,由施工单位负责在原施工图(必须是新蓝图,不准用破旧不堪、字迹图像不清的原设计图代用)上注明修改部分,并附以设计变更通知单和施工说明,加盖"竣工图"标志后,即作为竣工图。

凡结构形式改变、工艺改变、平面位置改变、项目改变以及有其他重大改变,不宜在原施工图上修改补充者,应重新绘制改变后的竣工图。由于设计原因造成的,由设计单位负责重新绘图:由于施工原因造成的,由施工单位负责重新绘图;由于其他原因造成的,由建设单位自行绘图或委托设计单位绘图。施工单位负责在新图上加盖"竣工图"标志,附以有关记录和说明,作为竣工图。

各项基本建设工程,特别是基础、地下建筑物、管线、结构、井巷、洞室、桥梁、隧道、港口、水坝以及设备安装等隐蔽部位,都要绘制竣工图。

用作竣工图的新蓝图的份数应满足接管单位归档数量要求及本企业档案部门归档数量要求,否则应重新描绘竣工蜡底图。

无论重新描绘或补充修改设计图作竣工图,均应将图中"设计说明"改为"竣工说明",注意竣工说明的用词,如设计说明中常用的"应该"、"必须"、"拟"、"如果……否则"、"或"、"可能"等未来式肯定语句应改变为过去式肯定语句,如"已经"、"采取了"、"已将"等。

竣工图标格式及尺寸按各行业制图标准设计,注意有效签字级别。

竣工图的审查:审查提交的竣工图是否与实际情况相符,若有疑问,及时提出查询;若审查中发现竣工图不准确或短缺时,要及时采取措施修改和补充。同时还要审查竣工图图面是否整洁,字迹是否清楚,是否用圆珠笔和其他易于褪色的墨水绘制,若不整洁、字迹不清、使用圆珠笔绘制等,必须按要求重新绘制。

二、铁路工程竣工文件册组卷的内容

(1)竣工文件目录。

(2)开工报告。所有基本建设单位工程在开工之前或停建后复建之前均应填写开工报告。单位工程建筑物的开工是指工程正式破土。作为建筑物组成部分的正式打桩也算为开工,在此之前的准备工作如场地平整、拆迁旧有建筑物及临时通信、临时便道、临时工程都不算正式开工。

开工报告的申请和审批各行业均有不同规定,应按施工合同规定办理,一般均需建设单位(或委托监理单位)审批。

在填写开工报告之前，应检查的主要内容有：施工许可证是否办理，在城市范围内是否经规划部门批准，设计文件能否满足施工需要，设计图纸是否已进行审核，施工测量及桩橛是否完备并正确无误，材料、机具、劳力的准备情况是否基本满足施工需要，施工技术上预计可能出现的主要问题是否已有对策或防范措施，用地及拆迁等施工准备工作能否满足开工要求，技术交底工作是否进行等。上述检查内容及结果应填写于开工报告“准备工作情况”栏目之中。

(3)工程小结。竣工文件中的工程小结应介绍本工程的概况及技术标准；本工程采用的设计图号、开竣工日期；施工单位全称、施工负责人及技术主管姓名；主要施工方法和采用的新技术、新工艺、新材料、新结构情况；变更设计情况、施工中重大问题处理方法和观测情况；工程质量情况及主要优缺点；使用及养护注意事项。在进行叙述时，应注重实事求是，避免夸大事实的描述。此外，对由于地质不良造成坍塌情况的介绍也要实事求是，不应任意夸大事实，并要对善后的处理工作作一明确可信的介绍，切忌模棱两可或似是而非，使接管单位既能了解事实真相，又感到善后处理得安全、可靠、稳妥。

(4)竣工数量汇总表。竣工文件中的竣工数量是工程末次清算的依据，一般均应填写扩大数量(即按细目填写)并应与竣工图中的数量相一致。当工程无变更设计时，竣工数量与设计数量相同。有变更设计时，其竣工数量与设计变更后数量相同，此时应附有建设单位、设计单位、监理单位签认的变更设计通知单，使竣工数量有据可查。竣工数量汇总表应与竣工图一致。

因施工错误或工程事故增加的数量、施工控制不严增加的数量(如隧道允许超挖以外的超挖)、另行计列的数量(不可抗力、自然灾害等)均不得列入竣工数量。

(5)施工原始记录。包括工程大事记或工程日志；工程材料、构配件、成品出厂合格证，质量检定书、设备出厂合格证、质量鉴定单及技术证书；工程试验记录；工程检测记录。

特大桥、大中桥、隧道、个别设计的路基和坍方、滑坡、水害等病害工点以及地质不良、施工技术复杂的建筑物的工程日志或工程大事记，应列入竣工文件。

工程日志或工程大事记为每个工点上必备的单独施工记录本，其内容应该是凡与工程有关的事宜均应扼要记载，重大问题要详细记述，必要时要绘草图。

原材料、成品或半成品出厂质量证书应包含与工程各部位施工日期相吻合的材料或成品的质量证明文件和检验报告。施工单位物资部门订货时，在其购货合同书中应注明质量证书及检验报告随提(送)货同时送交购货单位物资部门。

工程试验记录及测试、检测记录填写要求数据准确，时间、地点及检测频率符合规范要求，签章手续完备。

(6)隐蔽工程检查证。

(7)变更设计资料。

(8)工程质量评定表。

(9)铁路工程基交表。

(10)铁路工程竣工验收报告。按单位工程填写，列入单位工程竣工文件之中。但存在交接文件与验收时间差异时，如何纳入文件应与建设、使用单位商定。

(11)封底。一般以铁路工程质量检验评定标准中的“单位工程”作为竣工文件的编制单元，单独编制竣工文件。例如一座桥梁、一座隧道、一栋房屋均作为一个单位工程单独编制竣工文件。

一个涵渠也作为一个单位工程单独编制，但由于涵渠工程往往结构比较简单，文件内容较少，因而部分铁路局要求将一般涵洞（除明渠工程）按 1～9 座（按里程顺序）合订一本竣工文件，而明渠则单独一座为一份竣工文件（操作时应与接管局档案部门联系）。路基工程竣工文件以一个区间或一个站场路基为单位工程单独编制。站场构筑物和设施竣工文件则以一个站场为单位，按接管单位的专业分工（如工务、建筑、电务）分别编制。由工务段接管的站场建筑物，如站场纵向或横向排水槽、平过道、地道、天桥等，合编为一份工务站设；由建筑段接管的工程，如围墙、站台墙、站台铺面、站坪铺面、站台牌、雨棚、栅栏、大门、通站道路、生活区排水沟等，可合编为建筑站设；电务部门接管的主要为电缆沟槽。

正线轨道应与站线轨道分别编制，原则上，正线轨道工程是从本站中心到邻站中心为一个单位工程分别编制，但是顾及一个正线单位工程内容较少，操作起来不方便，而且各个区段的内容又雷同，因此也可将一个工程单位施工管段的正线为一个单位工程编制。站线则以车站为单位单独编制。

三、铁路工程竣工文件的装订

文字材料或图纸采用硬壳卷夹时，应加软封面和封底；有卷盒时，应用棉线装订成册，订结打在背面。

文件装订之前应将文字资料的右侧及底边严格对齐，再将左侧边与上边用切纸刀切齐。文件一律用线绳装订，严禁采用铁丝及订书钉等金属物质装订，当文件资料中由于有大张纸折叠装订而造成文件左右厚薄不一时，应用硬纸条将左侧垫厚，使整本文件平整等厚。凡需要帖贴的材料图纸，一律应用化学浆糊而不准用普通浆糊及胶水粘贴。

竣工文件一律装盒，盒尺寸为 310mm×220mm×50mm（内尺寸），以能装入 A4 尺寸的文件。盒的材质、印刷可在建设、接管单位后确定。

四、路工程竣工验收资料的移交和签认

工程竣工验收前，施工单位应邀请建设单位（或工程设施管理单位）组织检查施工技术资料的质量，不符合要求时应立即修改、补齐，甚至重做。

修改定稿后的竣工资料报监理审查，如监理工程师认为所提交的竣工资料符合工程合同要求及有关规定，且准确、完整、真实，便可请其签认同意竣工验收的意见，并作好竣工验收的准备。

全部竣工资料应在竣工验收后，按协议规定的时间移交给建设单位，但最迟不得超过三个月。竣工资料在移交时应办理移交手续，并由双方单位负责人签章。

第九章　工程质量评定及质量改进

正确地进行工程项目质量的评定和验收，是保证工程质量的重要手段。质量检查员必须根据合同和设计图纸的要求，严格执行国家颁发的有关工程项目质量检验评定标准和验收标准，及时配合监理工程师、质量监督站等有关人员，进行工程项目质量评定和办理竣工验收交接手续。工程项目质量评定和验收程序按分项工程、分部工程、单位工程依次进行。工程项目质量等级均分为“合格”和“优良”两级，凡不合格的项目均不予验收。质量改进一般包括两方面的内容：一是创造并保持有利于持续质量改进的环境，二是对质量管理活动进行计划、组织、衡量和评审。

第一节　工程质量评定

一、铁路工程质量检验评定标准

《铁路工程质量检验评定标准》是铁路工程施工中施工单位、设计单位、质量监督单位或施工监理单位以及建设单位和主管部门对工程施工质量进行控制、检验评定的依据，同时也是工程竣工验收和交接的依据。凡由国家投资、集资、合资等进行建设的铁路工程项目均应执行该标准，地方铁路工程也应参照执行。

《铁路工程质量检验评定标准》与公路、市政、水利、工业与民用建筑等行业的质量检验评定标准不同，是按专业工程分册制订。其优点是专业性强，利于分专业进行质量评定和贯彻实施；其缺点是难免存在一些重复现象，对同一个工程（如混凝土工程等）对于不同的专业，可能有不同的要求，应按不同的标准掌握。

二、工程质量评定及竣工验收的依据

工程质量评定及竣工验收的依据主要有：(1)设计文件，包括批准的设计任务书、初步设计、技术设计、施工图设计、设备技术说明书等文件。(2)施工承包合同、协议及洽商记录。(3)国家（部门）制定的规范、标准及工程质量检验评定标准和行业性强制性条文等。

三、铁路工程分项工程质量评定的内容

分项工程质量评定是通过保证项目、基本项目和允许偏差项目综合评定的。

1. 保证项目

保证项目是必须达到的要求，是保证工程结构安全或主要使用功能的重要检验项目。保证项目是评定合格或优良都必须达到的质量指标，它应全部满足标准规定的要求。因为这个项目是取得分项工程主要性能的，如果提高要求就等于提高性能指标，会增加工程造价，造成浪费；降低要求就相当于降低基本性能指标，会严重影响工程的安全和使用功能，造成更大的浪费。所以合格、优良均应同样遵守。保证项目中包括的主要内容是：重要材料、成品、半成品及附件的材质，检查出厂证明及试验数据。结构的强度、刚度和稳定性等数据，检查试验报告。

工程进行中和完毕后必须进行检测，现场抽查或检查测试记录。

2. 基本项目

基本项目也称检验项目，是保证工程安全或使用性能的基本要求。其指标分为“合格”及“优良”两个等级，并尽可能给出量的规定。基本项目与保证项目相比，虽不像保证项目那样重要，但对结构安全、使用功能、美观都有较大影响。因此，基本项目是评定分项工程优良或合格质量等级的条件之一。基本项目的主要内容有：

(1)允许有一定的偏差项目，但又不宜纳入实测项目，因此在检验项目中用数据规定出“合格”和“优良”的标准。

(2)对不能确定偏差值而又允许出现一定缺陷的项目，则以缺陷的数量来区分“合格”和“优良”。

(3)采用不同影响部位区别对待的方法来划分“合格”和“优良”。

(4)用程度来区分项目的“合格”和“优良”，无法定量时就用不同程度的用词来区分合格与优良。

3. 允许偏差项目

允许偏差项目又称实测项目。是分项工程检验项目中规定有允许偏差范围的项目。

允许偏差项目的允许偏差值是结合对结构性能或使用功能、观感质量等的影响程度. 根据一般操作水平给出一定的允许偏差范围，但偏差值在规定范围内的工程内容。

允许偏差值大部分在有关施工规范中做了明确规定。允许偏差值一般有以下几种情况：

(1)有正、负要求的数值。

(2)偏差值无正、负概念的数值，直接注明数字，不标符号。

(3)要求大于或小于某一数值。

(4)要求在一定范围内的数值。

(5)采用相对比例值确定偏差值。

四、分项工程质量等级标准

1. 合格

(1)保证项目必须全部符合相应质量检验评定标准的规定。

(2)基本项目抽检的处(件)应符合相应质量检验评定标准的合格规定。

(3)允许偏差项目抽检的点数中，市政工程、公路工程、建筑工程有 70%及其以上，铁路工程、建筑设备安装工程有 80%及以上的实测值应在相应质量检验标准的允许偏差范围内，其余的实测值也应基本达到相应质量评定标准的规定。

2. 优良

(1)保证项目必须符合相应质量检验评定标准的规定。

(2)基本项目每项抽检的处(件)应符合相应质量检验评定标准的合格规定，其中建筑工程及设备安装工程有 50%及以上、铁路工程有 60%及以上、市政工程及公路工程有 85%及以上的处(件)符合优良规定，该项即为优良；建筑工程及设备安装工程优良项数应占检验项数的 50%及其以上，铁路工程应占检验项数的 60%及以上，市政工程、公路工程应占检验项数的 85%及以上。

(3)允许偏差项目抽检的点数中，有 90%及其以上的实测值应在相应的质量检验评定标准的允许偏差范围内，其余的实测值也应基本达到相应质量评定标准的规定。

五、分项工程的返工处理

(1)返工重做的分项工程,可重新评定其质量等级。全部或局部返工重做的分项工程,可重新评定其质量等级。重新评定质量等级时,要对该分项工程技规定重新抽样、选点、检查和评定,重新填分项工程质量评定表。质量等级按标准规定可以是合格,也可以是优良。

(2)经加固补强或经法定检测单位鉴定能够达到设计要求的,其质量等级的确定:

经加固补强能够达到设计要求的—这是指加固补强后,未造成改变外形尺寸或未造成永久性缺陷后果的。

经法定检测单位鉴定达到设计要求的—这主要是指当留置的试块失去代表性,或因故缺少试块的情况,以及试块试验报告缺少某项有关主要内容,也包括对试块或试验报告结果有怀疑时,请国家或地方认定批准的检测单位对工程质量进行检验测试,其测试结果证明该分项的工程质量是能够达到设计要求的。

凡出现上述情况,分项工程的质量处理后,都只能评为合格,不能评为优良。其理由是,虽然达到设计要求,但毕竟是发生了严重质量问题,事实上存在着缺陷、评为分项优良是不合适的。但只要引起注意,加强管理,制定有效措施,把这个分部工程中的其他分项工程质量搞好,该分项工程评为合格,不影响分部、单位工程的评优。

(3)经法定检测单位鉴定达不到原设计要求,但经设计单位鉴定认可,能满足结构安全及使用功能要求,可不加固补强的,或经加固补强改变了外形尺寸或造成永久性缺陷的,其质量等级的确定:

经法定检测单位鉴定,其反映工程质量的数据虽未达到设计要求,但经过设计单位验算尚可满足结构安全和使用功能要求,而勿需加固补强的分项工程。

一些出现达不到设计要求的工程,经过验算满足不了结构安全或使用功能,需要进行加固补强,但加固补强后改变了外形尺寸或造成永久性缺陷的。

六、分项工程质量评定的划分

(1)房建工程。例如砌砖工程、钢筋工程、玻璃工程等。

(2)设备安装工程。一般按用途、种类及设备组别等划分,例如室内给水管道安装工程、配管及管内穿线工程、通风风管及部件安装工程、电梯导轨组装工程等。同时也规定各分部工程中的分项工程可按系统、区段来划分,如采暖、卫生、煤气工程的分项工程;从用途来分,如碳素钢管有供应冷水、热水、暖气、煤气管等,又可分为给水管道、排水管道等;从种类分,管道安装有碳素钢管道、铸铁管道、混凝土管道;陶土管道等;从设备组别来势,有锅炉安装、锅炉附属设备安装、卫生器具安装等。

不论按哪种方法划分分项工程,都要有利于检验与鉴定能取得较完整的技术数据,以免影响分部工程的鉴定效果。

市政道路工程。可分为路基、基层、面层、附属及构造物等。

市政桥梁工程。可分为土石方、模板、钢筋、预应力筋、水泥混凝土、桩基、沉井基础、钢结构、构件安装、砌体、装饰、其他工程等。

市政排水工程:可分为沟槽、平基、管座、接口、顶管、检查井、闭水、回填、渠道、泵站沉井、模板、钢筋、现场浇筑水泥混凝土结构、砖砌结构、构件安装、水电设备安装、铸铁管安装、钢管安装等。

在“建筑工程”和“建筑设备安装工程”中,每一个分项工程均应独立参加评定分部工程质量等级,这是严格划分分项工程的目的,其目的是正确鉴定出分部工程的质量等级,进而正确评判单位工程的质量等级，从而决定是否达到工程合同要求、能否验收等。

七、分部工程质量评定的划分

(1)房建工程。按建筑的主要部位划分为地基与基础工程、主体工程、地面与楼面工程、门窗工程、装饰工程、屋面工程六个分部工程。

(2)设备安装工程。按工程用途划分为建筑采暖、卫生与煤气工程、建筑电气安装工程、通风与空调工程和电梯安装四个分部工程。另外，由于单位工程可分为室内和室外，所以建筑设备安装工程的分部工程、分项工程也可分为室内与室外。

市政道路工程。不宜划分部位，但也可按长度划分为若干个部位。

市政桥梁工程。可分为基础、下部构造、上部构造、桥面及附属工程四个部位。

市政排水工程。不宜划分部位，但也可按长度划分为若干个部位。

八、铁路单位工程质量评定的划分

(1)建筑工程与建筑设备安装工程共同组成一个单位工程，这样能突出建筑(构筑)物的整体质量。当然，一个单一的建筑物或构筑物也为一个单位工程，应分别进行单位工程的鉴定及验收。

(2)新(扩)建的居住小区和厂区内，室外的给水、排水、供热、煤气等建筑采暖、卫生与煤气工程组成为一个单位工程；室外的架空线路、电缆线路、路灯等建筑电气安装工程组成为一个单位工程；道路、围墙等建筑工程组成为一个单位工程。

市政道路工程：市政道路工程中的独立核算项目，应是一个单位工程。采用分期单独核算的同一市政道路工程，应是若干个单位工程。

市政桥梁工程：市政桥梁工程中的独立核算项目，应是一个单位工程。

市政排水工程：市政排水工程中的独立核算项目，应是一个单位工程。采用分期单独核算的同一市政排水工程，应是若干个单位工程。

九、铁路路基各分部及分项工程质量评定的划分

铁路路基各分部及分项工程质量评定划分的内容见表 9−1。

表 9−1　铁路路基工程单位、分部及分项工程的划分

单位工程	分部工程	分项工程
路　基	基床	路基面，基床基层，基床改良后土质的掺料填层，路堤基床边坡，养路机械化作业平台
	基床以下路堤	道口土石方，路堤地基，基床以下填层，基床以下边坡，桥涵缺口路堤填筑，低温下的路堤填筑，填石路堤，取土坑，预留沉降加高量，路堤水沟
	路堑	路基面，路基边坡，路堑水沟，石质路堑爆破，弃土堆
	路基排水	地表排水，地下排水
	路基防护	边坡植物防护，边坡抹面捶面，边坡喷浆，边坡喷射混凝土，路堑边坡护墙，边坡勾缝、灌浆、填缝、嵌补，边坡文顶，干砌片石护坡，边坡渗沟，防冲刷护坡，抛石防护，石笼防护，导流建筑
特殊土路基	软土、泥沼路基	路基面，基床填层，路基边坡，路堤地基，路基填筑，换填地基，抛石挤淤地基，砂垫层地基，反压护道，砂桩、排水井、塑料排水板，路基水沟
	膨胀土路基	路基面，路基填层，路基边坡，路基地基，路基填筑，路基水沟
	盐渍土路基	路基面，路基填层，路基边坡，路堤地基，路基填筑，路基水沟
	多年冻土路基	路基面，路基填层，路基边坡，路堤地基，路基填筑，路基水沟
	季节性冻土路基	路基面，路基填层，路基边坡，路基地基，路基填筑，路基水沟

续上表

单位工程	分部工程	分项工程
特殊条件下的路基	河滩、滨河、水库路基	路基面，路基填层，路基边坡，路基地基，浸水路堤填筑，取土坑，路堤水沟
	滑坡地段路基	路基面，路基填层，路基边坡，路基地基，路基填筑，路基引、排、截、降水，渗、泄水隧道设置，垂直钻孔排水，仰斜钻孔排水，减重、加载土石方与刷坡，弃土堆
	崩坍岩堆地段路基	路基面，路基填层，路基边坡，路基地基，路基刷坡，防落石，拦石墙、拦石堤、缓冲填土层，拦石网、拦石桩(柱)，路基水沟
	岩溶洞穴地段路基	路基面，路基填层，路基边坡，岩溶洞穴处理，溶洞支顶、跨越构筑物，堑内干而小的溶洞处理，人工坑洞、黄土陷穴处理
	风沙地区路基	路基面，路基填层，路基边坡，路基地基，路基固沙、阻沙设施，路基水沟
	雪害地区路基	路基面，路基填层，路基边坡，路基地基，防雪害设施及防护林带，路基水沟
挡土墙、抗滑桩	重力挡土墙	挡墙明挖基坑，明挖基础砌筑，沉井，桩基础，挡土墙砌筑，栏杆、检查设备
	加筋土挡土墙	基坑与基础，墙面板、填料、拉筋带
	抗滑桩	桩孔开挖，桩孔护壁，桩身钢筋骨架、混凝土灌筑，地面支挡构筑物
改河	河床开挖	河床开挖
	河床冲刷防护	河床防护
	改河汇合处加固	汇合处加固

十、铁路轨道各分部及分项工程质量评定的划分

铁路轨道各分部及分项工程质量评定划分的内容见表 9－2。

表 9－2　铁路轨道各分部及分项工程质量评定划分表

单位工程	分部工程	分项工程
普通轨道(正线一个区间、站线一个站、段或场)	铺砟	铺底砟，铺面砟
	轨道铺设	铺枕，铺轨
	整道	起道，拨改道
道岔(一个站、段或场)	铺砟	铺底砟，铺面砟
	道岔铺设	铺岔枕，铺道岔
	道岔整道	起道，拨改道
无缝线路轨道正线(一个区间或一个站)	轨道铺设	铺砟，铺枕，埋设观测桩，焊接长钢轨
	整道	铺轨，起道，拨改道
混凝土宽轨道正线(一个区间或一个站)	铺砟	铺底砟，铺面砟
	轨道铺设	铺混凝土宽枕. 铺轨，起道
	整道	拨改道
整体道床轨道(一个区间或一个站)	轨下基础	混凝土支承块，混凝土道床
	铺轨与整道	铺轨，整道
轨道附属设备(一个区间、一个站、段或场)	道口	道口铺设
	护轨	制作、铺设
	轨道加强设备	防爬设备，轨距杆，轨撑
	标志	线路及信号标志单位工程

十一、铁路隧道各分部及分项工程质量评定的划分

铁路隧道各分部及分项工程质量评定划分的内容见表 9—3。

表 9—3　铁路隧道各分部及分项工程质量评定划分表

单位工程	分部工程	分项工程
隧道	洞口工程	洞门，洞口边仰坡
	洞身开挖	喷锚衬砌，整体式衬砌，复合衬砌，装配式衬砌，隧底
	洞身衬砌	锚喷衬砌，整体式衬砌，复合衬砌，装配式衬砌，下锚段衬砌，铺底，仰拱
	防排水系统	地表防排水，洞内水沟，排水设施，衬砌防水
	辅助坑道及附属洞室	辅助坑道，附属洞室
	附属设施	运营通风，供电用明，通信信号
明洞		主体工程，防水层，回填

十二、铁路桥涵工程(桥梁部分)单位、分部及分项工程质量评定的划分

铁路桥涵工程(桥梁部分)单位、分部及分项工程质量评定划分的内容见表 9—4。

表 9—4　铁路桥涵工程(桥梁部分)单位，分部及分项工程的划分

编号	分部工程	分项工程
1—1	明挖基础	挖基，模板制造及安装，混凝土浇筑或砌体砌筑
1—2	沉桩基础	钢筋混凝土、预应力混凝土桩工地制作和成品桩复查，木桩制造和接长，桩的下沉
1—3	泥浆护壁钻孔桩或挖孔桩基础	钻(挖)孔，钢筋骨架，水下混凝土浇筑
1—4	护筒钻孔桩基础	护筒及双壁钢围堰，护筒内钻孔，钢筋骨架，水下混凝土浇筑
1—5	管桩基础	钢板桩围堰，吊箱围堰. 钢管柱制造及连接，钢筋混凝土管柱制造及连接，管柱下沉，管柱内钻孔及水下混凝土浇筑
1—6	筑岛沉井基础	沉井制造，沉井下沉及清基，沉井封底及封顶
1—7	浮式沉井基础	钢沉井制造和落河床，沉井下沉及清基，沉井封底及封顶
1—8	承台	模板制造及安装，钢筋，混凝土浇筑
2—1	混凝土墩台身	模板制造及安装，滑动钢模板，钢筋，混凝土浇筑
2—2	砌体墩台身	砌体砌筑，防水层
2—3	台后填土、锥体及其他	填土，砌体砌筑
3—1	钢板梁拼装及架设	杆件检查，工地铆钉，高强度螺捶施拧，杆件拼装，支座安装
3—2	栓焊钢桁梁拼装及架设	杆件检查，杆件预拼及预栓，高强度螺栓施拧，杆件拼装，支座安装
3—3	铆接钢桁梁拼装及架设	杆件检查，杆件预拼、预铆，工地铆钉，杆件拼装，支座安装
3—4	钢梁涂装	主梁、联结系、桥面油漆，支座徐装
3—5	钢筋混凝土筒支梁制造	模板制造及安装，钢筋，混凝土浇筑，防水层
3—6	后张法预应力混凝土筒支梁制造	模板制造及安装，钢筋，预应力筋及锚具，混凝土浇筑，预施应力，管道压浆及封端，防水层
3—7	先张法预应力混凝土筒支梁制造	模板制造及安装、钢筋，预应力筋及锚具，预施应力，混凝土浇筑，防水层
3—8	预应力混凝土连续梁悬臂制造	挂篮浇筑梁段过程中变型调整，模板制造及安装，钢筋，预应力锚具，混凝土浇筑，预施应力，防水层
3—9	钢筋混凝土和预施应力混凝土筒支梁架设	架设，支座安装
3—10	预应力混凝土连续梁悬臂架设	悬臂架设，支座安装
3—11	预应力混凝土连续梁顶推架设	顶推架设，支座安装
3—12	砌体拱桥	支架，砌体拱圈
3—13	现浇混凝土拱桥	模板制造及安装，钢筋，混凝土浇筑，拱上结构
3—14	装配式混凝土拱桥	预制构件，吊运拼装，砌筑，拱圈与拱上结构，防水层

续上表

编号	分部工程	分项工程
3－15	预应力混凝土斜拉桥梁塔制造及支座安装	膺架及墩旁托架安装，施工挂篮安装，梁塔混凝土浇筑，预应力钢筋张拉，预应力筋孔道压浆、封端，支座安装
3－16	顶应力混凝土斜拉桥缆索制造及安装	斜缆索制造，斜缆索安装
3－17	钢斜腿刚构桥斜腿	支座安装，斜腿组拼，斜腿旋转就位，钢结构涂装
3－18	钢斜腿刚构桥中跨梁段	隔节点拼装，中跨梁段整体拼装，钢结构涂装
3－19	钢斜腿刚构桥边跨梁段	支座安装，边跨梁段拼装，端连杆安装，钢结构涂装
3－20	预应力混凝土斜腿刚构桥斜腿	膺架、拱架、脚手架，支座制造及安装，模板制造及安装
3－21	预应力混凝土斜腿刚构桥中跨梁段	钢筋、预应力筋及锚具，混凝土浇筑
3－22	预应力混凝土斜腿刚构桥边跨梁段	预施应力，管道压浆，防水层
4－1	明桥面	桥枕铺设，桥上线路铺设，温度调节器铺设，护轨铺设，防爬设备铺设，步行板，人行道，避车台
4－2	道砟桥面	道床铺设，轨枕铺设，桥上线路铺设，护轨铺设，防爬设备铺设，步行板，人行道、避车台
5－1	框架式桥梁顶进	顶进工作坑，模板制造及安装，钢筋，混凝土浇筑，防水层

注：每座桥梁为一单位工程。

十三、铁路桥涵工程(涵洞部分)单位、分部及分项工程质量评定的划分

铁路桥涵工程(涵洞部分)单位、分部及分项工程质量评定的划分内容见表 9－5。

表 9－5　铁路桥涵工程(涵洞部分)单位、分部及分项工程的划分

分部工程	分项工程
基础	挖基，模板制造及安装，钢筋，混凝土浇筑. 砌体砌筑
涵身及端墙(含盖板、拱圈)	模板制造及安装，钢筋. 混凝土浇筑，砌体砌筑，防水层，沉降缝
翼墙	模板制造及安装，混凝土浇筑，砌体砌筑，防水层，沉降缝
出入口及附属工程	挖基，砌体砌筑
圆形涵洞顶进	导轨安装，模板制造及安装，钢筋，混凝土浇筑，顶进就位

注：每个涵洞为一单位工程。

十四、铁路站场建筑工程单位、分部及分项工程质量评定的划分

铁路站场建筑工程单位、分部及分项工程质量评定划分见表 9－6。

表 9－6　铁路站场建筑工程单位、分部及分项工程的划分

单位工程	分部工程	分项工程
站场路基工程	站场路基土石方工程	路基开挖及填筑，路基边坡及边坡平台，路基坡面防护，路基横向坡度宽度及坡顶标高
	站场路基排水工程	排水盲沟，排水管道，排水沟槽，检查井及沉淀井
站场道路工程	汽车道和人行道	路基工程*，排水设施，基层和底基层*，路面，安全设施和道路标志
	平过道	平过道铺面*
人行地道工程	地道主体工程	基底及基础*，墙身及顶板*，进出口台阶或斜坡走道
	地道饰面工程	一般抹灰，装饰抹灰*，饰面板(砖)*
人行天桥	天桥限界及基础	限界及材料*，基底及基础*
	混凝土结构	现浇混凝土结构*，预制混凝土构件安装
	钢结构	钢结构焊接*，钢结构螺栓连接*，钢结构制作，钢结构安装*，钢结构油漆

续上表

单位工程	分部工程	分项工程
运营生产设备及建筑物	地面工程	基层*,面层
	站台工程	站台墙*,站台面及其附属设施
	雨棚工程	雨棚基础及排架*,雨棚棚盖
	栅栏及围墙	栅栏,围墙
	灯桥	灯桥柱基础*,灯桥柱及横架
	门式吊机走行轨道	基底及基础*,走行轨道
	煤砂坑、灰坑及检查坑	基底及基础*,坑壁及坑底
	滑坡仓、漏斗仓	基底及基础*,结构
	卸油台、加冰台、加煤台、兽禽装卸台	各种台墙建筑,各种台面,排架结构的装卸台
	其他零星工程	

注:表中加*号的为重要分项工程项目,其余为一般项目。

十五、铁路给水排水工程单位、分部及分项工程质量评定的划分

铁路给水排水工程单位、分部及分项工程质量评定划分见表9-7。

表9-7 铁路给水排水工程单位、分部及分项工程的划分

单位工程	分部工程	分项工程
供水管井	井孔钻进	井孔成孔,取土样
	井壁管及沉淀管	管材材质及连接,安装
	滤水管	滤水管制作,滤水管安装
	填充砾石、封井及回填	砾石筛分、清洗,砾石填充,封井及井孔回填
	洗井及抽水试验	含砂量测定,水位、水量测定,水质化验
大口井、结合井、辐射井、水泵井、集水井	井筒	钢筋混凝土井筒
	反滤层	滤料筛分、铺设
	封底	混凝土质量及高程
	辐射管	辐射管制作安装
	集水管	集水管制作安装
	抽水试验	水量测定,水质化验
地表水取水构筑物	防护工程	堤坝,护坡
	进水口	桩基,进水口下沉
	导水管	管道铺设,顶管,明挖埋管
	岸边集水井及水泵井	制作,下沉
	移动式取水工程	泵车,浮船
机械设备安装	泵站机械安装	安装前清洗,安装一般要求,离心泵(轴流泵)安装,深井泵安装,潜水泵安装,泵试运转,真空泵安装,电动机安装,固定式柴油机发电机组安装,柴油机、鼓风机、空压机、锅炉等通用设备安装
	水厂及给水所机械安装	水厂及给水所机械安装
	附属设备安装	吸水管路、弯管、阀门,压力表安装,电磁阀安装,流量仪表安装,仪表盘、箱安装,仪表盘(台)箱上的仪表及附件安装,表盘配线及配管,仪表调试,其他仪表及设备安装
管道	管沟	开挖,回填
	管基	天然管基,人工管基
	管道铺设	管道铺设基本要求,铸铁管铺设,钢管铺没,水泥管和陶土管铺设,硬聚氯乙烯管铺设,顶管,虹吸管
	压力试验和漏水试验	压力管道漏水试验,冲洗消毒
管道附属设备	管道附属设备	管道防腐,支墩与锚定(结构),管道防冻,栓阀,井室,水表,管桥,支、吊、托架,水道标

续上表

单位工程	分部工程	分项工程
贮配水设备	基础	基坑中心坐标及高程.承载力试验，基础的处理，基础的钢筋及混凝土，回填土
	水塔、水池筒壁	钢筋混凝土筒壁
	贮水部分	钢筋混凝土，钢丝网水泥贮水部分
	水塔穹底和水塔、贮水池顶盖	钢筋混凝土
	附属设备	避雷针，配管及管件，水位计及照明设备
	注水试验	贮水方法
水处理工程	基础	土建、钢筋及混凝土，电渗析基础
	池体	钢筋及混凝土，进出水堰顶淹没孔口，水池注水试验
	设备制作及安装	箱、槽制作安装，钢罐安装，硬聚氯乙烯容器的制作安装，斜管(板)安装，附件及配件制作安装，滤料及垫层，整体通水试验，电渗析器安装，消毒间设备安装，仪表和操纵台安装
	防腐工程	本体基层清理，材料，橡胶衬里，防腐涂料
	试运转及调试	试运转，调试

十六、公路工程单位、分部及分项工程质量评定的划分

公路工程单位、分部及分项工程质量评定划分见表 9—8。

表 9—8　公路工程单位、分部及分项工程的划分

单位工程	分部工程		分项工程
路基工程(每 10km 或每标段为单元)	路基土石方工程*	1～3km 路段	土方路基*，石方路基*，软土路基*，土工合成材料处治层*等
	排水工程		管道基础及管节安装*，检查(雨水)井砌筑*，土沟，浆砌排水沟*，盲沟，跌水，急流槽*水簸箕，排水泵站等
	涵洞		管涵，盖板涵，箱涵，拱涵，倒虹吸管，通道，顶入法施工的桥涵*等
	砌筑工程		挡土墙*，锚喷支护*，护坡，丁坝*等
	小桥*		基础及下部构造*，上部构造预制，安装或浇筑*，桥面*，栏杆，人行道等
	大型挡土墙	每座为单元	基础*，墙身*，面板预制，面板安装*，加筋土挡土墙总体*等
路面工程(每 10km 或每标段为单元)	路面工程(1～3km 路段)*		底基层，基层*，面层*，垫层，联结层，路缘石，人行道，路肩等
桥梁工程(大、中桥)	基础及下部构造	以每墩、台为单元	明挖基础，桩基*，管柱*，地下连续墙*，承台，沉井*，锚固系统安装*，锚碇*，桩的制作*，钢筋加工安装，柱及双壁墩*，墩台身，墩台安装，墩台帽*，组合桥台*，锥坡等
桥梁工程(大、中桥)	上部构造	预制和安装*	主要构件预制*，其他构件预制，钢筋加工及安装，顶应力筋的加工和张拉*，梁板安装，悬臂拼装*，顶推施工梁*，拱圈安装，转体施工*，钢管拱的制作与安装*，劲性骨架拱肋的制作与安装*，吊杆的安装*，悬臂施工斜拉桥的梁*，索鞍安装*，主缆架设与防护*，加劲梁的安装*，钢梁安装及防护*等
		现场浇筑*	钢筋加工及安装，顶应力筋的加工和张拉*，主要构件浇筑*，其他构件浇筑，悬臂浇筑*，钢管拱浇筑*，劲性骨架混凝土拱浇筑*，索塔*等
		总体及桥面	桥梁总体*，桥面铺装，钢桥面板上沥青混凝土铺装*，伸缩缝安装，大型伸缩缝安装*，栏杆、护栏安装，人行道铺设，灯柱安装等
		防护工程	护坡，护岸(参照挡土墙)*，导流工程*，石笼防护，砌石工程
		引道工程	路基*，路面*，挡土墙*，小桥*，涵洞*，护栏，标志，标线等

续上表

单位工程	分部工程		分项工程
互通立交工程	桥梁工程*	每座为单元	基础及下部构造*，上部构造预制，安装或浇筑*，桥面*，栏杆或护栏，人行道等
	匝道工程		路基*，路面*，通道*，护坡，挡土墙*，护栏，标志，标线等
隧道工程	洞身开挖		洞身开挖(分段)
	洞身衬砌*		锚喷支护，衬砌*等
	总体及洞口		隧道总体*，洞口开挖，洞门和翼墙的浇筑*，排水工程等
	隧道路面		基层*，面层*等
交通安全设施等(每20km或每标段为单元)	标志标线*	(1～3km路段)	标志*，标线*，视线诱导标等
	防护栏*、栅		护栏和柱预制，波形梁护栏*，混凝土护栏*，缆索护栏*，防眩设施，隔离栅等
	紧急电话		紧急电话
	照明设施		照明设施

注：表内注*号者为主要工程，评分时给以2的权值；不带*号者为一般工程，权值为1。

十七、建筑工程分部、分项工程质量评定的工程名称

建筑工程分部、分项工程质量评定的名称见表9－9。

表9－9 建筑工程分部、分项工程

分部工程	分项工程名称
地基与基础工程	土方，爆破，灰土、砂、砂石和三合土地基，重锤夯实地基，强夯地基，挤密桩、振冲地基，打(压)桩，灌注桩，沉井和沉箱，地下连续墙，防水混凝土结构，水泥砂浆防水层，卷材防水层，模板，钢筋，混凝土、构件安装，预应力混凝土，砌砖，砌石，钢结构焊接，钢结构螺栓连接，钢结构制作，钢结构安装，钢结构油漆等
主体工程	模板，钢筋，混凝土，构件安装，预应力混凝土，砌砖，钢结构焊接，钢结构螺栓连接，钢结构制作，钢结构安装，钢结构油漆.木屋架制作，木屋架安装.屋面木骨架等
地面与楼面工程	基层，整体楼、地面，板块楼、地面，木质板楼、地面等
门窗工程	木门窗制作，木门窗安装，钢门窗安装，铝合金门窗安装等
装饰工程	一般抹灰，装饰抹灰，清水砖墙勾缝，油漆，刷(喷)浆，玻璃，裱糊，饰面，罩面板及钢木骨架，细木制品，花饰安装等
屋面工程	屋面找平层，保温(隔热)层，卷材屋面，油膏嵌缝涂料屋面，细石混凝土屋面，平瓦屋面，薄钢板屋面，波瓦屋面，水落管等。

注：(1)地基与基础分部工程，包括±0.00以下结构及防水分项工程；

(2)模板工程与预构件、配件的制作分项工程不参加分部工程质量评定，但构件、配件质量必须符合合格标准，并检查出厂合格证。

十八、建筑设备安装工程分部、分项工程质量评定的名称

建筑设备安装工程分部、分项工程质量评定划分的名称见表9－10。

表9－10 建筑设备安装工程分部、分项工程名称

分部工程名称	分项工程名称	
建筑采暖卫生与煤气工程	室内	给水管道安装，给水管道附件及卫生器具给水配件安装，给水附属设备安装，排水管道安装，采暖附属设备安装，煤气管道安装，锅炉安装，锅炉附属设备安装，锅炉附件安装等
	室外	给水管道安装，排水管道安装，供热管道安装，煤气管道安装，煤气调压装置安装等

续上表

分部工程名称	分项工程名称
建筑电气安装工程	架空线路和杆上电气设备安装，电缆线路，配管及管内穿线，瓷夹、瓷柱（珠）及瓷瓶配线，护套线配线，槽板配线，照明配线用钢索，硬母线安装，滑接线和移动式软电缆安装，电力变压器安装，高压开关安装，成套配电柜（盘）及动力开关柜安装，低压电器安装，电机的电气检查和接线，蓄电池安装，电气照明器具及配电箱（盘）安装，避雷针（网）及接地装置安装等
通风与空调工程	金属风管制作，硬聚氯乙烯风管制作，部件制作，风管及部件安装，空气处理室制作及安装，消声器制作与安装，除尘器制作及安装，通风机安装，制冷管道安装，防腐与油漆，风管及设备保温，制冷管道保温等
电梯安装工程	曳引装置组装，导轨组装，轿箱、层门组装，电气装置安装，安全保护装置，试运转等

十九、铁路分部工程质量评定标准

(1)合格。所含分项工程的质量全部合格。

(2)优良。所含分项工程的质量全部合格，其中建筑工程及设备安装工程有 50%及以上，铁路工程有 60%及以上，公路工程、市政工程有 85%及以上为优良(各项工程中，必须含指定的主要分项工程)。

分部工程的质量等级，是由其所包含的分项工程质量等级，通过统计来确定的。

对建筑设备安装工程中的分部工程，除了注意所含分项工程数量之外，还应注意指定的主要分项工程评定的质量等级。标准规定建筑设备安装各分部工程中，常有一个或几个主要分项工程，对其功能质量起关键作用。因而规定该分部工程优良，其所含指定的主要分项工程必须优良。

二十、铁路单位工程质量评定标准

1. 合格

所含分部工程的质量应全部合格；

质量保证资料应基本齐全；

观感质量的评定得分率应达到 70%及其以上。

2. 优良

所含分部工程的质量应全部合格，其中建筑工程及设备安装工程有 50%及以上、铁路工程有 60%及以上、公路工程及市政工程有 85%及以上优良；建筑工程必须含主体和装饰分部工程；以建筑设备安装工程为主的单位工程，其指定的分部工程必须优良；质量保证资料应基本齐全；观感质量的评定得分率应达到 85%及其以上。

二十一、铁路分项工程质量评定的程序和组织

分项工程质量评定是在班组自检的基础上，由项目经理部技术负责人组织有关人员进行评定，由专职质量检查员核定。

班组在施工过程中按照施工规范和操作工艺的要求，边操作边检查，将误差控制在规定的限值内。当分项工程施工到一个阶段或全部完成时，班组按照工程质量检验评定标准要求的检查内容全数进行自检。对不符合规范及标准要求的，及时返工使其达到合格标准，这就是班组的自检。一个分项工程完成后，单位工程负责人组织领工员、班组长、班组质量检查员、专职

质量检查员，对分项工程质量进行检验评定，专职质量检查员核定等级。

(1)确定分项工程名称。根据实际情况，参照各专业单位工程、分部工程、分项工程名称表，确定该工程的分项工程名称。

(2)保证项目检查。按照规定的检查数量，对保证项目各项进行质量情况检查。

(3)基本项目检查。按照规定的检查数量，对基本项目各项逐点进行质量情况检查。

(4)允许偏差项目检查。按照规定的检查数量，对允许偏差项目各测点进行实测。

(5)填写分项工程质量检验评定表。将保证项目的质量情况、基本项目的质量情况及允许偏差项目的实测值逐项填入分项工程质量检验评定表内，并评出基本项目各项的质量等级；统计基本项目的优良项，计算其优良率；统计允许偏差项目的合格点数，计算其合格率；综合三个项目的质量检查结果，对应分项工程质量等级标准，评定该分项工程的质量等级。

二十二、铁路分部工程质量评定的程序和组织

分部工程质量的检验评定，是由相当于施工队一级的技术负责人组织评定，专职质量检查员核定。在分部工程质量检验评定中，地基与基础和主体分部工程是关系建筑工程结构安全的两个分部工程，因此对这两个分部工程的评定，还应由企业的技术部门和质量部门派人到现场实地检查工程质量状况和核定这两个分部工程的质量等级。

(1)汇总分项工程。将该分部工程所属的分项工程汇总在一起，并统计各分项工程的项数及其中的优良项数。

(2)填写分部工程质量评定表。把各分项工程名称、项数、优良数等逐项填入表内，并计算其优良率；对应分部工程质量等级标准评定其质量等级；有关技术人员签名。

二十三、铁路单位工程质量评定的程序和组织

一个单位工程完成后，由企业的技术负责人组织企业的技术、质量、生产等有关部门和人员到现场进行检验评定。评定结束后，再请建设单位、设计单位、工程监理单位以及地方专职质量监督检查机构人员共同进行二次评定，并由当地工程建设质量监督部门核定质量等级。在有总分包的工程中，总包单位对工程质量应全面负责，分包单位应对其承包的分项工程、分部工程的质量负责，并将质量检验评定和核定的结果报送总包单位。

(1)分部工程评定汇总。把单位工程所属的各分部工程质量评定表汇总在一起，并计算其优良率，评定出主体分部、装饰分部及安装主要分部的质量等级。

(2)检验质量保证资料。按照质量保证资料核查表上所列项目，检查单位工程现有各种质量保证资料的份数及齐全情况，主要是对建筑结构、设备性能和使用功能方面的主要技术性能的检验检查，并将检查情况填入表内，评定检查结果；企业技术部门或质量监督部门盖章，负责人签名。

(3)观感质量评定。观感质量评定是在工程全部竣工后进行的一项重要的评定工作，是全面评价一个单位工程的外观及使用功能质量。它并不是单纯的外观检查，而是实地对工程进行一次宏观的、全面的检查，同时也可核查分项、分部工程检验评定的正确性，以及对在分项工程检验评定中还不能检查的项目进行核验等。如工程有没有均匀下沉、有没有出现裂缝等。有些项目的检验，往往在分项工程验评时无法测定和不便测定，如建筑物的全高垂直度、上下窗口位置位移及一些线角顺直等项目，只有通过单位工程观感质量检查时才能看出其质量状

况。因此，在观感质量评定时，按照单位工程观感质量评分表上所列项目，对应质量检验评定标准进行观感检查。

(4)填写单位工程质量综合评定表。将分部工程评定汇总，质量保证资料及质量观感评定情况填入单位工程质量综合评定表内。根据这三项评定情况，对照单位工程质量检验评定标准，评定单位工程质量等级。企业盖章、企业经理及企业技术负责人签名。建筑工程质量监督站或主管部门进行核定，签署核定意见，盖上公章，质量监督站长或主管部门负责人签名。

二十四、工程质量验收的方法

工程质量验收如图 9－1 所示。

- 工程质量验收
  - 分项工程验收
    - (1)对于重要的分项工程，质量检查员应按照工程合同的质量等级要求，根据该分项工程施工的实际情况，按照有关质量评定标准进行验收。
    - (2)在验收过程中，必须按规范要求选择检查点数，然后计算出检验项目和实测项目的合格或优良百分比，最后确定出该分项工程的质量等级，从而确定能否验收。
  - 分部工程验收
    - (1)在分项工程验收的基础上，根据各分项工程质量验收结果，按照分部工程质量标准，可得出该分部工程的质量等级，以确定可否验收。
    - (2)对单位工程或分部工程的土建部分完工后、转交安装工程施工前，或其他中间过程，均应举行中间验收，施工现场只有得到质量检查员验收的签证后才能继续施工。
  - 单位工程竣工验收
    - 在分项工程、分部工程验收的基础上，通过对分项工程、分部工程质量等级的统计计算，再结合直接反映单位工程结构及使用功能的质量保证资料、单位工程观感的质量评判，便可系统地核查结构是否安全可靠、使用功能能否满足要求、观感质量是否合格，从而决定是否达到工程合同所要求的质量等级，进而决定能否验收。

图 9－1　工程质量验收

第二节　质量改进

一、质量改进的含义

(1)质量改进是通过改进过程来实现的。在工程施工中，每一分项工程或每一分部工程都含一个或多个工序，每一个工序都可以通过更少的浪费和资源消耗来获得更好的效果和更高的效率。因此，应当不断寻求改进的机会，而不是等待问题出现了才去找机会。

(2)不断提高质量和使顾客满意是持续进行质量改进的原动力。当今建筑市场的竞争已经逐渐演变为质量竞争为主，工程质量已成为施工企业之间竞争的一种资格。只有不断地进行质量改进，才能获得更好的效果和更高的效率，从而既增强施工企业的竞争能力和职工的满意度，又为顾客提供更高的价值并使顾客满意，这对顾客、企业及其职工和整个社会都是有利的。

(3)质量改进包括防守型改进和进攻型改进。防守型改进，是通过控制，消除急性故障，维持现有的质量状况；进攻型改进，是突破现状，消除影响企业素质的慢性故障，达到新的水平，即质量突破。

(4)质量改进的措施有预防措施和纠正措施。通过预防措施和纠正措施。来消除和减少问题产生的原因，从而使问题不再出现或出现的可能性减少，可见预防措施和纠正措施都是质量改进的关键。

二、质量改进的程序

质量改进的程度如图 9—2 所示。

- 质量改进的程序
  - 估量改进机会
    - (1)质量改进项目或活动通常始于质量改进机会的识别。
    - (2)企业的相对过多的质量损失、与同领域占领先地位的组织的差距，都可作为质量改进的机会。
    - (3)通过机会的识别，可为确定质量改进的项目和活动提供依据。
  - 确定质量改进项目或活动
    - 质量改进项目或活动的规模有大有小，有些需要跨部门的小组甚至要由最高管理者参与实施，有些则由个人或小组承担。一旦确定了质量改进的项目或活动，就要对项目或活动的内容加以明确规定。其内容包括：质量改进的需要、范围和重要性；有关的背景和历史情况、相关的质量损失以及目前的状况，并尽可能用具体的、定量的形式来表示，资源配置和进展情况的定期评审等。施工企业的全体成员，都应该参与发起质量改进项目和活动。质量改进项目和活动应成为每个人员工作的一项内容，或称为“本职工作”。根据大量的实践经验，质量改进工作在组织方面的普遍规律是：每个项目都必须明确由谁负责进行指导，由谁负责”诊断”。另外，具体人员(包括负责人)的挑选不应受级别、资历的限制，要取决于他能否胜任这项工作。无论是谁，只要他具有进行该项质量改进项目或活动所具有的专长、技能，就可成为本项目或活动的一员。
  - 进行诊断，找出原因，建立因果关系
    - 这一步的目的是通过数据资料的收集、确认和分析来增进对有待于改进过程的性质的理解，也可以说这一步是从现象找出并确认原因的过程。首先，数据资料的收集应始终按照制定的计划进行，要非常客观地对可能的原因进行调查，而不能凭主观想象或假设作出判断和决策。其次，通过对数据资料的分析，可掌握有待于改进过程的性质，从而建立可能的因果关系，但要注意必须将巧合因素与因果关系区分开来。然后，对于其中与数据资料呈现高度相关关系的。要依据新收集到的数据资料进行试验和确认，去伪存真，以便对症下药。
  - 采取预防和纠正措施
    - 在找出原因和确定因果关系后，要针对原因制定预防和纠正措施的不同方案，并考察每一种方案的优缺点，对方案进行评估。在方案中要规定具体的实施人员、内容、日期、进度等。能否成功地实施方案，取决于全体参与人员的合作，特别是那些同生产现场结合比较紧密的项目，应当充分发挥质量管理小组的作用，把这些措施付诸实施。
    - 在这一阶段还需要注意两个方面的问题：
    - (1)质量改进是通过在过程中采取预防和纠正措施来获得更满意的效率和效果的，而不是依赖于对过程结果的修正，如返工、修理、降级等来解决问题。后一种做法并没有使损失减少，这与质量改进的目标是相违背的。
    - (2)质量改进实质是质量变革，不可避免地会遇到各种阻力，所以要注意做人的工作，因势利导，循序渐进，既要考虑技术效果，又要考虑管理效果和社会效果。
  - 确认改进
    - 在实施预防和纠正措施后，必须收集和分析适当的数据资料，以确认所获得的改进效果，同时也要调查可能已经产生的副作用。如果在采取预防和纠正措施之后，不希望的结果继续以与以前相似的频率出现，则需要返回到开始步骤，重新选定质量改进项目或活动。
  - 保成果，在新的水平上控制
    - (1)在质量改进成果得到确认后。应当及时总结经验，将其保持下去。把变革的成果分别纳入到技术标准和管理标准中，包括更改规范和作业，或技术交底，或操作规程，或管理程序，或惯例，以及对有关人员进行必要的教育和培训，并确保这些更改成果成为有关人员工作的内容的一个组成部分。在新的运行水平上对所改进的过程进行控制，从而在新的水平上控制质量。
    - (2)质量改进是一个持续不断的过程，因此质量改进的项目或活动完成之后，应当立即选择和实施新的质量改进的项目或活动。

图 9—2 质量改进的程序

三、质量改进对企业环境的要求

环境质量改进有以下几方面的要求：

1. 应对企业全体成员进行教育和培训

从企业的最高管理者到生产现场的职工，都应该在质量管理知识方面进行教育和培训，树立起质量意识和不断质量改进的思想，当然，培训的侧重点应与成员在企业中所处的位置的不同而有所不同。教育和培训一定要讲求实效，理论必须与实践相结合。因此要对教育和培训的效果进行定期的评估。

2. 要有以满足顾客要求和设置更强竞争目标为中心的、新颖的、共同的价值观、态度和行为

(1)将注意力集中于满足内部和外部顾客的需要。

(2)要对产品产生、形成和实现的全过程，即对整个质量环节中的各个阶段进行质量改进活动。

(3)要明确管理者应尽的义务、发挥的作用及其参与的情况。

(4)无论是协同工作中还是个人活动中，要始终强调质量改进是每一个职工的“本职工作”的一部分。

(5)通过各级过程找到问题之所在。

(6)持续不断地改进所有的过程。

(7)利用数据和信息进行充分的交流和沟通。

(8)促进协同工作和尊重个人。

(9)要依据数据来进行决策。

3. 应具体制定企业质量改进目标

这些具体的目标要与企业总的经营目标相结合，并突出提高顾客满意程度和过程的效果和效率。这些目标应明确、积极、可行、恰如其分，并且能够用于测量质量改进的情况。达到这些目标所需要的策略、措施，应该被为实现这一目标而必须一道工作的全体人员所理解和赞同，质量改进目标还应定期评审，并反映出不断变化的顾客期望。

4. 应对质量改进所需的价值观、态度和行为进行认可

这里的认可也就是需要建立一种激励机制，对个人或集体的质量改进活动予以奖励，从而进一步激发全体成员质量改进的积极性和创造性，以保证持续的质量取进活动。

5. 应在相互信任的基础上进行公开交流、沟通和合作

质量改进活动中会出现部门和部门、人与人之间的障碍，这些障碍往往影响了过程的效率和效果以及持续的质量改进。障碍的出现，通常是由于缺少信息(如价值观和态度等)的沟通造成的。通过公开的交流和沟通，就能够在信任的基础上进行合作。

四、质量改进对企业计划的要求

(1)质量改进的计划应该是企业总的经营计划的一部分。质量改进计划一般都是通过一系列的具体的质量改进项目和活动来实施的。

(2)质量改进计划的制定应限定在总的经营计划范围内，以便为满足质量改进目标和实施质量方针提供战略指导和方向。

(3)质量改进计划的重点是新发现的机会和改进的工作进展不佳的区域。

(4)质量改进计划的最主要的目标就是减少质量损失,以求得过程的更高效率和更好效果。

五、质量改进对企业组织工作的要求

质量改进的组织工作可以从两个方面展开:一是在组织内部的纵向分层次寻求质量改进的机会;二是在跨部门过程中横向寻求质量改进的机会。

1.纵向分层次质量改进

(1)衡量并跟踪质量损失的降低情况。

(2)对过程进行管理,如确定本部门的任务、制定战略规划、明确职责和职权、获取和配置资源、提供教育和培训等。

(3)创造并保持一个使部门内全体人员有权力、有能力、有责任地进行质量改进的环境。

(4)识别本部门后勤保障工作过程并对质量改进作出计划。

(5)识别本部门各工作过程并对质量改进作出计划。

2.跨部门横向质量改进

(1)把顾客的需要和期望转化为具体的顾客要求。

(2)规定每个过程的目的以及它与本组织目标的关系,并就此达成共识。

(3)识别各过程的供方,并将顾客的需要和期望传达给他们。

(4)建立并保持各部门之间的联系。

(5)寻求各过程的质量改进的机会,配置改进所需的资源,并监督改进的实施。

(6)识别过程内部和外部的顾客,并确定他们的需要和期望。

六、质量改进的衡量

总的说来,质量改进的衡量就是对某一具体改进项目和活动的成果进行客观的、综合的、有系统的评价。其目的是为了识别和判断进一步改进的机会。

衡量中所需要的信息来源可以是多方面的,例如,与过程效率相联系的信息有人力、资金和物资的利用;满意过程结果的产生、分类、纠正和报废;过程的调整;等待时间、过程周期、过程功能和过程稳定性的统计资料等。与顾客满意相联系的信息有:对现有的潜在顾客的调查,顾客的抱怨,销售人员和服务人员反馈等。与社会质量损失相联系的信息有:污染和废物处置造成的危害,资源利用不合理等。质量改进衡量的结果应提出报告,作为整个企业管理报表和控制活动的一个组成部分,而且应该让参与质量改进的所有人员或小组都得到有关的衡量报告。

七、管理可控差错

管理可控差错是指管理者未给工人提供好自我控制的条件,而使工人发生的差错,或管理人员自身出现的工作质量上的差错。这时发生质量差错的责任在管理者。

八、工人可控差错

工人可控差错是指工人在具备了自我控制的条件下而造成的质量差错,这时发生差错的责任在工人。工人处于自我控制状态必须具备以下三个条件:

(1)明白自己应当做什么。

(2)明白自己正在做的工作成果怎样。

(3)当出现偏离工作要求的情况时,知道如何去纠正。

工人可控差错一般可分为三类,即无意差错、技术差错和有意差错。

九、无意差错

1. 无意差错的概念

无意差错是指工人由于心理上和生理上的原因而造成的差错,例如,由于疲劳使自己注意力不能始终如一而出现的差错、视力不好引起读错质量数据的差错等。因此,无意差错表现出来的特点是随机性和无规律性,这种随机性可以表现在差错的类型上、差错的人员上和差错的时间上。

2. 无意差错的避免措施

对于无意差错,一般可以采取以下两方面的措施:

(1)从行为科学的角度出发、研究人的行为,运用人机工程的成果避免差错。如日本很多企业广泛开展质量管理小组活动,就是一个较有成效的措施,他们自 1962 年成立 QC 小组以来,已经避免了几万万件的无意差错。

(2)采取各种防误措施,减少对人的依赖性。例如,采用各种自动检测装置、自动报警装置、自动反馈信息装置、自动调整装置、重复试验、复审复核制等。

十、有意差错

1. 有意差错的概念

有意差错是指工人有意造成的差错。例如,工人对工资待遇有意见而故意造成的各种差错。工人对领导作风不满意而有意造成的差错、领导或管理人员重数量而轻质量引起的工人有意差错等,有意差错表现的特点是“明知故犯”。这类差错有时容易与技术差错或无意差错混在一起,不易区分。

2. 有意差错的避免措施

对于有意差错,一般可以采取以下防范措施:

(1)加强质量意识教育,让全体职工牢固树立“质量第一”的思想,建立“上道工序为下道工序服务”的观念。

(2)建立质量责任制,使工程质量具有可追查性。例如,在成品或半成品的一定部位印上操作者的工号、操作时间等。

(3)定期进行质量审核,把深入检查有意差错纳入定期质量审核中。在抽样的基础上进行这种质量审核,可以提供有关责任者的情况和其他资料。

(4)组织劳动竞赛,奖励生产出优良产品的工人,惩罚生产低劣产品的工人。

(5)合理分配工作,把技术要求较高的工作分配给操作水平较高、则工产品质量较好的工人去完成,为此,应事先将过程(或工序)按重要程度进行分类,例如关键作业,一般性作业等。当某工人无法胜任一些作业时,最好重新分配去做其他能发挥其特点的工作。

十一、技术差错

1. 技术差错指的概念

技术差错是指工人由于技术不高,缺乏某些防止差错的知识和技能而造成的差错。例如不会用测试手段而引起的差错、操作技术不熟练而引起的差错、误解图纸和技术要求的差错等。技术差错表现出来的特点是非常普遍和带有规律性。

2.引起管理差错的原因

(1)对适用性含义的理解不正确。生产部门认为，质量既然是产品的适用性，又何必要严格执行质量标准呢？尤其当产品产量大、销路广时，更容易出现这种想法，最终必然导致重数量而轻质量。必须强调指出，生产部门应该严格按照质量标准进行生产，至于在出现不合格产品的情况下而进行的适用性判断，其性质属于综合考虑技术、经济、社会等因素而作出的一种临时性决定，不应成为生产不合格品的根据和理由。

(2)质量意识淡薄。各级管理人员没有牢固树立"质量第一"的思想，质量意识淡薄。每当工期与质量发生矛盾时，不是综合、系统地去考察，往往是重数量而轻质量；或者上层管理者对工期要求太紧，大家都去抢工期，甚至违心地迎合某种倾向，造成管理人员的有意差错。

(3)质量管理部门的人员很少参与产品设计和决策，质量管理部门的人不参与新产品设计和决策，就很难保证科研部门、设计部门满足产品质量具体的要求，容易导致在新产品中出现技术差错。

(4)对质量管理成果和质量管理方法的理解不同，生产部门往往把质量管理简单地理解为按标准进行生产，因而注重成品的质量，认为只要成品质量好，而质量管理部门以为，成品质量好固然是质量管理好的一种表现，但是为了能够找到进一步改进的机会，必须应用质量管理理论和方法。

3.技术差错的改善方法

对于技术差错，一般可以采取以下办法：

(1)开展技术培训，提高工人的技术水平和操作熟练程度。

(2)总结经验，予以推广。

第十章　安全生产与质量事故处理

安全生产是指为预防生产过程中发生人身伤亡和设备事故，为形成良好的劳动环境和工作秩序而采取的一系列措施和活动。其内容包括：制定劳动保护法规，采取各种安全技术组织措施，以及经常开展群众性的安全教育和安全检查活动等。

安全生产管理，是指为了安全生产所从事的组织、部署、监督、检查、调查和处理等工作。

工程项目在施工过程中影响质量的因素很多，也易产生系统因素变异，所以，不可避免地会出现工程质量事故。当发现质量事故后，质量员应主动、积极地与施工现场配合，严肃、认真地分析，及时处理质量事故。

第一节　安全生产管理

一、安全生产管理的任务

安全生产管理的任务，就是要在安全生产的方针指导下，正确认识和分析生产过程中所存在的不安全因素，发挥人的主观能动性和创造精神。在组织上和技术上采取综合措施，消除不安全因素，从而既保证完成生产任务，又保证人的安全与健康，推动社会主义进步。

二、安全生产管理的原则

铁路建设是一项工程量大，工作条件艰苦，工程类型繁多，受自然界影响大的群体施工项目。铁路运输更是需要各部门密切协作，协同动作，保证列车安全和不间断的运行。为了达到安全生产的目的，必须坚持以下几项原则：

(1)“安全第一，预防为主”。“安全第一”，就是在生产过程中，始终把安全工作放到首位。当工程进度、工期及工程费用或运输生产中的各种工作与安全生产发生矛盾时，必须坚持一切服从安全的需要，一切为安全生产开绿灯。“预防为主”，就是采取各种措施，千方百计地将事故消灭在萌芽状态和事故发生之前，即人们常说的防患于未然。

(2)“生产必须安全，安全促进生产”。所谓“生产必须安全”，就是要在生产过程中，采取一切得力的措施和手段，为劳动者创造一个安全卫生的劳动环境与条件，消除生产中的不安全和不卫生的因素，防止发生人身伤亡事故及机械设备事故，使劳动者能在安全卫生的条件下进行生产作业。所谓“安全促进生产”，就是指企业必须将安全作为生产的一项中心工作来抓。“安全、优质、高速、高效”是企业内部各部门的共同奋斗目标。抓好安全工作，也就是为了保证和促进生产的顺利进行。所以说、做好安全工作的本身，就是为生产的发展奠定了基础，生产发展了，又为进一步改善安全生产条件提供物质条件。

(3)“抓生产，必须抓安全”。在生产过程中，只重视生产，不重视安全是错误的。同样，只抓生产，不抓安全也是错误的。一个生产领导者，只抓生产，忽视安全工作，必将造成安全生产漏洞百出，事故和隐患层出不穷。由于事故造成的职工情绪低落和大量的事后工作，打乱了正常的生产秩序，同时，也干扰了领导的正常工作，其结果必然是事与愿违。所以，要坚决纠正把生产与安全对立起来的错误观点，在抓生产的同时，切实抓好安全工作。

三、安全生产管理的内容

(1)贯彻、执行国家及铁道部关于劳动保护和安全生产的方针、政策、法令以及规章制度，并根据本企业的具体情况，制定安全生产管理规章、制度和安全操作规程。

(2)建立、健全安全生产的专业管理与群众管理相结合的监督检查网络。

(3)组织和协助有关部门制订安全生产责任制。

(4)经常对各级领导、干部、工人进行安全生产知识教育和安全技术培训。对危险性作业，还要进行专门的安全操作训练，不断提高企业全员的安全技术素质。

(5)编制和审查安全技术措施计划，并督促有关部门贯彻执行。

(6)参与审查设计的基建工程是否符合安全卫生及环境保护的要求。

(7)开展事故预防活动。对企业内的一切生产过程要进行现场安全检查(包括综合检查、专业性检查、季节性检查和经常性检查)，发现不安全的因素要及时解决，力求把一切不安全因素，消灭在萌芽状态。

(8)针对生产中的不安全因素，研究并制订各种安全技术措施，改善劳动条件，及时消除不安全因素，防止工伤事故的发生。

(9)研究并制定防止发生职业病和职业性中毒的措施，切实保障职工的身体健康。

(10)调查分析、妥善处理和统计企业在生产中所发生的伤亡事故，并把情况及时上报主管部门。

四、铁路工程的安全监察机构

铁路是个大型企业，它包括铁路运输系统、工程基建系统、铁路工业系统等，且点多线长、分布全国。安全生产是铁路企业的生命线，因此，搞好铁路生产的安全工作，便成为铁路企业的头等大事。而铁路具有特殊的作业方式和技术特性，其生产管理模式也不同于地方其他企业。因此，安全监察工作只靠政府劳动部门是不够的。铁道部必须没立自己的安全监察机构，担负铁路行车安全监察、劳动安全监察、锅炉及压力容器安全监察和"路外伤亡"事故安全监察等工作。当前，从铁道部到各局、厂、站段等基层单位已形成了一个完整的安全监察管理体系，如图 10—1 所示。

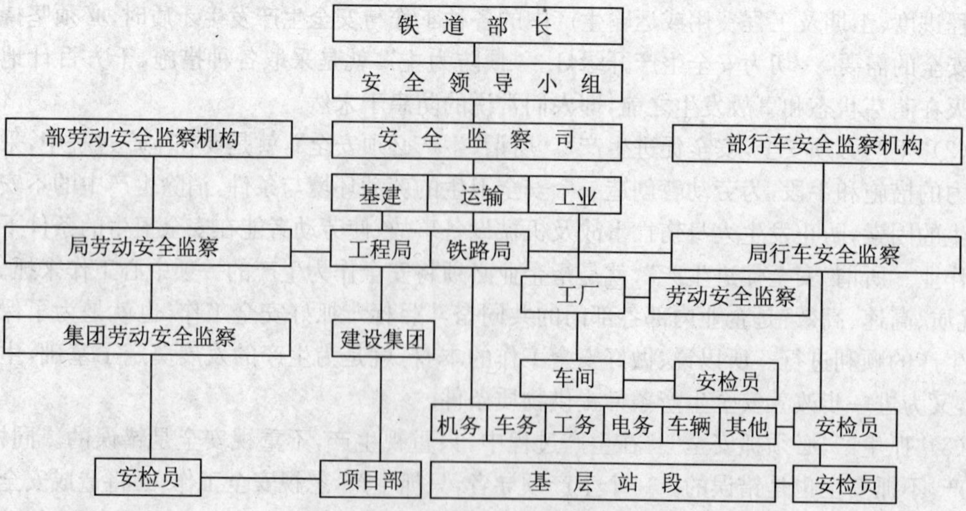

图 10—1 铁路安全监察管理体系

从图 10—1 铁路安全监察管理体系的模式可以看出，从铁道部到到工程总公司、工程局、建设集团都设有安全监察机构，项目部设安检员，形成了一个完整的安全监察网。

五、安全检查

1. 安全检查的概念

安全检查是安全监察工作的一项重要内容，是安全生产管理的重要环节。它是查找不安全因素，揭示和消除事故隐患，加强防护措施，预防事故和职业病危害等活动的行之有效的重要措施和手段。安全生产检查是一项具有专业管理、专业技术性和广泛群众性的工作。

2. 安全检查的其目的

(1)通过检查，增强广大职工的安全意识，推动企业对劳动保护和安全生产方针、政策、规章制度的认真贯彻执行。

(2)通过"查隐患，促整改"，以改善企业的劳动条件和安全生产状况。

(3)通过相互检查，可以交流经验，互相学习，取长补短，有利于推动安全生产、劳动保护工作向前发展。

3. 安全检查的内容

安全生产检查要深入工地(车间)等生产岗位，检查生产过程中的劳动条件、生产设备以及相应的安全卫生设施，是否符合安全生产的要求等。安全检查的主要内容是：

(1)查思想。首先要检查企业领导和广大职工的安全意识。就是检查各级领导对安全工作的认识及广大职工搞好安全生产的自觉性，是否认真贯彻落实党的安全生产方针、政策、法规和规定。

(2)查领导。检查各级领导是否把安全工作摆到重要议事日程，是否执行安全生产"五同时"(即在计划、布置、检查、总结、评比生产任务的同时，要计划、布置、检查、总结、评比安全工作)。

(3)查组织。安全委员会是否建立和健全，能否经常开展活动，安全器具、群众监督机构和安全监察系统是否设立，是否配备专职干部。

(4)查制度。安全生产的规章制度是否建立、健全，是否深入人心及执行落实。

(5)查措施。检查是否编制安全技术措施，是否同计划或技术交底书一起下达和按时实施。

(6)查隐患。检查企业的劳动条件、安全设施、安全用品是否符合标准要求，防护设施是否可靠。

(7)查事故处理。发生事故是否及时报告，认真调查、严肃处理。是否制订防范措施，是否执行"三不放过"的事故处理原则(即事故原因分析不清不放过；事故责任者和员工没有受到教育不放过；没有防范措施不放过)。

4. 安全检查出的问题处理

(1)劝阻。发现领导违章指挥、工人违章操作等，应予以劝阻和纠正。

(2)限期整改。企业生产工艺落后，设备、原料、操作方法等严重危及职工的安全和健康时，可采用"事故隐患通知单"限期整改。

(3)罚款。实行奖罚制度的企业，对失职或违章指挥、违章操作、不听劝阻而造成伤害、损失的责任者，按企业的有关规定罚款。

(4)查封。对局部范围严重违反国家技术规范。如受压容器不符合安全技术要求，以及明文规定不准使用的设备(如浮筒式乙炔发生器),木工机械和齿条式起道机等不符合安全技术要求,并有可能随时造成人身伤害事故的,均应予以查封。

(5)追究行政和法律责任。由于严重失职,而造成重大行车、工程和人身伤亡事故者,按照有关文件和法规,追究其行政和法律责任。

六、安全生产管理制度

安全生产管理制度如图 10－2 所示。

- 安全生产管理制度
  - 安全生产责任制:安全生产责任制,即安全生产岗位责任制,是指从企业领导到生产第一线的工人,每个人、每个岗位对企业安全生产工作应负责任的具体规定。它是企业各项安全规章制度的核心。
  - 安全生产教育制度:
    - (1)安全生产教育的内容。
    - 安全生产方针、政策方面的教育;
    - 安全生产专业知识方面的教育。
    - (2)安全生产教育制度。
    - 举办短训班,轮流对在岗人员进行培训;
    - 对新入路的工人,必须进行“三级”(即集团、项目部、班组三级)安全教育,才能上岗;
    - 对变换岗位的生产工人,进行安全教育;
    - 对特殊工种(如潜水工、爆破工)及危险工作岗位(如高空作业)的工人进行安全教育,经考试合格并取得合格证后,方能上岗。
  - 安全技术措施制度:
    - (1)在编制生产计划的同时,必须编制安全技术措施;
    - (2)在编制施工组织设计时,必须编制安全技术措施;
    - (3)在编制技术交底书时,必须编制安全技术措施。
  - 安全生产奖罚制度:奖惩的目的是为了不断提高职工安全生产的自觉性,防止和及时纠正违章失职行为做到奖惩分明。鼓励先进,鞭策后进,切实保证安全生产。
  - 伤亡事故处理制度:根据有关规定.本着出现事故“三不放过”的原则,妥善处理,并及时上报。
  - 现场安全管理制度:
    - 现场安全管理制度主要有:
    - (1)安全措施挂牌制;
    - (2)班前班后安全讲话制;
    - (3)安全技术课制,一般为每周一次;
    - (4)安全交接班制;
    - (5)安全累计日挂牌制。

图 10－2 安全生产管理制度

第二节 质量事故分析与处理

一、工程质量事故按性质的划分

(1)倒塌事故指建筑物整体或局部倒塌。

(2)开裂事故包括砌体和混凝土结构开裂,以及钢材等建筑材料的裂缝等。

(3)错位事故包括建筑物方向、位置错误,结构构件尺寸、位置偏差过大,以及预埋件、预留洞(槽)等错位偏差事故。

(4)地基质量事故包括地基失稳或变形、斜坡失稳及人工地基等事故。

(5)基础工程事故包括基础错位、变形过大,基础混凝土孔洞,桩基础事故,设备基础使用中振动过大,地脚螺栓错位偏差,以及箱形基础事故等。

(6)变形事故包括结构受力或施工工艺不当引起建筑结构出现倾斜、扭曲或过去的变形等事故。

(7)结构或构件承载能力不足事故主要指因承载力不足留下的隐患性事故,如混凝土结构中漏放或少放钢筋、钢结构中杆件连接达不到设计要求等,虽末造成严重开裂或倒塌,但已留下隐患的事故。

(8)建筑功能事故包括房屋漏、渗水,隔热或隔声功能达不到设计要求,装饰工程质量达不到设计标准等。

(9)其他事故有塌方、滑坡、沉井下沉中的各类事故,如突沉、停沉,倾斜、扭转、超沉等。

二、工程质量事故按严重程度的划分

工程质量事故按事故的严重程度可分为一般工程质量事故、严重质量事故、重大质量事故和特别重大事故。

(1)一般事故通常是指工程质量不符合设计要求及合同规定的质量标准,需要返工修补处理,处理后仍能满足要求,且直接经济损失在 1 000 元及(建设部规定为 5 000 元)以上,不满 50 000 元或影响使用功能和工程结构安全,造成永久性质量缺陷的事故。

(2)严重质量事故是指直接经济损失在 5 万～10 万元额度内的质量事故或严重影响使用功能或工程结构安全,存在重大质量隐患的事故,或事故性质恶劣或造成重伤 2 人以下的质量事故。

(3)凡因工程质量低劣导致工程报废,影响建筑物使用年限及使用功能,造成人身伤亡或重大经济损失者,均属工程重大质量事故。凡具有下列情况之一者,均属重大质量事故:

1)建筑物、构筑物或其他主要结构倒塌;

2)超过规范规定的基础不均匀下沉、建筑物倾斜、结构开裂和主体结构强度严重不足等影响结构安全和建筑物寿命,造成不可补救的永久性缺陷;

3)影响建筑设备及其相应系统的使用功能,造成永久性缺陷;

4)造成人员一次死亡 2 人及以上者或重伤 3 人及以上者以及造成直接经济损失在 10 万元以上者。

工程重大质量事故分为以下四个等级:

1)由于工程质量低劣造成下列情形之一者为一级重大质量事故:直接经济损失 300 万元以上;需重建,或加固处理困难,推迟建设项目工期:死亡 30 人以上。

2)由于工程质量低劣造成下列情形之一者为二级重大质量事故:直接经济损失 100 万元以上,不满 300 万;加固处理困难,影响建筑项目工期;死亡 10 人以上,29 人以下。

3)由于工程质量低劣造成下列情形之一者为三级重大质量事故:直接经济损失 30 万元以上,不满 100 万元;因加固处理,推迟工程完工时间;死亡 3 人以上,9 人以下;重伤 20 人以上。

4)由于工程质量低劣造成下列情形之一者为四级重大质量事故:直接经济损失 10 万元以上,不满 30 万元;死亡 2 人以下;重伤 3 人以上,19 人以下。

(4)凡具备国务院发布的《特别重大事故调查程序暂行规定》所列发生一次死亡 30 人及以上,或直接经济损失在 500 万元及以上,或其他件质特别严重的,均属特别重大事故。

三、工程质量事故按产生原因的划分

工程质量事故按产生的原因可分为技术原因引发的质量事故、管理原因引发的质量事故以及社会、经济原因引发的质量事故。

(1)技术原因引发的质量事故是指在工程项目实施中由于设计、施工在技术的失误而造成的质量事故。

(2)管理原因引发的质量事故主要是指由于管理上的不完善或失误而引发的质量事故。

(3)社会、经济原因引发的质量事故主要是指由于社会、经济因素及社会上存在的弊端和不正之风引起建设中的错误行为而导致出现质量事故。

凡已形成的一般事故和重大质量事故，均应进行调查、统计、分析、记录，提出处理意见上报主管部门，严禁隐瞒不报或谎报。

四、工程质量事故按造成后果的划分

工程质量事故按事故所造成的后果可分为未遂事故和已遂事故。

(1)发现了质量问题，经及时采取措施，解决处理，未造成经济损失、延误工期或其他不良后果者，均属未遂事故。

(2)凡出现不符合质量标准或设计要求，造成经济损失、工期延误或其他不良后果者，均构成已遂事故。

五、工程质量事故的特点

1. 多发性

建筑工程中质量事故的多发性有两层意思：一是有些事故在各项工程中就象“常见病”、“多发病”一样经常发生，而成为多发性的质量通病，如屋面、卫生间漏水、渗水，抹灰层开裂、脱落，预制构件裂缝等；二是有些同类型事故往往一再重复发生，如悬挑梁、板的断裂等。因此，对多发性质量事故要认真总结经验，吸取教训，采取有效预防措施，从而保证和提高建设工程质量。

2. 可变性

许多建筑工程的质量问题出现后，其质量状态并非稳定于发现的初始状态，而是有可能随着时间进程、环境、施工情况等而不断地发展、变化。例如，桥墩的超量沉降可能随着上部荷载的不断增大而继续发展；混凝土结构出现的裂缝可能随环境温度的变化而变化，或随荷载的变化及负担荷载的时间长短而变化等，因此，有些初始阶段并不严重的质量问题，如不能及时处理和纠正，有可能发展成为严重的质量事故。例如，开始微细的裂缝有可能导致结构断裂或倒塌事故；土坝的涓涓渗漏有可能发展为决堤，所谓的“千里之堤，溃于蚁穴”就是这个道理。所以，一旦发现工程的质量问题，就应及时调查、分析，作出判断。对那些不断变化、有可能发展成断裂倒塌性质的事故，要及时采取应急补救措施，对那些表面的质量问题，要进一步查清内部情况。确定问题性质是否会转化；对那些随着时间和温度、湿度条件变化的变形、裂缝要认真观测记录，寻找事故变化的特征与规律，供分析与处理参考，一定要注意其质量事故的可变性，当事故进一步恶化时，还应及时采取相应的措施，或加强观测与试验，取得数据；预测未来发展的趋向。

3. 复杂性

与一般工业生产相比，建筑产品及施工生产具有如下技术经济特点：产品固定，生产流动；产品多样，结构类型不一；露天作业多，自然条件复杂多变；材料品种、规格多，材质性能各异；多工种、多专业交叉施工，相互干扰大；工艺要求不同，施工方法各异，技术标准不一等特点。因此，影响工程质量的因素繁多，造成质量事故的原因也就相应地错综复杂，即使是同一类质量事故，原因却可能多种多样、截然不同。例如，就后张法钢筋混凝土预应力板梁开裂质量事故而言，其产生的原因就可能是设计计算有误，结构构造不良，温度应力、膨胀力、冻胀力的作用，也可能是施工质量低劣、偷工减料或材质不良、张拉应力过大等。此外，建筑物在使用中也存在各种问题。所以这些复杂的因素，必然导致工程质量事故的性质、危害和处理都很复杂，也就给对质量事故进行分析，判断其性质、原因及发展，确定处理方案与措施等都增加了复杂性及困难。

4. 严重性

工程项目一旦出现质量事故，其影响较大。轻者影响施工顺利进行、拖延工期、增加工程费用，重者则会留下隐患，成为危险的建筑，影响其使用功能或不能使用，更严重的还会引起建筑物的失稳、倒塌，造成人民生命、财产的巨大损失。所以对工程质量的事故问题不能掉以轻心，务必及时进行分析处理，作出正确的结论，提出恰当的处理措施，以确保建筑物的安全和正常使用。

六、产生工程质量事故的原因

产生工程质量事故的原因见表 10－1。

表 10－1　产生工程质量事故的原因

类别	内容
违反基本建设程序	建设程序是工程项目建设过程及其客观规律的反映，不按建设程序办事，例如没有作深入调查分析就拍板定案，没有搞清工程地质和水文地质情况就仓促开工，工艺不过关的情况下盲目兴建，边勘察、边设计、边施工，工程竣工后不进行试车运转，不经验收就交付使用等蛮干现象，致使不少工程项目留有严重隐患，房屋倒塌事故也常有发生等
违反法规行为	无证设计，无图施工，任意修改设计，不按图纸施工，越级设计，越级施工，工程招、投标中的不公平竞争，超常的低价中标，非法分包，层层转包，非法挂靠等
工程地质勘察原因	未认真进行地质勘察，随便估计地基的容许承载力，提供的地质资料、数据有误。地质勘察时，钻孔间距太大，不能全面准确地反映地质的实际情况。如当基岩地面起伏变化较大时，软土层厚薄相差亦甚大；地质勘察钻孔深度不够，没有查清地下软土层、滑坡、墓穴、孔洞等地层构造；地质勘察报告不详细、不准确等，均会导致采用错误的基础构造方案，造成地基不均匀沉降、失稳，使上部结构及墙体开裂、破坏、倒塌
地基处理失误	对软弱土、杂填土、湿陷性黄土、膨胀土、红黏土、熔岩、土洞等不均匀地基不进行处理或处理不当，均是导致重大质量事故的原因，必须根据不同地基的工程特性，从地基处理设计措施、结构措施、防水措施、施工措施等方面综合考虑治理
设计失误	设计考虑不周，结构构造不合理，计算简图不正确，计算荷载取值不准确，内力分析有误，结构内力计算错误，组合错误，作用在结构上的荷载漏算或少算，沉降缝及伸缩缝设置不当，悬挑结构未进行抗倾覆检算，钢筋放置位置不正确，盲目套用图纸，结构方案不正确，设计图与实际受力不符，建筑构造不合理，不按规范规定验算结构隐定性，违反结构构造的规定以及计算中的错误等
施工和管理不善	(1)不熟悉图纸，盲目施工，图纸未经会审，仓促施工。未经监理、设计部门同意，擅自修改设计。 (2)不按图施工。把铰接做成刚结，把简支梁做成连续梁，导致结构破坏；抗裂结构用光圆钢筋代替变形钢筋，致使结构裂缝破坏或影响正常使用；挡土墙不按图设滤水层、留排水孔，致使土压力增大，造成挡土墙破坏或倾覆。 (3)不按有关施工验收规范施工。现浇混凝土结构不按规定的位置和方法任意留设施工缝，不按规定的强度拆除模板，砌体不按组砌形式砌筑，任意留设直茬，留直茬不加拉结条，在小于 1m 的窗间墙上留设脚手眼等。 (4)不按有关操作规程施工。如现浇混凝土采用插人式振捣器捣实时，不按插点均匀、快插慢拔、上下抽动、层层扣搭的操作方法，致使混凝土振捣不实，造成局部薄弱、整体性差。又如，砖砌体包心砌筑，上下通缝，灰浆不均匀、不饱满，游丁走缝，不横平竖直等都是导致砖墙、砖柱破坏倒塌的原因。

续上表

类别	内容
施工和管理不善	(5)缺乏基本结构知识,施工蛮干。如将钢筋混凝土梁侧放安装,将悬臂梁的受力钢筋放在受压区;结构构件吊点选择不合理,不了解结构使用受力和吊装受力的状态;施工中在桥面超载堆放构件和材料等,均将给质量和安全造成严重的后果。 (6)施工现场管理混乱。施工方案考虑不周,施工顺序颠倒,技术组织措施不当,技术交底不清或技术水平低,违章操作;没有建立和健全各级技术责任制等管理制度;不重视质量检查和验收工作;土建与各专业施工单位配合协调差;机械设备选用不当;建筑施工人员的操作水平低下;发生质量事故后不认真调查事故的全部情况,没有认真分析事故产生的原因就匆忙处理,往往是治标不治本;出了事故后不按照"四不放过"(事故原因不清不放过,事故责任者没有受到严肃处理不放过,广大干部职工没有受到教育不放过,防范措施没有落实不放过)的原则总结经验教训,而是事过境迁,无案可查,使类似事故重复发生;出了事故后故意掩盖隐瞒等。 (7)没按规定对进场材料和制品进行检查验收,如钢筋进场不按规定抽样试验造成错用。又如预制构件没有进行验收编号,错安装到工程上去而造成事故。 (8)缺乏熟练称职的施工技术人员,或技术人员更换频繁。实行单位工程分包后,技术指导跟不上;技术人员到岗后,还未熟悉设计图纸及现场情况,又被调到其他工点。 (9)由于对土压力的作用缺乏认识,采用不适当的回填基坑方法,造成基础移位、基础裂缝或基础下沉破坏;土方的回填和压实没有按规范和交底实施,分层厚度较大,尤其是桥梁施工中台后填土夯填不密实,造成基础下沉、桥头跳车现象。 (10)对砖砌体在施工阶段中的稳定性考虑不周。如山墙在大风或脚手架的振动下倒塌;又如墙体因单独砌筑很高,相应的柱梁结构未能同步施工,在大风中或其他外力作用下,造成墙体倒塌。 (11)对装配式结构施工中的强度、刚度和稳定性重视不够。如钢筋混凝土构件强度还未达到要求就进行运输、安装,造成构件裂缝。单层厂房柱与上部结构尚未连成整体,处于悬臂状态,在大风或其他外力作用下失稳倒塌。再如装配式多层框架接头混凝土强度还未达到设计要求就进行上层结构施工,造成事故。 (12)对简支梁和连续梁的基本概念模糊。如某单层厂房为预制地梁,施工时用预制地梁的钢筋现浇成连续梁,造成地梁在支座附近出现裂缝。 (13)对预制构件使用和施工时的受力区别认识不清。如不能正确区分简支梁、连续梁、悬臂梁而使预制梁在运输安装时开裂,又如预制桩在使用时为受压构件,施工中为受弯、压弯、拉弯构件,施工操作稍不注意,就易使桩开裂或折断。其他如柱、屋架都有对受力不清在运输中造成质量事故的问题。 (14)模板及支架设计错误和安装不当。由于模板工程结构方案不合理,强度不够,支架构件稳定性和模板系统整体稳定性不好,造成楼板、顶板、大梁、箱梁、挡土墙等倒塌。 (15)脚手架或井架设置不当。有的外脚手和井架失稳倒塌,砸坏建筑物;有的里脚手的构造和布置不合理,造成楼板出现过大的变形和裂缝。 (16)在已有建筑附近施工时缺少保护性措施。有的在基坑开挖时破坏了已有建筑的地基;有的采用人工降低地下水位方法,造成已有建筑地基下沉加大;有的开挖时出现流沙,未采取有效措施而影响已有建筑的地基。这些都将造成已有建筑物裂缝或倾斜。 (17)对大跨度钢结构屋架的受力状况认识不清,采用现场焊接加工、单榀吊装,安装后无法控制桁架变形,而为工程留下隐患
使用不合格的原材料、制品及设备	(1)建筑材料及制品不合格。如结构材料物理力学性能不良,化学成分不合格,水泥强度等级不足,受潮、过期、结块、安定性不良,砂石级配不合理,有害物含量过多,砂、石有害物质含量及含泥量太大,都降低混凝上和砂浆的强度;混凝土配合比不准确,外加剂性能、掺量不符合要求,同样会影响混凝土强度、和易性、密实性、抗渗性,导致混凝土结构强度不足,出现裂缝、渗漏、蜂窝、露筋等质量问题;钢筋强度低、塑性差;防水、保温、隔热、装饰等材料质量不良;油毡柔性和

续上表

类别	内容
使用不合格的原材料、制品及设备	韧性差而使卷材裂缝，导致渗漏；油毡纸胎没有渗透沥青，导致渗水，耐久性差：承重结构材料质量不合格，导致结构承载能力下降，造成结构裂缝；钢筋混凝土制品质量不良；材料及构件制品保管不良：卫生陶瓷质量差；伪劣建材及构件生产问题：预制构件断面尺寸不准，支承锚固长度不足，未可靠建立预应力值，钢筋漏放、少放、错位，板面开裂等，必然会出现断裂、跨塌。 (2)建筑设备不合格。如变、配电设备质量缺陷导致自燃或火灾，电梯质量不合格危及人身安全，均可造成工程质量问题
自然条件影响	建筑施工周期长，露天作业多，受自然条件影响大，湿度、温度、日照、地震、雷电、洪水、大风、大雪、暴雨、浪潮、火灾、爆炸等都能造成重大的质量事故，施工中应特别重视，采取有效措施预防
建筑物使用问题	对建筑物或设施使用不当，亦易造成质量问题。如不经校核、验算，就在原有建筑物上任意加层；任意改变用途，加大设备荷载；任意拆除承重结构部位，使用荷载超过原设计造成重大的质量事故；在结构或构件上任意开槽、打洞，削弱承重结构的截面；水泥厂等较大的车间，常因屋面积聚大量灰尘，使用中又未及时清除，使屋盖超载，以及不进行必要的维修等，造成屋盖局部损坏或坍塌；现场预制混凝土板梁因存梁场地较小，就将板梁任意叠加堆放，导致最下方的板梁及制梁台座压坏
科研成果与新工艺应用问题	有些预应力钢筋混凝土构件的生产，对放张应力和固定胎膜的约束力等造成构件端部裂缝等问题，需要探讨，对混凝土的新型外加剂和掺和料也丞需开发。对国外进口钢筋的化学物理性能还未完全搞清，就使用到工程上，造成事故。对从国外引进的材料应先进行专项检验和研究，制定标准后再使用。对钢结构的某些性能研究不够而造成事故。如对金属脆性破坏现象研究不够，导致钢结构倒塌；又如对金属疲劳和对桥式起重机水平荷载考虑不够，使吊车梁破坏；对结构受力分析研究不够而造成的事故。如对作用在筒仓壁上力的变化以及筒仓内贮料受季节温度变化、结构受力有不同影响等问题研究不够，使水泥筒仓倒塌；又如对薄壳结构的工作状况研究不够，加上焊缝质量不合格，使储油罐破坏等。当前工程建设科研工作落后于工程设计和施工，无损探伤检测技术亟待开发，移动式现场检测仪器具配套问题也应引起重视

七、工程质量事故分析的意义

1. 防止事故恶化

施工中发现现浇结构的混凝土强度不足，就应引起重视。如尚未拆模，则应考虑何时可拆模，拆模时应采取何种补救措施和安全措施，以防止发生结构倒塌。如已拆模，则应考虑控制施工荷载量，或加支撑，防止结构严重开裂或倒塌，同时及早采取适当的补救措施，以防止工程质量事故的进一步恶化。

2. 创造正常的施工条件

发现预埋件等偏位较大，影响了后续工程的施工，就必须及时分析与处理后，方可继续施工，以保证结构安全，并为后续工程创造必要的、正常的施工条件。

3. 排除隐患

砌体工程中，砂浆强度不足、砂浆饱满度较差、组砌方法不当等都将降低砌体的承载能力，给结构留下隐患。发现这些问题后，应从设计、施工等方面进行周密的分析和必要的计算，并采取适当的措施，以及时排除这些隐患。

4. 总结经验教训，预防事故再次发生

发生承重砖柱毁坏、悬挑结构倒塌等事故，应及时总结经验教训，进行质量教育，或作适当交流，将有助于杜绝这类事故的发生。

5.减少损失

对质量事故进行及时分析，可以防止事故恶化，及时地创造正常的施工条件，并排除隐患，可以取得明显的经济与社会效益。此外，正确分析事故，找准发生事故的原因，可为合理地处理事故提供依据，达到尽量减少事故损失的目的。

6.有利于工程交工验收

施工中发生的质量问题，若能正确分析其原因和危害，找出正确的解决方法，使有关各方认识一致，可避免到交工验收时发生不必要的争议而延误工程的验收和使用。

7.为制订和修改规范提供依据

例如通过对砖墙裂缝的分析，可为标准规范在制订变形缝的设置和防止墙体的开裂方面提供依据。

八、工程质量事故分析的内容

(1)进行细致的现场调查研究，观察记录全部实况，充分了解与掌握引发质量问题的现象和特征。

(2)收集调查与质量问题有关的全部设计和施工资料，分析摸清工程在施工或使用过程中所处的环境及面临的各种条件和情况。

(3)找出可能产生质量问题的所有因素。

(4)分析、比较和判断，找出最可能造成质量问题的原因。

(5)进行必要的计算分析或模拟试验予以论证确认。

九、工程质量事故调查的程序

工程质量事故调查的程序如下：

(1)查明事故发生的过程、人员伤亡及财产损失情况和原因。

(2)组织技术鉴定。

(3)查明事故责任单位、主要责任者以及责任性质。

(4)提出工程处理的方案。

(5)提出防止类似事故再次发生的要求。

(6)对事故责任单位提出处理建议。

(7)提出事故调查报告。

十、工程质理事故调查的内容

工程质量调查的内容如图 10－3 所示。

工程质量事故调查的内容

- 初步调查内容
  - (1)与质量事故相关的工程情况：建筑物所在场地的特征（如临近建筑物情况、有无腐蚀性环境条件等）、建筑结构主要特征、事故发生时工程的形象进度或工程使用情况等。
  - (2)事故情况：发生事故的时间、地点、部位、性质和经过，事故现况和实测数据，从发现到调查时的事故发展变化情况，人员伤亡和经济损失，事故的严重性（如是否危及结构安全）和迫切性（不及时处理是否会出现严重后果），以及是否对事故作过处置等。
  - (3)图纸资料检查：设计图纸（建筑、结构、水电、设备）和说明书、工程地质和水文地质勘测报告等。
  - (4)其他资料检查：建筑材料、成品和半成品的出厂合格证和试验报告；施工中各项原始记录和检查验收记录，如施工日志、打桩记录、混凝土施工记录、预应力张拉记录、隐蔽工程验收记录等。
  - (5)使用情况调查：对已上交使用的工程应作出此专项调查，其内容包括房屋用途、使用荷载、腐蚀条件等方面的调查。

- 工程质量事故调查的内容
  - 详细调查内容
    - (1)设计情况：设计单位资质情况、设计图纸是否齐全、设计构造是否合理、结构计算简图和计算方法以及结果是否正确等。
    - (2)地基基础情况：地基实际状况、基础构造尺寸和勘察报告、设计要求是否一致。必要时应开挖检查。
    - (3)结构实际状况：包括结构布置、结构构造、连接方式及方法、构件状况和支撑系统等。
    - (4)结构上各种部位及作用的调查：主要指结构上各部分所起的作用及其效果，并对其组合的调查分析，必要时进行实测统计。
    - (5)施工情况：包括施工工法、施工规范执行情况、施工进度和速度、施工中有无停歇、施工荷载值的统计分析等。
    - (6)建筑变形观测：沉降观测记录、结构或构件变形观测记录等。
    - (7)裂缝观测：裂缝形状与分布特征，裂缝宽度、长度、深度以及裂缝的发展变化规律等。
    - (8)使用调查：若事故发生在使用阶段，则应调查建筑物用途有无改变，荷载是否增大，已有建筑物附近是否有新建工程，地基状况是否变坏。对生产性建筑物还应调查生产工艺有无重大变更，是否增设了振动大或温度高的机械设备，是否在构件上附设了重物、缆绳等。此外还应调查建筑物沉降、变形、裂缝情况以及结构连接部位的实际工作状况等。
  - 补充调查内容
    - 补充调查往往需要补做某些试验、检验和测试工作。
    - (1)对有怀疑的地基进行补充勘测：如持力层以下的地质情况、桩基工程中原勘探孔之间的地质情况等。
    - (2)测定建筑物中所用材料的实际性能：如取钢材、水泥进行物理试验、化学分析，在结构上取试样检验混凝土或砖砌体的实际强度，用回弹仪、超声波和射线作非破坏性检验。
    - (3)建筑结构内部缺陷的检查：如用锤击结构表面检查有无起壳和空洞，从表面或原有的顶留洞、顶埋管中注水来检查内部有无大的孔洞或渗漏，凿开可疑部位的表层检查内部质量，用超声波探伤仪测定结构内部的孔洞、裂缝和其他缺陷等。
    - (4)荷载试验：根据设计或使用要求对结构或构件进行荷载试验，检查其实际承载能力、抗裂性能与变形情况。
    - (5)较长时期的观测：对建筑物已出现的缺陷(如裂缝、变形等)进行较长时间的观测检查，以确定缺陷是否已经稳定，并进一步寻找其发展变化的规律等。

图 10—3　工程质量事故调查的内容

十一、工程质量事故报告的程序及内容

1.报告的程序

工程重大质量事故发生后，事故单位或工点应采取有效措施，抢救人员，防止事故扩大，并保护事故现场，同时用电话或电传、电报等形式报告上级主管部门，并通知建设单位、设计单位、监理单位和事故发生地的市、县级建设行政主管部门及检察、劳动部门(如有人身伤亡)，或向安全生产监督管理局报告，必要时还必须通知地方质量监督站；事故发生单位属于国务院部委的，应同时向国务院有关主管部门报告。各有关单位接到报告后，应立即组成事故调查组，到工程质量事故所在地进行调查、分析和处理。

因抢救人员、疏导交通等原因，需要移动现场物件时，应当作出标志，绘制现场简图并做出书面记录，妥善保存现场重要痕迹、物证，有条件的可以拍照和录像。

2.报告的内容

工程质量事故发生后 3 天内(重大事故 24 小时内)，事故发生单位必须向建设单位提出书面报告。报告内容包括：

(1)事故发生的时间、地点、工程项目、企业名称。

(2)事故发生的简要经过、伤亡人数、初步估计的直接经济损失情况。

(3)事故发生原因的初步分析。

(4)采取的应急措施及事故控制情况。

(5)处理方案及工作计划。

(6)事故报告单位。

十二、工程质量事故处理的依据

1. 质量事故实况资料

要搞清质量事故的原因和确定处理对策，首要的是要掌握质量事故的实际情况。有关质量事故实况的资料主要来自质量事故调查报告。其内容包括：

(1)质量事故发生的时间、地点。

(2)质量事故状况的描述，包括事故的类型、发生的部位、分布状态及范围、严重程度等。

(3)质量事故发展变化的情况(其范围是否继续扩大、程度是否已经稳定等)。

(4)有关质量事故的观测记录、事故现场状态的照片或录像。

2. 有关合同及合同文件

(1)所涉及的合同文件：工程承包合同、设计委托合同、设备与器材购销合同、监理合同等。

(2)有关合同及合同文件在处理质量事故中的作用：确定在施工过程中有关各方是否按照合同有关条款实施其活动，借以探寻产生事故的可能原因。此外，有关合同文件还是界定质量责任的重要依据。

3. 有关技术文件和档案

(1)有关的设计文件，如施工图纸和技术说明等。它是施工的重要依据。在处理质量事故中，其作用一方面是可以对照设计文件，核查施工质量是否完全符合设计的规定和要求；另一方面是可以根据所发生的质量事故情况，核查设计中是否存在问题或缺陷，成为导致质量事故的一方面原因。

(2)与施工有关的技术文件、档案和资料：

施工组织设计或施工方案、施工计划。施工记录、施工日志等。根据它们可以查对发生质量事故的工程施工时的情况，如：施工时的气温、降雨、风、浪等有关的自然条件；施工人员的情况；施工工艺与操作过程的情况；使用的材料情况；施工场地、工作面、交通等情况；地质及水文地质情况等。借助这些可以追溯和探寻事故的可能原因。

有关建筑材料的质量证明资料。例如材料批次、出厂日期、出厂合格证或检验报告、抽检或试验报告等。

现场制备材料的质量证明材料。例如，混凝土拌和料的级配、水灰比、坍落度记录，混凝土试块强度试验报告、沥青拌合料配比、出机温度和摊铺温度记录等。

质量事故发生后，对事故状况的观测记录、试验记录或试验报告等。例如，对地基沉降的观测记录，对建筑物倾斜或变形的观测记录，对地基钻探取样记录与试验报告，对混凝土结构物钻取试样的记录与试验报告等。

其他有关资料。

上述各类技术资料对于分析质量事故原因、判断其发展变化趋势、推断事故影响及严重程度、考虑处理措施等都是不可缺少的，起着重要的作用。

4. 相关建设法规

具体包括勘察、设计、施工、监理等单位资质管理方面的法规，从业者资格管理方面的法规，建筑市场方面的法规，建筑施工方面的法规，关于标准化管理方面的法规五个方面。

国务院颁布的《建设工程质量管理条例》以《中华人民共和国建筑法》为基础，全面系统地对与建设工程有关的质量责任和管理问题作了明确的规定，可操作性强。它不但对建设工程的质量管理具有指导作用，而且是全面保证工程质量和处理工程质量事故的重要依据。

十三、工程质量事故处理的程序

工程质量事故发生后，一般可按图 10－4 所示程序进行处理。

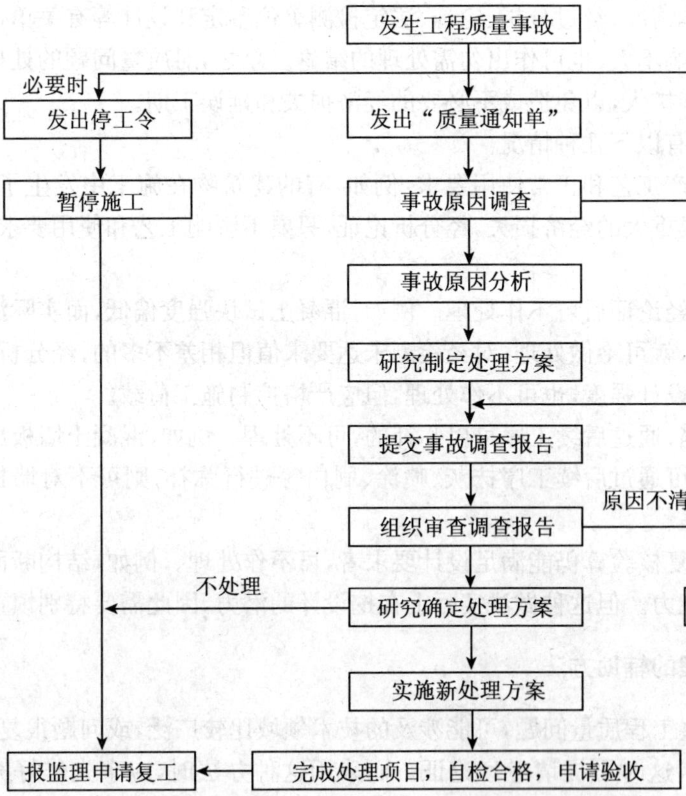

图 10－4　工程质量事故处理程序

十四、工程质量事故处理方案的类型

1. 修补处理

当工程的某个检验批、分项或分部的质量虽未达到规定的规范、标准或设计要求，存在一定缺陷，但通过修补或更换器具、设备后还可达到要求的标准，又不影响使用功能和外观要求，在此情况下，可以进行修补处理。修补处理的具体方案很多，如封闭保护、复位纠偏、结构补强、表面处理等。

(1)封闭保护。对后续的工序有影响，但不会产生永久质量后患的缺陷，一般只需技术负责人同意，即可在施工现场进行剔凿、修补。例如，对于结构裂缝，可根据建筑物的种类、裂缝所在部位和结构的受力情况采取相应的措施；对于混凝土建筑物，可采取表面封闭保护或挖除回填或灌浆处理等。

(2)结构补强。对较严重的质量问题、可能影响结构的安全性和使用功能，必须按一定的技术方案进行加固补强处理。如经检测事故部位质量不合格，且又无法返工重故，则应进行补强处理。常用的补强方案有锚筋加固、附加支撑、增大断面等。

2. 返工重建

当工程质量未达到规定的标准和要求，存在的严重质量问题对结构的使用和安全构成重大影响，且采取任何处理方法均不能使质量得到保证时，可对检验批、分项、分部甚至整个工程进行返工重建。

3.不作处理

施工项目的质量问题并非都要处理，即使有些质量缺陷，虽已超出了国家标准及规范要求，但也可以针对工程的具体情况，经过分析、论证、法定检测单位鉴定和设计等有关单位认可对工程或结构使用及安全影响不大，也可作出勿需处理的结论。总之，对质量问题的处理也要实事求是，既不能掩饰也不能扩大，以免造成不必要的经济损失和延误工期。

不需处理的质量问题常有以下几种情况：

(1)不影响结构安全、生产工艺和正常使用要求：例如，有的建筑物在施工中发生了错位，若要纠正，困难较大或将造成重大的经济损失，经分析论证，只要不影响工艺和使用要求，可以不作处理。

(2)检验中的质量问题，经论证后可不作处理。例如，混凝土试块强度偏低，而实际混凝土强度经测试论证已达到要求，就可不做处理；对经检测未达要求值但相差不多的，经分析论证，只要使用前经再次检测达到设计强度，也可不作处理，但应严格控制施工荷载。

(3)某些轻微的质量缺陷，通过后续工序可以弥补的，可不处理。例如，混凝土墙板出现了轻微的蜂窝、麻面，而该缺陷可通过后续工序抹灰、喷涂、刷白等进行弥补，则可不对墙板的缺陷进行处理。

(4)对出现质量问题，经复核验算仍能满足设计要求者，可不作处理。例如，结构断面被削弱后，仍能满足设计的承载能力。但这种做法实际上在挖设计的潜力，因此需要特别慎重。

十五、工程质量事故处理的辅助方法

(1)专家论证。对于某些工程质量问题，可能涉及的技术领域比较广泛，或问题很复杂，有时仅根据合同规定难以决策，这时可提请专家论证。而采用这种办法时，应事先作好充分准备，尽早为专家提供尽可能详尽的情况和资料，以便使专家能够进行充分、全面和细致的分析、研究，提出切实的意见和建议。

(2)方案比较。这是比较常用的一种方法。同类型和同一性质的事故可先设计许多种处理方案，然后结合当地的资源情况、施工条件等逐项给出权重，作出对比，从而选择具有较高处理效果又便于施工的处理方案。

(3)试验论证。即对某些有严重质量缺陷的项目，可采取合同规定的常规试验以外的试验方法进一步进行验证，以便确定缺陷的严重程度。例如，混凝土构件的试件强度低于要求的标准不太大(例如 10%以下)时，可进行加载试验，以证明其是否满足使用要求。又如，公路工程的沥青面层厚度误差超过了规范允许的范围，可采用弯沉试验检查路面的整体强度等。

(4)定期观测。有些工程，在发现其质量缺陷时其状态可能尚未达到稳定，仍会继续发展，在这种情况下一般不宜过早作出决定，可以对其进行一段时间的观测，然后再根据情况作出决定。属于这类的质量问题，如桥墩或其他工程的基础在施工期间发生沉降，其值超过预计的或规定的标准；混凝土表面发生裂缝，并处于发展状态等。有些有缺陷的工程，短期内其影响可能不十分明显，需要较长时间的观测才能得出结论。

十六、工程质量事故的结论

质量事故处理是否达到预期的目的，是否留有隐患，需要通过检查验收来作出结论。事故处理的质量检查鉴定，应严格按施工验收规范及有关标准的规定进行，必要时还应通过实测、实量、荷载试验、取样试压、仪表检测等方法获取可靠的数据，这样才能对事故的处理结果作出确切的结论。检查和鉴定的结论可能有以下几种：

(1)事故已排除，可继续施工。

(2)隐患已消除，结构安全有保证。

(3)经修补处理后，完全能够满足使用要求。

(4)基本上满足使用要求，但使用时应有附加的限制条件，例如限制使用荷载、限制使用条件等。

(5)对耐久性影响的结论。

(6)对建筑物外观影响的结论等。

(7)对事故责任的结论等。

(8)对短期难以作出结论者，可提出进一步观测检验的意见。

质量事故处理后，还必须提交完整的事故处理报告。报告的内容包括：事故检查报告，事故原因分析、论证，事故处理的依据，事故处理方案、方法及技术措施，施工中各种原始记录资料、测试数据，检查验收记录，事故勿需处理的论证及事故处理结论等。

对于处理后符合规定要求和功能满足使用要求的，质量检查员可在自检合格后报请监理工程师予以验收、确认。

十七、事故树分析

1. 事故树分析方法的原理

事故树分析是安全系统工程重要分析方法之一。它是应用图论中的树图，对事故进行分析和预测，并找出事故发生的规律，使安全进入控制状态的一种有效的安全管理方法。它能对各种系统的危险性进行辨别和评价，既适用于事故的定性分析，又能作定量分析。事故树分析具有应用广泛，逻辑性强，描述事故发生的原因简明、形象等特点，体现了以系统工程方法研究安全问题的系统性、准确性、预测性和可靠性，因此，事故树分析作为安全分析和预测、预防事故的一种先进的科学方法，已经得到广泛的应用。图 10－5 为施工人员从高空脚手架上坠落死亡的事故树。

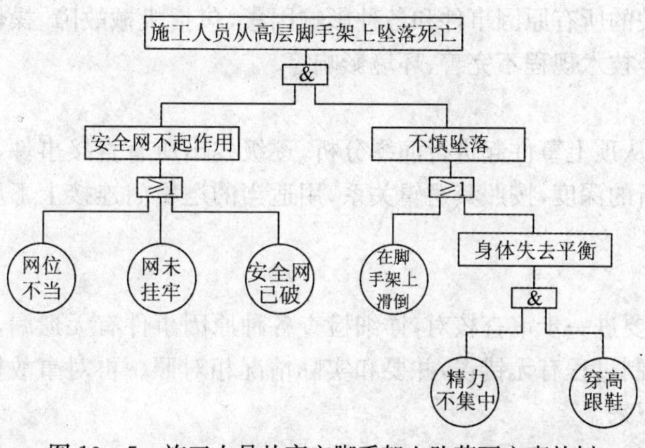

图 10－5　施工人员从高空脚手架上坠落死亡事故树

2. 事故树分析的程序

事故树分析的程序如图 10－6 所示。大致可分为 10 个步骤。

(1)熟悉系统

要求确实了解系统的情况，包括结构、功能、工作程序各种重要参数、作业情况、工艺和操作内容等，必要时画出工艺流程图和布置图。

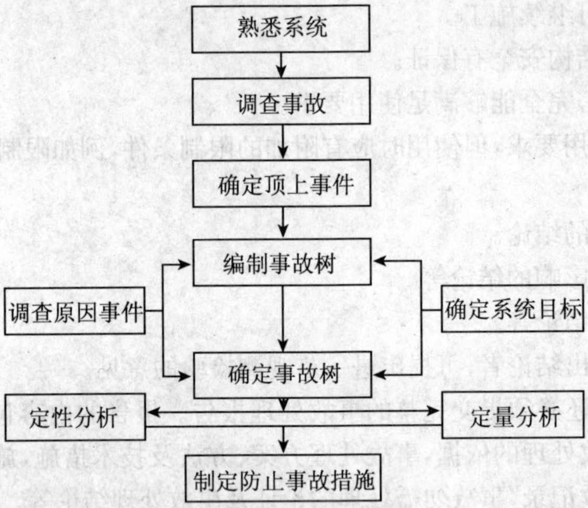

图 10－6　事故树分析程序图

(2)调查事故

要求在过去实例和有关事故统计的基础上，尽量广泛地调查所有的事故，包括了解已发生的事故和所预想到可能发生的事故。

(3)确定顶上事件

分析所调查事故的严重程度，从中找出后果严重且容易发生的事故，作为分析的顶上事件。

(4)确定系统目标

根据以往的事故教训和同类系统的事故资料，进行统计分析，求出事故发生的概率或频率，然后根据这一事故(顶上事件)的严重程度和危险程度，确定所要控制的事故发生概率的目标值。

(5)调查原因事件

调查与事故有关的所有原因事件和各种影响因素，包括机械故障、操作失误、管理和指挥错误、设计缺陷、安全技术规程不完善、环境影响等。

(6)编制事故树

根据上述资料，从顶上事件起进行演绎分析，逐级找出所有直接事件，直到最基本的原因事件或达到所要分析的深度，按照其逻辑关系，用适当的逻辑门连接上下层事件，就编制成了事故树。

(7)确定事故树

事故树编制后，要进一步审查核对，详细检查各种原因事件有无遗漏，事件之间的逻辑关系是否正确，树的编制过程有无错误，并要和实际情况相对照。再对事故树进行修改和完善，然后将事故树确定下来。

(8)定性分析

在基本事件、中间事件、顶上事件之间没确定数量关系的情况下，只能进行事故树的定性分析。先按事故树结构进行化简，求出最小割集或最小径集，确定各基本事件的重要度。

(9)定量分析

定量分析是对顶上事件发生的可能性大小作概率计算,从量化的角度分析系统的安全性和危险性。具体方法是:根据调查的资料和数据,确定所有基本事件的发生概率,进而计算出顶上事件的发生概率以及概率重要度系数和临界重要度系数,并与通过统计的概率比较。与预定的目标值比较,如果不相符,就从调查原因事件这一步开始重新研究,从而寻求防止和控制事故的各种可能,选出最佳方案。

1)当事故发生概率超过目标值时,要从最小割集或最小径集着手,研究降低事故发生概率的所有可能,从中选出最佳方案。

2)利用最小割集分析有无根除事故的可能性,从中选出最优方案。

3)求出各基本原因事件的临界重要度系数,对暂时不能治理的原因事件进行排队或列出安全检查表,以求加强人为控制。

(10)制定防止事故措施

根据分析结果,有针对性地制定防止事故措施,采用最佳系统治理方案,对系统进行修正,消除不安全因素,有效地预防和控制事故,降低事故发生概率,把事故损失压到最低限度,保证系统安全生产。

事故树分析原则上是以上 10 个步骤,但在具体分析时,可以根据分析的目的、投入人力的多少、分析者能力的高低,要求精度的不同等,选用适宜的步骤。可以只作定性分析,或者对事故的直接原因进行粗略分析,也可以详细分析复杂系统,并进行定量预测。

3. 举例说明事故树分析的应用

某既有线地段重大人身伤亡事故树的绘制。

(1)确定顶端事件。该事故树的顶端事件是“某既有线地段重大人身伤亡”。

(2)分析造成顶端事件的各种原因。根据调查,伤亡原因为“机车未停住和作业人员未下道”,这两个原因必须同时发生时,顶端事件才能发生。所以,用“同时”将它们连接起来。

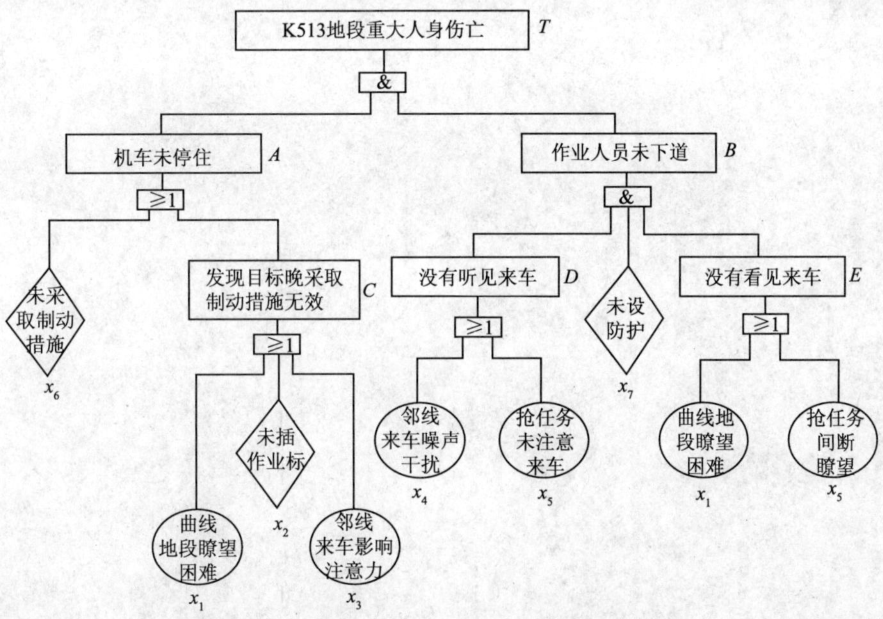

图 10—7　事故树实例图

进一步分析“作业人员未下道”的原因是“没有听见来车”、“未设防护”和“没有看见来车”，其中“未设防护”是基本事件，不必继续分析，而其他两个为中间事件，需进一步分析。这三个原因必须同时发生时，才会发生“作业人员未下道”这一事件。所以，用“同时”将它们连接起来。“没有听见来车”这一中间事件发生的原因有“邻线来车噪声干扰”和“抢任务未注意来车”，“没有看见来车”这一中间事件发生的原因有“曲线地段瞭望困难和抢任务间断瞭望”，这四个原因都是基本事件，而且它们中间任何一个原因发生都会引起它们各自的输出事件的发生，因此，用“或”将它们与各自的输出事件连接起来。

(3)根据上述分析结果，可绘出事故树，如图 10－7 所示。

(4)检查事故树中事件之间的逻辑关系是事出现错误，是否有不符合实际情况的原因等。经检查，图 10－7 中事件间的逻辑关系正确，各种原因符合实际情况。

参考文献

[1] 杨文渊，徐犇．桥梁施工工程师手册[M]．北京：人民交通出版社，2001.

[2] 黄兴安．市政工程质量通病防治手册[M]．北京：中国建筑工业出版社，2003.

[3] 严刚汉，刘庆凡主编．建筑施工现场管理[M]．北京：中国铁道出版社，2000.

[4] 彭圣浩．建筑工程质量通病防治手册[M](3版)．北京：中国建筑工业出版社，2002.

[5] 潘延平主编．质量员必读[M]．北京：中国建筑工业出版社，2001.

[6] 吴信然，杨启兵．秦沈客运专线箱梁和轨道工工程施工新技术[M]．北京：中国铁道出版社，2003.

[7] 庞永师主编．工程建设监理[M]．广州：广东科学出版社，2000.

[8] 中铁隧道工程局．《隧道建设》[J]洛阳：2002(2)；2002(4)；2003(3)；2003(4)；2004(2).

[9] 苏寅申主编．桥梁施工及组织管理(下)[M]．北京：人民交通出版社，2000.

[10]《铁路路基工程施工质量验收标准》(TB 10414－2003)[S].

[11]《铁路桥涵工程施工质量验收标准》(TB 10415－2003)[S].

[12]《铁路隧道工程施工质量验收标准》(TB 10417－2003)[S].

[13]《铁路给水排水工程施工质量验收标准》(TB 10422－2003)[S].

[14] 王进．铁路工程施工[M]．北京：中国铁道出版社，2002.

[15] 朱惠刚．铁路土建工程常见质量问题与防治[M]．北京：中国铁道出版社，2001.